电动机节能控制技术及工程应用

湖北文理学院 余龙海 廖育武 王培元 王正强 胡 晗 编著

机 械 工 业 出 版 社

本书围绕电动机节能控制技术及工程应用这个主题，介绍新型高效电动机以及新型高效控制技术，这里介绍的每一项新技术都与战略性新兴产业和新型工程化应用有关。

全书共分10章。第1章对电动机节能控制技术国内外的发展情况进行介绍，第2章对电动机效率与损耗进行了分析，第3章介绍了三相异步电动机的调速技术，第4章介绍了绕线转子三相异步电动机的节能技术，第5章介绍了同步电动机的调速技术，第6章介绍了异步电动机的功率因数与无功补偿技术，第7章介绍了电动机节能控制技术，第8章介绍了大功率风机水泵调速节能运行的技术经济分析，第9章介绍了通用机电设备节能技术，第10章介绍了新型高效节能电动机。

本书可供高等院校电气工程专业师生阅读，也可作为企业的培训教材。

图书在版编目（CIP）数据

电动机节能控制技术及工程应用/余龙海等编著．—2版．—北京：机械工业出版社，2017.1

ISBN 978-7-111-55430-1

Ⅰ.①电…　Ⅱ.①余…　Ⅲ.①电动机－节能－研究　Ⅳ.①TM32

中国版本图书馆CIP数据核字（2016）第278291号

机械工业出版社（北京市百万庄大街22号　邮政编码100037）
策划编辑：赵玲丽　责任编辑：赵玲丽
责任校对：刘雅娜　封面设计：马精明
责任印制：常天培
三河市国英印务有限公司印刷
2017年1月第2版第1次印刷
184mm×260mm · 15印张 · 362千字
0 001—3 000册
标准书号：ISBN 978-7-111-55430-1
定价：69.00元

凡购本书，如有缺页、倒页、脱页，由本社发行部调换

电话服务	网络服务
服务咨询热线：010－88361066	机 工 官 网：www.cmpbook.com
读者购书热线：010－68326294	机 工 官 博：weibo.com/cmp1952
010－88379203	金 书 网：www.golden-book.com
封面无防伪标均为盗版	教育服务网：www.cmpedu.com

前　言

为了贯彻落实《国家中长期教育改革和发展规划纲要（2010—2020年）》，湖北省组织实施了“湖北省普通高等学校战略性新兴（支柱）产业人才培养计划”，主要针对战略性新兴产业和支柱产业以及区域内重点产业的相关专业，特别是与《湖北省工业“十二五”发展规划》中重点支持的汽车、钢铁、石化、电子信息、装备制造、食品、纺织、建材、医药和有色十个主导优势产业以及新一代信息技术、新能源、新能源汽车、高端装备制造、节能环保、新材料和生物七个战略性新兴产业相关专业。项目直接面向战略性新兴（支柱）产业和区域内重点产业，培养应用型、复合型、技能型专门人才。项目与有关行业、企业联合开展专业人才培养和专业建设工作，共同制订人才培养方案和专业教学计划，共同开发课程，共建校内外实习实践基地，共建双师结构教师队伍。

电动机是电能转换为机械能的功率传递装置，电动机软起动装置是新型工业发展的基础装备，所涉及的工业控制设备、节能设备、机床电气设备、传感仪表等可广泛应用于冶金、化工、机械、建材、电力等领域，在经济发展中发挥着重要作用。电动机节能控制技术及工程应用相关产业是一个新兴的特色产业，已经先后由湖北省科学技术厅牵头，组织成立了湖北电机控制与电能质量优化产业集群；由湖北省经济和信息化委员会牵头，成立了电动机软起动创新平台；由中国电器工业协会牵头组织，依托湖北电机控制产业集群和国内多家骨干企业以及相关大学、科研院所共同发起成立了“中国电器工业软起动设备联盟”。

本书是专门针对“湖北省普通高等学校战略性新兴（支柱）产业人才培养计划”项目和“教育部普通高校转型发展计划试点项目”编写的，书中提供了大量的案例分析，有很强的针对性，既可作为高校教材，又可在企业员工培训时使用。

目　录

第1章　绪　　论

1.1　国内外电动机技术发展概况

电动机是将电能转换为机械能的功率传递装置。国民经济工业化及生产规模化进程的不断加快，伴随着能源的逐年匮乏等因素，决定了电动机技术必将朝着高效率、专用途及大容量三个方向发展。

我国电机行业经过了30多年工业化的高速发展，取得了令世人瞩目的成就。根据中国电器工业协会中小型电机分会报告，2014年度电动机全行业总产量达到17 793.1万kW，其中中小型交流电动机10 400万kW，大中型交流电动机6 000万kW。中小型电机行业75家企业工业总产值667亿元。

根据国家能源局发布的2015年全社会用电量报告，全社会用电量55 500亿kW·h，全国发电装机容量已达到15.067亿kW，而电动机的需求与发电设备的需求呈1∶2.5～3.5的正比关系，据此分析，所有在用电动机的保有量在40亿kW左右。

大容量交流异步电动机是工业规模化的必然产物，代表电动机技术发展的一个重要方向。在国外，主要以ABB、西门子、西屋及ALSTOM为代表。目前ABB和西门子电动机在国内已有较多使用，实际使用最大功率为55MW，美国西屋公司的电动机在中国电力行业应用也较多，宣称功率有100 000hp[㊀]等。国内的电机制造厂也不甘落后，先后有40 000kW的同步电动机和33 500kW的异步电动机问世并成功使用。工业生产规模化，强有力地带动着电动机制造业向大容量方向+高速发展。大容量交流异步电动机是目前工业装备用的耗能最多的原动机。

大型电动机控制技术的发展对电动机向大容量方向发展起到了推动作用。比如高压热变电阻减压软起动装置等各种减压软起动技术的产生和应用，高压变频软起动软停车技术的产生与发展，大型电动机的交—交变频传动技术的产生与发展等等，都有力地促使工矿企业采用大型电动机代替汽轮机等作为重型工业装备的原动机。

1.2　国内外高效节能电动机的发展

推广和使用高效和超高效电动机，已成为世界发达国家能源战略的重要内容。这是因为电动机的用电量平均占世界各国的总用电量的55%以上，占工业用电量的70%以上。根据参考文献【2】报道，由于推广高效电动机，2012年全世界累计节电764亿kW·h，节约电费497亿元，减排7640万t CO_2（排放系数：1kgCO_2/kW·h）。经预测，到2020年累计节电约1 653亿kW·h，节约电费7 800亿元，减排1.6亿t CO_2。

㊀　1hp = 745.7W。

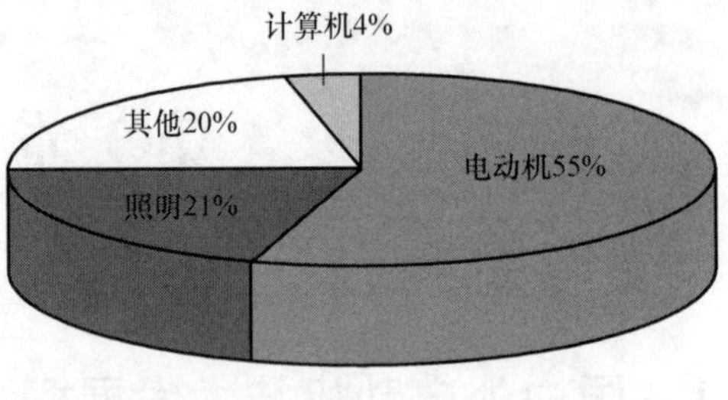

图 1-1 全球电能消耗比例

目前，国际能源机构和美国电力研究协会正统计全球电能消耗比例和高效电动机在全球市场规模比例，如图 1-1 和图 1-2 所示。

在 IEC 60034 - 30 颁布以后，世界各国均按国际电工委员会（IEC）的标准对本国电动机的效率分级进行了定位，确定了进一步推广高效电动机的时间表，并制定了提高高效电动机的相关法规以及超高效电动机的市场份额，见表 1-2。其中美国、加拿大推进最快，高效电动机占全部电动机市场份额分别为 54%、60%、超高效电动机占全部电动机市场份额 16%，我国高效电动机占全部电动机市场份额仅为 5%。

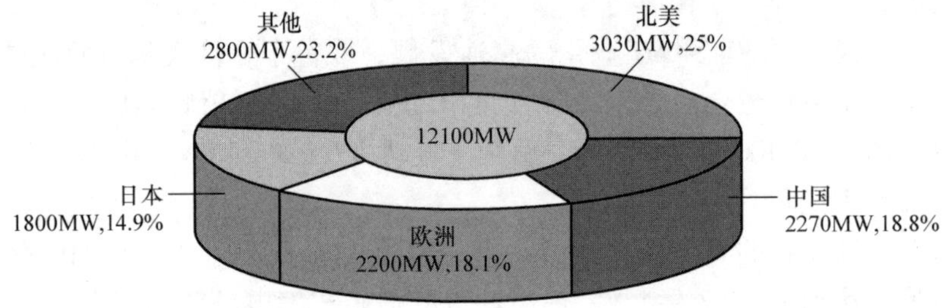

图 1-2 高效电动机在全球市场规模比例

美国、加拿大和欧盟于 2011 年把 NEMA Pre - mium 和 IE2 标准作为最低效率标准。近几年来，欧美发达国家已经全部使用高效电动机，部分地区已经开始使用超高效电动机。从 2015 开始，欧洲生产或进口的电动机都要符合超高效电动机 IE3 标准。

我国于 2012 年 5 月 11 日批准发布了 GB 18613—2012《中小型三相异步电动机能效限定值及能效等级》，新标准取代 GB 18613—2006，并于 2012 年 9 月 1 日起实施。新标准将电动机效率分为 3 级（能效限定值）、2 级（目标能效限定值）和 1 级共 3 个等级，其中 1 级能效最高，节能电动机必须达到 1 级或 2 级能效。

新标准 GB 18613—2012 与 GB 18613—2006 相比主要变化如下：标准的额定功率范围从原标准的 0.55 ~ 315kW，扩大至 0.55 ~ 375kW；相应提高了各级电动机能效指标；试验方法按 GB/T 1032 中的 B 法——测量输入/输出功率的损耗分析法测量；取消了电动机在 75% 额定功率下的效率要求；取消了原标准第 6 章对能效等级标注的要求。我国新版能效标准等级见表 1-1，新旧版对比见表 1-2。

表 1-1 我国新版能效标准等级

额定功率/kW	效率								
	1 级			2 级			3 级		
极数	2 极	4 极	6 极	2 极	4 极	6 极	2 极	4 极	6 极
0.75	84.9%	85.6%	83.1%	80.7%	82.5%	78.9%	77.4%	79.6%	75.9%
1.1	86.7%	87.4%	84.1%	82.7%	84.1%	80.0%	79.6%	81.4%	78.1%
1.5	87.5%	88.1%	86.2%	84.2%	85.3%	82.5%	81.3%	82.8%	79.8%
2.2	89.1%	89.7%	87.1%	85.9%	86.7%	84.3%	83.2%	84.3%	81.8%

（续）

额定功率/kW	效率								
	1 级			2 级			3 级		
3	89.7%	90.3%	88.7%	87.1%	87.7%	85.6%	84.6%	85.5%	83.3%
4	90.3%	90.9%	89.7%	88.1%	88.6%	86.8%	85.8%	86.8%	84.6%
5.5	91.5%	90.9%	89.5%	89.6%	89.0%	88.0%	97.0%	87.7%	86.0%
7.5	92.1%	92.1%	90.2%	90.4%	90.4%	90.3%	89.4%	88.7%	87.2%
11	93.0%	92.6%	91.5%	91.4%	91.4%	90.3%	89.4%	89.8%	88.7%
15	93.4%	93.6%	92.5%	92.1%	92.1%	91.2%	90.3%	90.0%	89.7%
18.5	93.8%	94.0%	93.1%	92.6%	92.6%	91.7%	90.9%	91.2%	90.4%
22	94.4%	94.3%	93.9%	93.0%	93.0%	92.2%	91.3%	91.6%	90.9%
30	94.5%	94.7%	94.3%	93.6%	93.6%	92.9%	92.0%	92.3%	91.7%
37	94.8%	95.0%	94.6%	93.9%	93.9%	93.3%	92.5%	92.7%	92.2%
45	95.1%	95.3%	94.9%	94.2%	94.2%	93.7%	92.9%	93.1%	92.7%
55	95.4%	95.6%	95.2%	94.6%	94.6%	94.1%	93.2%	93.5%	93.1%
75	95.6%	95.8%	95.4%	95.0%	95.0%	94.6%	93.8%	94.0%	93.7%
90	95.8%	96.0%	95.6%	95.2%	95.2%	94.9%	94.1%	94.2%	94.0%
110	96.0%	96.2%	95.6%	95.4%	95.4%	95.1%	94.3%	94.5%	94.3%
132	96.0%	96.4%	95.8%	95.6%	95.6%	95.4%	94.6%	94.7%	94.6%
160	96.2%	96.5%	96.0%	95.8%	95.8%	95.6%	94.8%	94.9%	94.8%
200	96.3%	96.6%	96.1%	95.8%	96.0%	95.8%	95.0%	95.1%	95.0%
250	96.4%	96.7%	96.1%	95.8%	96.0%	95.8%	95.0%	95.1%	95.0%
315	96.5%	96.8%	96.1%	95.8%	96.0%	95.8%	95.0%	95.1%	95.0%
355 ~375	96.6%	96.8%	96.1%	95.8%	96.0%	95.8%	95.0%	95.1%	95.0%

表 1-2 我国电动机能效标准新旧版对比

项目	旧版标准 GB 18613—2006	新版标准 GB 18613—2012
参照标准	EU - CEMEP, AS/NZS1359.9	IEC60034 - 30（2 级，3 级） IEC60034 - 31（1 级）
额定电压范围	690V 以下	1 000V 以下
额定功率范围	0.55 ~315kW	0.75 ~375kW
额定运行时间	无明确规定	连续运行（S1）
能效限定值	IE3 <1 级 <IE4 IE2 <2 级 <IE3 IE1 <3 级 <IE2	1 级 = IE4（IEC 60034 - 31） 2 级 = IE3（IEC 60034 - 30） 3 级 = IE2（IEC 60034 - 30）
最低要求等级	2 级 （2011 年 7 月 1 日起执行）	3 级 （2012 年 9 月 1 日起执行）

考虑到能源节约和环境保护，当前世界上包括我国在内的不少国家对电动机系统的节能都给予了高度重视，均把电动机节能的重点放在 0.75kW 以上的电动机上。

第 2 章　电动机效率与损耗分析

2.1　电动机的损耗分类

异步电动机输入电功率，输出机械功率，在运行过程中产生恒定损耗和负载损耗。恒定损耗包含风摩耗和铁心损耗，是不随负载大小变化的损耗。负载损耗包含定子绕组损耗、转子绕组损耗和负载附加损耗（或称负载杂散损耗），对绕线转子电动机还包含电刷及转子外接电路的电损耗。

恒定损耗是电动机运行时的固有损耗，它与电动机材料、制造工艺、结构设计、转速等参数有关，而与负载大小无关。

1）铁心损耗 P_{Fe}（含空载杂散损耗），亦简称铁耗，是恒定损耗的一种，由主磁场在电动机铁心中交变所引起的涡流损耗和磁滞损耗组成。铁心损耗大小取决于铁心材料、频率及磁通密度，近似地表示为

$$P_{Fe} \approx k f^{1.3} B^2$$

磁通密度 B 与输入电压 U 成正比，对某一台电动机而言，其铁耗近似于与电压的二次方成正比。铁耗一般占电动机总损耗的 20% ~25% 。

2）风摩耗也称机械损耗 P_{fw}，是另一种恒定损耗，通常包括轴承摩擦损耗及通风系统损耗，对绕线转子还存在电刷摩擦损耗。

机械损耗一般占总损耗的 10% ~50% ，电动机容量越大，由于通风损耗变大，在总损耗中所占比重也增大。

3）负载损耗主要是指电动机运行时，定子、转子绕组通过电流而引起的损耗，亦称铜耗。它包括定子铜耗 P_{Cu1} 和转子铜耗 P_{Cu2}，其大小取决于负载电流及绕组电阻值。铜耗约占总损耗的 20% ~70% 。

4）杂散损耗（附加损耗）P_S 主要由定子漏磁通和定子、转子的各种高次谐波在导线、铁心及其他金属部件内所引起的损耗。

这些损耗约占总损耗的 10% ~15% 。

图 2-1 是几种典型的小功率电动机的额定损耗分布情况，读者可以从概念上和趋势上有一个定性的理解，图中的数据不代表各个电动机的真实数据。

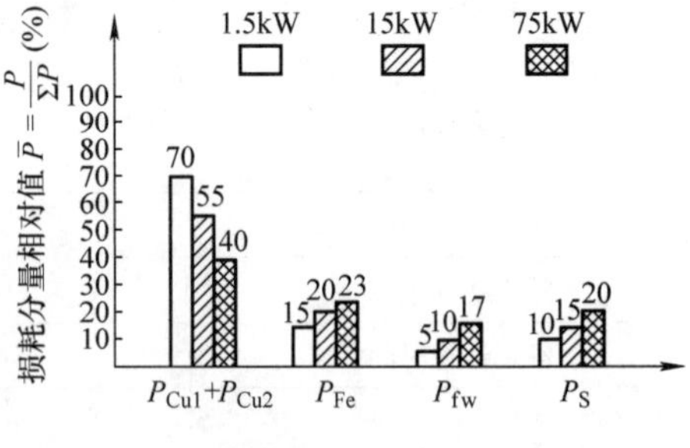

图 2-1　典型小功率电动机的额定损耗分布

2.2　电动机的效率和功率因数

1. 电动机的效率

电动机的效率 η 与损耗相对值（P）的关系如下式所示：

$$\eta = 1 - \sum P$$

式中　$\sum P$——电动机总损耗。

$$\sum P = (P_{Fe} + P_{fw} + P_{Cu1} + P_{Cu2} + P_S)/P_1$$

式中　P_1——电动机输入功率。

当一台电动机效率为0.87时，由上式可见其损耗相对值为0.13，如损耗下降20%，则由上式可求得效率为0.896，即效率提高了2.6%。并由此可见，如一通用系列电动机的效率平均值为0.87，作为高效电动机系列，其损耗如平均下降20%以上，则系列电动机的效率平均值也应提高2.6%以上。

在实际应用中，电动机效率有额定效率、运行效率、最高效率之分。额定效率指输出功率为额定值时的效率；运行效率指电动机拖动某负载运行时的工作效率；最高效率指电动机可能达到的最高运行效率。对一台电动机而言，其额定效率、空载损耗为固定值，因此，电动机的效率值高低直接取决于其负载率；当负载率低于40%时，电动机效率将迅速下降。当负载率为70%左右时，电动机的运行效率最高，故人们将60%～80%的负载率称为有功经济负载率。

2. 电动机的功率因数

电动机的功率因数指电动机输入端的有功功率与视在功率之比，即

$$\cos\varphi = \frac{P_1}{S}$$

式中　$\cos\varphi$——电动机的功率因数；

P_1——电动机有功输入功率（kW）；

S——电动机的视在功率（kVA）。

对一台特定的电动机而言，其功率因数的大小与电动机的负载率有关，当电动机空载时，其功率因数很低，仅0.1～0.2，随着负载率增加，功率因数也增大，当负载率在80%以上时，$\cos\varphi$达到最佳，因此，应尽量避免电动机在轻载状态下运行。此外，不同类型的电动机效率、功率因数也不相同。通常同容量的电动机，笼型电动机的效率、功率因数均比绕线转子电动机高；转速高的电动机，其效率、功率因数比转速低的高；同一系列的电动机，容量大的效率、功率因数比小容量的电动机高。电动机的效率、功率因数和负载率的关系见表2-1。鉴于此，要使电动机处于经济运行状态，必须合理选择电动机，使其类型、容量与电动机负载机械特性相适应，使运行效率最高。对在役的电动机要提高其负载率，尽量避免在空载、轻载状态中长时间运行；要加强维护检修，采用有效措施减少损耗，力求电动机在拖动中效率最高。

表2-1　电动机的效率、功率因数和负载率的关系

负载率	0	25%	50%	75%	100%
功率因数	0.20	0.5	0.77	0.85	0.89
效率	0	0.78	0.85	0.88	0.875

2.3　端电压变动时电动机的损耗

电动机铭牌上的电压值是电动机设计时的依据，实际运行时电网上电压是波动的，我国

规定低压系统中电压允许变化±10%，在一个工厂中电压变动往往超过这一范围，电压变动对电动机各部分损耗有什么影响，电压调节在什么范围内变动能够节电，这是值得分析的问题。

国内外许多资料表明，电压低于额定值不超过10%，对一个系统，一个工厂往往是节电的。例如在保证供电电压合格范围内，降低配电压2%～3%，无论对住宅、商业、工业负荷都起到节电的效果。工厂降压运行（-5%左右）同样能够节电，而升压（+5%左右）则增加电能消耗。当然降压范围不能太大，否则引起电动机过负荷能力降低及某些重载负荷过电流等问题。但-5%范围内，一般不会出现这些问题。

电压变化在负载不同时对电动机效率影响是不同的。在重载时在一定范围内提高电压（从342V提到380V）可以提高效率，再提（412V）则效率反而下降。但轻载时，电压从342V上升则效率越来越低。因此合理调整线路电压及调整个别电动机端电压，可以达到节能的效果。

2.4 三相电压不平衡时异步电动机运行损耗分析

由于三相负载不对称，常常引起供电电压不平衡。这不平衡电压在异步电动机中产生三相不平衡电流。用对称分量法可以分成正序、负序及零序电流。当定子绕组Y联结时，则零序电流为零。其中正序电流产生转矩，使电动机运转，负序电流产生一反转矩，使输出转矩有所减少，当电压不平衡值小于10%时，负转矩不大，一般可以不计。但对于负序磁场在转子中产生损耗以及定子电流由于不平衡而使损耗增加必须给予关注。对于额定运行的电动机，其负序电抗非常小，相当于定、转子绕组的漏抗，其负序电阻也非常小，相当于定子直流电阻与1/2转子绕组电阻的和，因此在三相电压不平衡时，其三相负序电压将产生很大的负序电流，从而使定、转子的铜耗增加。一般情况下，15%～20%的负序电压所产生的负序损耗与电动机额定运行时所产生的铜耗在数值上相当，负序损耗是与负序电压分量的二次方成正比的，因而保持供电电压平衡，可以节约电能。

2.5 电源频率变化对电动机损耗的影响

目前，各国对于电源频率允许偏差范围的规定是不同的。在实际正常运行中，日、美控制在±0.01周/s，而我国许多缺电系统有时频率偏差超过±0.2Hz。在电力系统网络化的今天，公共电源频率的稳定是有保证的。这里只需要考虑专用电源（比如变频电源）频率变化对电机损耗的影响。

对于风机泵类负载，由于轴转矩与转速的二次方成正比变化，频率降低后，转速下降，转矩也下降，使定子及转子电流下降，因而电机效率有所提高，再加上轴功率有大幅度下降，电动机输入功率同样大幅度下降，所以风机泵类负载采用变频调速，在低速时可获得好的节能效果。

2.6　非正弦波形电源下的异步电动机损耗

大多数静止变频器的输出电压波形是非正弦的，通过傅里叶级数分析其中除基本分量外尚有大量谐波分量。这在异步电动机中产生谐波电流及谐波磁动势。与分析三相电动机磁动势空间谐波一样，可以对此分析，例如相电流中有5次时间谐波分量，则A、B及C相5次（时间）谐波磁动势相位顺序发生了变化，变成了A、C、B。这说明5次时间谐波产生的旋转磁动势，其转速为5倍基波同步速，方向与基波旋转方向相反。同样可以证明7次谐波磁动势转速为7倍基波同步速，方向与基波旋转方向相同。

高次谐波电流会引起电动机铁耗的增加，在2.1节已经有相关论述。

2.7　电动机起停损耗

有些负载要求断续运行，停止部分时间比运行时间长得多，采用起—运—停循环运行方式（ON－OFF）有可能比负载运行—空转—负载运行节约大量能耗（即电动机空载损耗乘以停运时间）。但起—运—停方式，需多次起动电机，使定子绕组频繁受到冲击力，笼型转子也会因发热不均匀，产生热应力，多次疲劳会使转子导条断裂。起动时电动机发热增多而散热条件较稳态运行差，多次起动也会使电动机过热。因此工程中对电动机的起动频度都有规定。

采用高转子电阻电机，可以减少定转子起动电流，所以可减少能耗及电流冲击影响。当然高转子电阻运行时转差和损耗增加，应综合比较。

对于大中型电动机而言，起停损耗需要考虑的因素还要多，比如电动机直接起动方式时，考虑到起动困难、对相邻设备可能造成影响等因素，管理人员往往会让电动机长时间的空转而减少电动机的起动次数，从而造成大量的能源浪费。另一方面，异步电动机的全电压直接起动对电力系统短路容量的要求较高，为此电力系统必须提供更高的供电能力，用户也因此必须支付更多的费用。此外，电力系统长时间的运行在相对较低的负荷率，系统供电效率较低。因此对于大中型电动机来说，起停损耗问题要从系统角度来周全考虑，通过改变起动方式来节约电能是一种选择。

2.8　电动机的节能措施

电动机的节能是一项涉及设计制造、各类用户、各种工作制度及运行管理水平等多方面的综合性技术。电动机的原理建立在电磁理论基础上，它的旋转既消耗有功功率，把电能转换成机械能；又消耗无功功率，用以产生必要的旋转磁场。因此，电动机节电一要提高其运行效率，二要提高其运行功率因数，减少无功消耗。目前，电动机节能措施主要有以下几项：

1. 大力推广使用高效系列电动机

推广高应用效率电动机，是贯彻国家标准《三相异步电动机经济运行》（GB/T 12497—2006）的重要任务之一，也是提高电动机运行效率和功率因数的基础。高效率电动机的定义为：凡是总损耗比标准系列电动机降低20%以上的统称高效率电动机。高效率电动机比标准电动机（指级数相同、功率相等）的效率提高3%左右，但不以高于××%来定义高效率电动机，这是因为不同级数、不同功率电动机的功率相差较大的缘故。目前我国企业普遍在用的Y系列电动机，虽然比老系列的JO2系列电动机功率平均提高1%～3%，但Y系列电动机还是低于国外一般电动机的平均效率。高效率YX电动机效率比Y系列电动机提高3%左右，损耗降低20%～30%，起动转矩提高30%；噪声小，振动小，温升低，寿命长，且结构先进，几何尺寸与标准Y系列相同，互换性强，符合IEC标准。如果一年推广200万kW，年运行时间大于3 000h，负载率大于50%，则每年可节电1亿kWh左右；如果年运行时间为6 000h，则每年可节电2亿kWh以上。

2. 高效率电动机的应用场合

《三相异步电动机经济运行》（GB/T 12497—2006）中规定："对于年运行时间大于3 000h，负载率大于50%的场合，应选用高效率电动机"。具体应用的场合为：

1）适用于长期连续运行的场合。但不宜应用于机床或排灌设备上。运行时间在3 000h以上最好，运行时间越长，效果越显著。

2）适用于水泵、风机、压缩机配套或需要有高起动转矩的场合。由于YX高效率电动机功率等级密、起动转矩高，有利于减少过安装容量（防止大马拉小车），有助于提高电动机运行效率和功率因数。

3）适用于负载率较高的场合。因为电动机运行的经济效益与负载率和运行时间的乘积有关。

4）在运行时间相同的条件下，负载率越大，节电效益越好。例如纺织行业的细纱机负载率很大，因此推荐采用FX纺织专用高效率电动机；织布机负载率也很大且有冲击负荷，则推荐采用FXPY型高效率永磁电动机（0.8kW）。

3. 对电动机进行节能改造

利用新技术、新材料对在役老式电动机进行改造，同样也能起到提高电动机效率、降低损耗、减少运行费用的作用，这是目前电动机节能的重要措施之一。常用的改造方法有绕组安装、定子绕组重绕、采用新型节能风扇、新型磁性材料及综合技术改造等。

（1）电动机绕组改接　改进电动机的绕组形式，可减少电动机的杂散损耗与铜耗，提高电动机效率。选用合适的绕组形式及槽配合，能削弱电动机的高次谐波，提高基波分布系数，提高绕组利用率，改善电动机的电磁性能；从而达到减少部分附加损耗、有功损耗的目的。目前节电效果较好的绕组改接方法有改同心绕组为等距绕组或叉式链形绕组；改单层绕组为双层绕组；缩小定子绕组端部长度等。

（2）定子绕组重组　对老式电动机定子线圈重组时，可加粗导线线径，以减少电阻，降低铜耗，节电效益可观。经计算电动机效率可提高1.5%～4%。关于老式电动机的重组或改绕工艺详细资料，读者可查阅有关专业参考书。

（3）采用新型节能风扇　电动机风扇的功耗与转速接近三次方的关系，在大型高压电动机或全封闭风扇冷却型电动机中，其通风损耗在总机械耗中占有相当大的比例。因此，当电动机功率超过22kW时，用新型节能风扇改造老式电动机，可使通风损耗减少到原来的1/3以下，通风噪声随之降低，是行之有效的节电措施之一。

（4）采用新型磁性材料　应用新型磁性槽泥（低压中小功率电动机）和磁性槽楔（高

压大功率电动机）对异步电动机节能改造，主要是消灭由电动机定子、转子槽齿效应发生的高频涡流损耗和磁滞损耗，从而起到节电作用。实践证明，应用新型磁性槽泥和磁性槽楔对异步电动机进行改造，由于气隙磁势波形的改善，减少了空载电流，改善了功率因数，降低了铁耗及温升，并减少了电磁噪声和振动，延长了电动机寿命，其节能效果显著。可塑性磁性槽泥（CC材料）适用于大中小型异步电动机（包括绕线转子）、同步电动机（包括隐极式），也适用于开口槽直流电动机（抹转子槽）。5kW以上的异步电动机在起动性能允许的条件下可用磁泥进行节能改造。铝线电动机或电动机定子铁心用火烧过的磁性槽泥进行节能改造效果不显著。对重载起动、频繁起动、正反转起动或对起动时间有特殊要求的电动机不宜用磁泥进行改造。

（5）综合技术改造　降低电动机损耗，提高其效率是一个系统工程，要从设计、材料、合理使用等诸多方面努力。由于电动机的一些节能措施往往会受到电动机技术性能、起动性能、损耗指标及材料成本等因素的影响，因此，在确定某一特定电动机的改造方案时，要进行具体的技术经济分析，兼顾电动机技术性能、改造成本、改造投资回收年限等各个方面，找出最佳成本效益的综合节能技术改造方案。

电动机的节电技术还包括电动机无功补偿、绕线转子异步电动机同步化运行、降压节能运行、软起动节电及调速运行等等。

4. 电动机的节能潜力

1）根据统计数据可知，37kW以上电动机数量虽少，但要承担一半以上总的电动机用电量。因为这些功率较大的电动机大部分工作在高负荷、长期连续运行的状态，因此这部分电动机的效率历来受到一定的重视，电动机的效率水平也相应地处于较高的水平，电动机功率为90kW时效率已达0.94左右。但是应该看到小功率电动机，比如1.1kW电动机的效率仅为0.77左右，由于其数量庞大，所以37kW以下的电动机也传递了近一半的电能，因此通过降低损耗提高电动机的效率对于小功率电动机来说更具节能潜力。

2）对于风机泵类负荷，通过电动机调速运行可以节约大量的能源。这正是目前变频器等调速装置热卖的原因。

3）改善电力环境，适当降低电压、消除电力谐波和三相不平衡也可以节约大量的电能。就目前情况来看，比如冶金企业、机械工业企业等，大量非线性负荷的应用对电力环境已经造成严重影响，电动机因此产生附加发热甚至频繁烧毁。

4）合理选择电动机的起动方式，因此进一步合理选择电动机，实现电动机乃至电力系统的节能。

2.9　主要节能型电动机产品介绍

我国推广高效电动机的历程，也是一个对能效的认识提升过程。先是通过材料优化、结构优化、标准化提升电动机效率的过程；然后是最求负荷匹配性和系统节能的认识过程；之间还有一个全生命周期能效考核系统思想对电动机的优化过程起到了一定的推动作用；再就是针对不同机械的专用化提升能效的过程。

最早是Y和Y2两个低压异步电动机系列取代老式JO2、J2系列电动机，可用于起动性能、调速性能及转差均无特殊要求的设备配套。这个过程最主要的技术进步特征在于标准化、绕组结构优化、材料优化等。Y 系列电动机根据几大类机械的不同要求，又派生出的 YD 变极多速异步电动机，YH 系列高转差率异步电动机，YR 系列绕线转子三相异步电动机，YZ、YZR 冶金起重电动机等。

考虑到机械设备的不同工作制式，20 世纪 90 年代中期又研制出 Y2 系列产品，以适应不同负荷率和运行时间的场合，同时还设计了 Y2—E 系列。Y2 系列电动机用于一般机械驱动场合，Y2—E 系列电动机可用于负载率较高和运行时间较长的场合。

YX 系列高效率三相异步电动机是 Y（IP44）系列电动机的派生系列，该系列由于采用槽配合优化和正弦波绕组技术，同时增加定转子槽数，用较好的导磁材料及冲片退火处理，采用正弦绕组和合理设计风扇，使该系列电动机的总损耗与 Y（IP44）系列相应规格比较平均下降 28.8%、效率平均提高 3%、功率因数平均提高约 0.04（堵转电流倍数稍有增加）。其加绕组损耗约下降 20%、铁耗约下降 10%、杂散损耗约下降 30%、风摩损耗约下降 40%。该系列电动机在负载率为 0.5～1.0 范围内，具有比较平坦的效率特性，有利于经济运行。最高效率与额定负载率时的效率相比，约提高 0.25%～0.7%。全系列电动机最高效率平均提高 0.4%。适用于不含易燃易爆或腐蚀性气体的一般场所和无特殊要求且年运行在 2 000h 以上的工况。

“十一五”期间，针对电机本体如何降低各项损耗的设计与工艺技术研究，开发了一批通用高效节能电机系列产品，如 YE2 系列高效、YE3 系列超高效三相异步电动机（IP54），该系列电机于 2008～2010 年开发，是国内首个符合 IEC 6003430 标准规定的 IE2、IE3 效率等级的高效、超高效电机系列产品，已在行业内实现产业化，是目前国内高效电机推广的主导产品。YE2 系列高效率三相异步电动机效率平均值为 90%，比普通产品高 3%；YE3 系列超高效率三相异步电动机效率平均值为 91.5%，比普通产品高 4.5%。系列产品机座号范围：H80～H355；极数：2、4、6 极；功率范围：0.75～375kW；额定电压：380V；防护等级：IP55。

YE3 系列超高效三相异步电动机（IP23）：产品符合 IEC 6003430 标准规定的 IE3 效率等级，防护等级为 IP23。系列产品机座号范围：H160～H355；极数：2、4、6 极；功率范围：11～375kW；额定电压：380V。YE3 系列（IP23）电动机的安装尺寸、功率等级在同机座号范围内与 YE3 系列（IP55）完全相同。在部分使用环境下，它们可以互换使用。IP23 电动机比 IP55 电动机用铜量平均减少 15%，用铁量平均减少 13%，用铝量平均减少 13%。

YX 系列（YXKK 系列、YXKS 系列）高压高效三相异步电动机：效率达到GB 30254—2013《高压电动机能效限定值及能效等级》规定的 2 级能效，总损耗在 Y 系列的基础上降低 20%。YX 系列（YXKK 系列、YXKS 系列）电动机参数如表 2-2 所示。

表 2-2 YX 系列（YXKK 系列、YXKS 系列）**电动机参数**

系列名称	电压等级	中心高/mm	功率范围/kW	极数	防护等级	冷却方式
YX	6kV	355～630	220～3 550	2～12	IP23	IC01、IC11、IC21、IC31
	10kV	400～630	220～3 150	2～12		
YXKK	6kV	355～630	185～3 150	2～12	IP44/IP54	IC611、IC616
	10kV	400～630	185～2 500	2～12		
YXKS	6kV	355～630	220～3 550	2～12	IP44/IP54	IC81W
	10kV	400～630	220～3 150	2～12		

YX 系列（YXKK 系列、YXKS 系列）高压高效三相异步电动机与 Y 系列（YKK 系列、YKS 系列）相比，在提高效率的同时，也提高了功率密度，每个机座号每个极数下的最大功率提高了 2～3 个功率档。

铸铜转子超高效三相异步电动机：该系列产品符合 IEC 6003430 标准规定的 IE3 效率等级，转子采用纯铜压铸制造。系列产品机座号范围：H80～H200；极数：2、4、6 极；功率范围：0.75～37kW；额定电压：380V；防护等级：IP55。

超高效率永磁同步电动机：永磁同步电动机具有高效率、高功率因数、宽高效区等特点。根据抽油机、细纱机、冷冻机的负载特性，分别开发了具有高起动转矩、高牵入转矩、高过载能力的自起动永磁同步电动机系列产品。

1）超高效高起动转矩三相永磁同步电机。机座号范围：H180～H280；极数：6、8 极；功率范围：18.5～55kW；额定电压：380V；效率指标：IEC 6003430 规定的 IE3 等级。

2）纺织专用超高效三相永磁同步电动机。机座号范围：H90～H225；极数：4 极；功率范围：1.5～45kW；额定电压：380V；效率指标：IEC6003430 规定的 IE3 等级。

3）冷冻机用超高效三相永磁同步电动机。机座号范围：H280～H315；极数：4、6、8 极；功率范围：37～200kW；额定电压：380V；效率指标：IEC 6003430 规定的 IE3 等级。

“十二五”以来，主要是针对电动机与不同特性负载的高效匹配研究，开发了一批典型负载设备（风机、水泵、压缩机）的专用高效电动机和机组产品。

YFE2 系列风机专用、YSE2 系列水泵专用、YYE2 系列压缩机专用高效电动机：根据离心式风机、水泵的转矩与转速二次方关系特性和压缩机起动阻力矩大、环境温度高、长时间过载运行的特性，专门开发了风机专用、水泵专用和压缩机专用高效电动机，电动机效率达到 IEC6003430 标准规定的 IE2 等级。YFE2 系列风机专用、YSE2 系列水泵专用、YYE2 系列压缩机专用高效电动机参数见表 2-3。

表 2-3　YFE2 系列风机专用、YSE2 系列水泵专用、YYE2 系列压缩机专用高效电动机参数

产品类别	功率/kW	机座号	极数	电压/V	基准频率/Hz
YSE2 系列水泵专用高效电动机	0.75～450	H80～H355	2、4、6	380	50
YFE2 系列风机专用高效电动机	0.75～630	H80～H400	2、4、6	380	50
YYE2 系列压缩机专用高效电动机	2.2～315	H90～H355	2、4	380	50

风机、水泵、压缩机专用变频调速电动机：根据风机、水泵、压缩机一般实际运行时的调速范围，开发了风机专用、水泵专用和压缩机专用变频调速电动机，电动机在基准频率下的额定效率达到 IEC 6003430 标准规定的 IE2 等级。YSP 系列水泵、YFP 系列风机、YYSP 系列压缩机专用变频调速电动机参数见表 2-4。

螺杆压缩机专用直驱式永磁变频调速电动机：针对螺杆压缩机，取消传统驱动系统中的联轴器或带轮，将电动机转子和螺杆转子共轴。电动机无轴承、无冷却风扇，机组结构紧凑、体积小，并通过变频调速，可运行在 3 000～5 000r/min，使电动机与螺杆同时处于高效率工作区。

表 2-4 YSP 系列水泵、YFP 系列风机、YYSP 系列压缩机专用变频调速电动机参数

产品类别	功率/kW	机座号	极数	电压/V	基准频率/Hz	调频范围/Hz
YSP 系列水泵专用变频调速电动机	0.75～450	H80～355	2、4、6	380	50	35～50
YFP 系列风机专用变频调速电动机	0.75～630	H80～400	2、4、6	380	50	35～50
YYSP 系列压缩机专用变频调速电动机	2.2～315	H90～355	2、4	380	50	25～50

变频调速永磁同步电动机直驱式螺杆压缩机组：工作压力为 0.3～1.3MPa；服务系数为 1.2；转速范围为 600～4 850r/min；额定电压为 380V；功率范围为 15～132kW；能效等级为 1 级能效及以上。

直驱式离心泵专用电动机：针对离心泵机组，取消传统驱动系统中的联轴器，将离心泵叶轮直接装在电动机轴伸上，通过泵体、密封与电动机的一体化结构设计，实现泵和电动机的高效匹配。

直驱式离心泵机组系列产品（立式和卧式），共约 400 个规格，流量为 15～3 500m^3/h，扬程 10～100m，其专用电机机座号为 H80～H560，功率为 1.1～710kW，极数为 2、4、6，电压为 380V，安装方式为 B35、V1。

大型排水泵（干式、充水式）专用高压电动机：电动机与水泵的匹配设计：水泵运行在额定流量和扬程下，水泵处于高效运行状态，此时水泵的轴功率所对应电动机输出功率，电动机也在高效区运行。干式泵专用高压三相异步电动机机座号范围：H450～H630；功率为 630～2 500kW；极数为 4；电压为 10kV；防护等级为 IP54。潜水泵专用高压三相异步电动机机座号为 ϕ740～ϕ950；功率为 630～5 600kW；极数为 4；电压为 10kV；防护等级为 IP54。

未来高效电机的发展：今后几年，应将电机和负载设备、控制装置更加紧密地结合起来：①重点开发针对不同特性负载配套的专用高效电动机，如建筑机械专用、矿山机械专用、船舶辅机专用高效电动机，从性能上（功率、转矩、转速、高效区）实现匹配，从结构上尽量实现直驱式、一体化设计；②通过电动机准确控制，根据工况匹配电动机的转速、转矩和输出功率，开发不同负载设备的伺服控制电动机系统，在实现高效节能的同时，提升高端装备制造的水平。

YE4 系列超超高效三相异步电动机：2010 年 4 月 IEC 启动了对 IEC 60034－30 标准的修订工作，决定将 IEC 60034－30 标准分为两个标准，IEC 60034－30－1《在线运行交流电机能效分级（IE 代码）》和 IEC60034－30－2《变速交流电机能效分级（IE 代码）》。

IEC60034－30－1 已经于 2014 年 3 月发布，与 IEC 60034－30 相比，主要变化如下：

1）电动机的效率分为 IE1、IE2、IE3、IE4、IE5 级，IE5 效率最高，IE1 效率最低；

2）延伸了功率范围，从 0.75～375kW 延伸为 0.12～1 000kW；

3）扩大了极数范围，从 2～6 极扩大到 2～8 极；

4）扩大了电动机种类，从单速三相笼型异步电动机扩大到所有在线运行的交流电动机；

5）环境运行温度为 -20 ~ +60℃。

高效率电动机的开发仍然是今后电动机技术发展的方向之一，为了填补我国 GB 18613—2012 标准中 1 级能效电动机产品的空白，同时也为了配合国家实施能效“领跑者”计划，有必要开展 IE4 效率电动机的研发，以满足今后国内及出口高效电动机市场的需要[3]。

IEC 60034 -30 与 GB 18613—2012 中电动机能效分类对比见表 2-5。

表 2-5 IEC 60034 -30 与 GB 18613—2012 中电动机能效分类对比

IEC 60034 - 30	GB 18613—2012
IE1/（普通效率）	—（淘汰）
IE2/（高效）	3 级（限定值）
IE3/（超高效）	2 级（节能评价值）
IE4/（超超高效）	1 级（—）

总体目标是完成 IE4 超超高效系列产品设计，并制订产品技术条件。系列产品机座号：H80 ~ H355；功率范围为 0.75 ~ 355kW；极数为 2、4、6、8 极；效率平均值为 95%，比普通产品高 6%。

超高速三相永磁同步电动机：

1）开发超高速三相永磁同步电动机的必要性。填补国内空白，引领电动机行业技术进步；促进高端装备制造的国产化，提升我国高端装备制造业水平；促进电动机配套材料（硅钢片、电磁线、绝缘）、电力电子（磁悬浮轴承、变频控制器）等行业的发展；大容量、超高速电动机的推广应用具有显著的节能减排效益。

2）产品开发阶段目标。先针对离心压缩机在制冷、气体输送等领域的应用，开发配套用超高速三相永磁同步电动机，功率范围为 10 ~ 300kW，转速范围为 10 000 ~ 50 000r/min。

将超高速电动机设计、制造与测试技术向机床主轴电动机、微燃发电、高速储能等领域扩展。

低速大转矩永磁同步电动机：低速大转矩一般是指转速 <500r/min，额定输出转矩 >500N · m的传动系统。这样的传动系统在许多工业传动领域中常见（如球磨机驱动系统属于典型的低速大转矩传动系统），此外还包括油田机械、矿山机械及塑料机械等。

目前，此类设备仍然采用传统的电动机加减速机的驱动模式，由于减速机齿轮等机械原因降低了系统的整体传动效率。

永磁电动机可以实现低速大转矩直驱运行，该特性使得永磁电动机在低速大转矩的传动系统中的应用前景非常广阔。低速大转矩永磁电动机应用于球磨机，可去除减速机、直驱小齿轮与传动部件的大齿轮啮合，实现球磨机可靠运转，系统节能 10% 以上。

产品开发的阶段目标如下：

1）完成球磨机配套专用电机的开发，电机功率范围为 2.2 ~ 400 kW，转速范围为 10 ~ 60r/min。

2）开发提升机、皮带机、螺杆泵、抽油机等设备专用的低速大转矩永磁同步电动机。

3）制订球磨机等设备专用的低速大转矩永磁同步电动机产品标准。

高性能永磁伺服电动机系统：2005年以来，我国交流伺服电动机市场进入高速发展期，年增长率超过25%；2011年市场容量60多亿元，2015年达150亿元。但目前国内伺服电机系统总体技术水平比较落后，日、欧、美伺服产品完全占据国内高端伺服市场，国内伺服产品只能在中低端领域竞争。国内交流伺服电机市场份额的前四名均被外资品牌占据，2011年外资品牌市场份额近80%，国内品牌市场份额只有近20%，特别是大功率交流永磁伺服系统，基本上被国外产品垄断。

目前，交流伺服电机系统应用最多的领域是机床，约占25%，纺织机械占20%，包装机械占10%，印刷机械占7%；国家政策支持中高档数控机床产业化发展，高档数控机床已列入国家科技发展重大专项；进行机床用高性能永磁伺服电动机系统的技术研究及产业化，带动伺服电动机系统朝着高精度、高性能、快响应的方向发展，对提高我国装备制造的整体水平有重要意义。

产品开发阶段目标如下：

1）完成数控机床进给伺服系统的研究与产品开发，电动机功率范围为3～15kW，性能水平与国外同类产品相当；完成永磁伺服驱动系统在数控机床上的应用示范。

2）完成永磁伺服驱动系统在纺织机械、包装机械、印刷机械等设备上的应用研究与典型规格产品开发。

3）制订部分设备专用的永磁伺服电动机产品标准。

永磁同步磁阻电动机：永磁同步磁阻电动机综合了永磁同步电动机和开关磁阻电动机的特点，具有效率高、功率因数高、功率密度高、调速范围宽等优点。目前在汽车驱动电机上应用较多，需要进一步拓展永磁同步磁阻电动机在工业领域中的应用，开发永磁同步磁阻电动机系列产品。

产品开发阶段目标为开发无稀土同步磁阻永磁电动机系列产品，效率达到IE3（超高效）能效水平，同时成本与YE3系列三相异步电动机相当，能够替代风机、水泵和压缩机配套的变频调速三相异步电动机。系列产品功率范围为0.55～315kW；机座号为H80～H355；极数为4极；标称转速为3 000r/min；调速范围100～5 000r/min。

“十二五”国家战略性新兴产业发展规划已明确将节能环保、新一代信息技术、生物、高端装备制造、新能源、新材料、新能源汽车作为战略性新兴产业。电机系统与战略性新兴产业的发展密切相关，发展高效节能电机及拖动设备是节能环保产业的重要内容之一。在规划的支持下，高效电动机产业取得了重要进步，最重要的表现就是标准化已经与国际最先进能效标准同步接轨。各种专用电机踊跃出现并大量使用，伺服电机及其控制系统在数控机床、工业机器人中的应用是高端装备制造产业的基础；大型风电机组、核电电机的研发与制造是新能源产业的重点；高性能电池、驱动电机与控制技术是电动汽车产业发展的关键。

电机及系统技术的研究和产品开发要与我国战略性新兴产业的发展需求相结合，通过节能环保、高端装备制造、新能源、新能源汽车等重点领域的新产品开发，解决电机在设计、制造、测试、应用等方面的关键技术难题，从而推动电机技术的进步和电机行业的发展。

第 3 章　三相异步电动机的调速

3.1　概述

三相异步电动机的优点是结构简单、价格便宜、运行可靠、维护方便，因此在各个工业领域的生产机械上得到了广泛的应用。而在实际生产中，许多生产机械的负载状况往往是随着生产任务、工艺要求不同而变化，因此，根据生产机械、负载特点合理选择调速方式，实现电动机调速运行，提高电动机使用效率，可收到显著节电效果。

三相异步电动机的转速表达式为

$$n=\frac{60f}{p}(1-s) \tag{3-1}$$

式中　n——异步电动机转速；

f——电源频率；

p——定子绕组极对数；

s——异步电动机转差率。

由式中可以看出，异步电动机有三种基本的调速方法：变极调速、变转差率调速和变频调速。

1. 变极调速

1）改变电动机的极对数 p 可以改变同步转速 n，从而使转速得到调节，极对数的改变是通过改变定子绕组的接线方式来实现的。

因为改变定子极数时，转子极数也必须同时改变，笼型转子本身没有固定的极数，它的极数随定子磁场的极数而定。为了避免在转子方面进行变极改接，故变极调速不用于绕线转子异步电动机。

改变定子绕组极对数，一般有 3 种方法：

① 单一绕组，改变不同的接线组合，得到不同的极对数；

② 在定于槽内安放两种有不同极对数的独立绕组；

③ 在定子槽内安放两种有不同极对数的独立绕组，而且每种绕组又有不同的接线组号，得到不同的极对数。

2）变极调速的主要优点：变速控制简单，操作方便，可靠性高，功率因数高，无附加损耗，效率高，可获得恒转矩和恒功率调速。

3）变极调速的主要缺点：只能有级调速，而且级差和调速等级有限。

基于上述优缺点，变极调速适用于不要求平滑调速的场合。

2. 电磁调速电动机

电磁调速电动机又称转差调速电动机，它与测速发电机和控制装置一起组成交流无级调速系统，适用于恒转矩负载，特别是风机、泵类机械的调速。

1）基本原理：由三相异步电动机、电磁转差离合器、测速发电机和控制装置组成，电动机本身并不调速，通过改变电磁转差离合器的励磁电流来实现调速，电磁转差离合器是将电动机转轴和生产机械作软性连接以传递功率的一种装置。

2）电磁调速的优点：调速平滑，可以进行无级调速，当负载或电动机受到突然冲击时，离合器可以起缓冲作用，结构简单，造价低廉，运行可靠，维护容易。

3）电磁调速的缺点：因传递效率较低，故最大输出功率达不到电动机的额定功率，并且随着输出转速的降低，传递效率相应降低，故不适宜于长时期处于低速的生产机械上，由于摩擦和剩磁的存在，当负载转矩小于10%额定转矩时可能失控，不适用于恒功率负载。

3. 变频调速

基本原理：电动机的转速与电源的频率成正比，通过变频装置将电网50Hz的固定频率转换为可调频率，即可实现交流电动机无极调速。为使电动机变频时磁通保持一致，则

$$\Phi=\frac{U}{4.44fK_1N_1} \tag{3-2}$$

式中 Φ——定子磁通；

K_1——定子绕组系数；

N_1——定子绕组匝数。

必须保证（定子输入）U/f按一定比例变化，如图3-1所示。因此，变频调速又有变压变频调速（即VVVF）之称。变频方式分为交—直—交变频和交—交变频两大类型。交—直—交变频方式又有电压型、电流型和脉宽调制型三种类型之分，均由整流器、滤波器和逆变器所组成，完成交流（工频）—直流—交流（变频）转换。

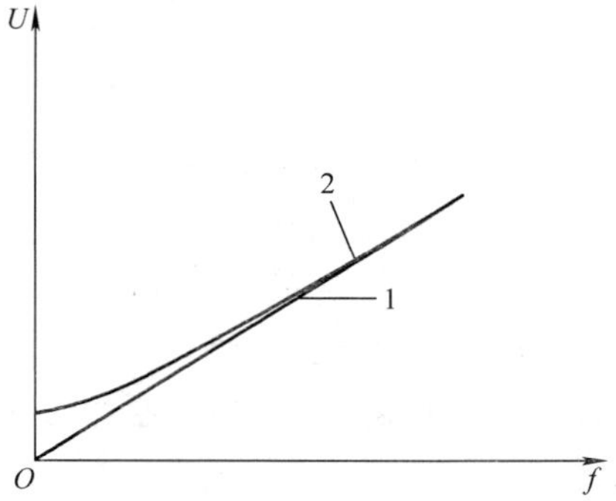

图3-1 U/f曲线

1—恒磁通理论曲线

2—带低频磁通补偿的恒磁通控制曲线

4. 几种调速方式的比较

几种调速方式的比较见表3-1。

表3-1 几种调速方式的比较

调速方法	变频调速	电磁调速	变极调速
电动机类型	交流电动机	电磁调速电动机	多速电动机
功率大小/kW	5 000	0.4～200	0.45～100
调速范围	0～100%	20%～100%	几个特定转速
转速变化率	小	较小	较小
平滑性能	好	好	有级
输出特性	恒转矩或恒功率	恒转矩	有级
调速效率	0.8～0.9	$1-s$	1
功率因数	0.65～0.9	0.3～0.9	取决于电动机
投资费用	高	较低	低
适用场合	辊道及风机、水泵	中、小功率，要求平滑起动机械	化工搅拌、起重机械、水泵、压缩机

3.2 电动机的变频调速

采用变频器改变异步电动机的供电频率，可以改变其同步转速，从而实现异步电动机的精确调速控制，调速范围大，静态稳定性好，运行效率高，使用方便，可靠性高并且经济效益显著，所以已经在生产和生活中得到广泛的应用。

对异步电动机进行调速控制时，希望主磁通保持额定值不变。

三相异步电动机定子每相电动势的有效值是

$$E_g = 4.44 f_1 N_s k_{N_s} \Phi_m \tag{3-3}$$

式中　E_g——气隙磁通在定子每相中感应电动势（V）；

f_1——定子频率（Hz）；

N_s——定子每相绕组串联匝数；

k_{N_s}——定子基波绕组系数；

Φ_m——每极气隙磁通（Wb）。

由式（3-3）可知，只要控制好电动势 E_s 和频率 f_1，便可达到控制磁通 Φ_m 的目的。

那么应当在变频的同时，使定子的感应电动势与频率成正比例地变化，即必须通过变频装置获得电压、频率均可调节的供电电源，实现所谓的 VVVF 调速控制。

异步电动机正常工作时，定子由恒压恒频的正弦波电源供电，由于定子电压 U_1 和电源角频率 ω_1 均为恒值，这时的机械特性方程式可写成如下所示的形式，即

$$T_e = 3n_p\left(\frac{U_s}{\omega_1}\right)^2 \frac{s\omega_1 R'_r}{(sR_s + R'_r)^2 + s^2\omega_1^2(L_{ls} + L'_{lr})^2} \tag{3-4}$$

当 s 很小时，可忽略上式分母中含 s 各项，则

$$T_e \approx 3n_p\left(\frac{U_s}{\omega_1}\right)^2 \frac{s\omega_1}{R'_r} \propto s \tag{3-5}$$

也就是说，当 s 很小时，转矩近似与 s 成正比，机械特性 $T=f(s)$是一段直线，当 s 逐渐增大后，机械特性呈现明显的非线性，如图3-2所示。

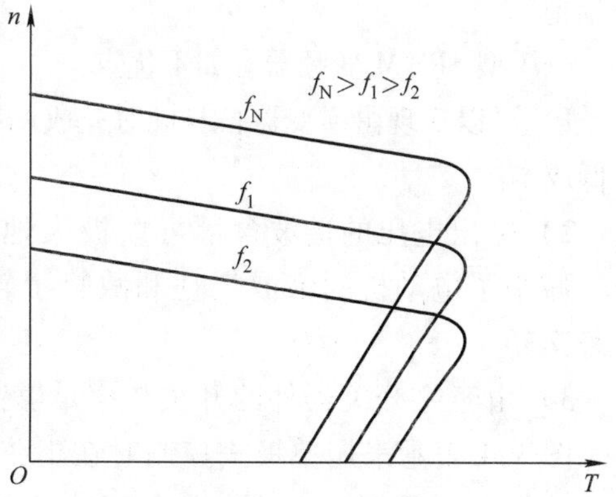

图 3-2　VVVF 机械特性

当负载要求某一组转矩 T 和转速 n（或转差率 s）的数值时，电压 U 和频率比可以有多种配合。在不同配合下，机械特性也是不一样的，因此可以有不同方式的电压—频率协调控制。

1）衡压频比控制。前已指出，为了近似地保持气隙磁通不变，以便充分利用电动机铁心，发挥电动机产生转矩的能力，在基频以下须采用衡压频比控制。

2）恒 E_g/f_1 控制。如果在电压—频率协调控制中，适当提高电压 U_s 的数值，使它在克

服定子阻抗压降以后维持 E_g/f_1 为恒值。

3）恒 E_r/ω_1 控制。如果把电压—频率协调控制中的电压再进一步提高，把转子漏抗上的压降也抵消掉，得到恒 E_r/ω_1 控制，其控制的稳态性能最好，可以获得和直流电动机一样的线性机械特性，这正是高性能交流变频调速所要求的性能。

目前用于一般工业领域的通用型变频器大多属于电压型变频器，并且一般采用正弦波脉宽调制（SPWM）方式，其主电路如图 3-3 所示。逆变主电路器件以自关断器件为主，其中大功率的 IGBT 应用最多。

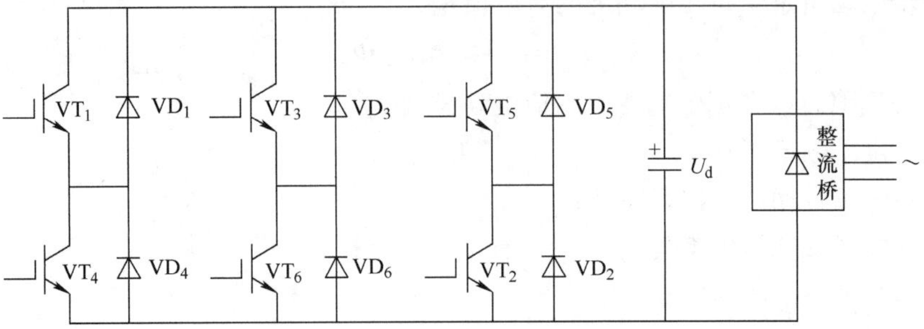

图 3-3 SPWM 主电路

所谓正弦波脉宽调制就是把一个正弦波分成 N 个等幅而不等宽的方波脉冲，每一个方波的宽度，与其所对应时刻的正弦波的值成正比，这样就产生了与正弦波等效的等幅矩形脉冲序列波，由于各脉冲的幅值相等，所以逆变器可由恒定的直流电源供电，也就是说，逆变器输出脉冲的幅值就是整流器的输出电压。当逆变器各开关器件都是在理想状态下工作时，驱动相应开关器件的信号也应与逆变器的输出电压波形相似。

变频器的整流器采用不可控的二极管桥式电路，变频器的输出频率和输出电压的调节均通过逆变器按 SPWM 的方式来完成。控制方法，就是把输出电压的周波分割成多个脉冲，通过合理地控制其中每个脉冲的宽度，去控制输出电压的波形、频率及其基波幅值。

电压型 SPWM 变频器有如下优点：

1）可以实现由逆变器自身同时完成调频和调压的任务，使电路简化，可实现小型化并降低成本。

2）输出电压的谐波含量可以极大地减少，特别是可以减小和消除某些较低次谐波。减小了电动机的谐波损耗和减轻了转矩脉动。即使在很低的转速下，也可以实现平稳运转。

3）由于主开关器件的开关频率足够高，可以减小乃至消除电磁噪声实现静噪。

图 3-4 表示采用单极式控制时在正弦波的半个周期内的调制情况。负半周是用同样的方法调制后再倒相而成。在每半个正弦波周期内，同一桥臂只有一个开关管在导通或关断。

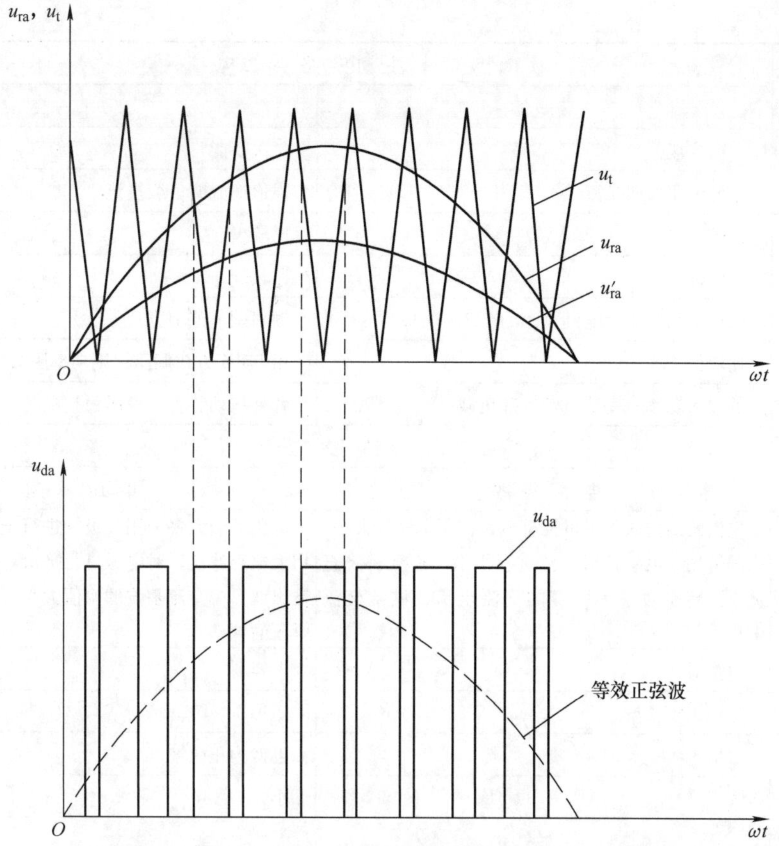

图3-4　单极式控制时在正弦波的半个周期内的调制情况

双极式控制方式时的输出电压波形，其调制方法和单极式相同，输出基波电压的大小和频率也是通过改变正弦参考信号的幅值和频率而改变的，只是双极式控制时，三角波信号也是双极性的。逆变器同一桥臂上下两个开关管工作于交替导通的状态。

3.3　中压电动机的变频调速

中压变频调速的技术分类如下：

从主电路结构上分为交—交变频和交—直—交变频；

从储能方式上分为电流源型和电压源型；

从电平数上分为二电平、三电平和多电平；

从控制方式上分压频比控制、矢量控制和直接转矩控制。

中压变频调速的比较见表3-2。

表3-2　中压变频调速的比较

比较内容	主电路结构	
	交—交	交—直—交
结　构	每相由两个相互反并联的整流电路组成，正桥提供正向相电流，反桥提供负向相电流	先将交流电源用整流电路转变成直流电，再用逆变电路将直流电转换为频率可变的交流电

（续）

比较内容	主电路结构	
	交—交	交—直—交
换能方式	一次换能	二次换能
换流方式	电源电压反向换流	强迫换流或负载换流
器件数量	比较多	比较少
器件利用率	比较低	比较高
调频范围	输出最高频率为电网频率的1/3～1/2	频率调节范围宽
电网功率因数	比较低	用PWM方式调压，则功率因数高
适用场合	低速大功率——轧机等特殊负载	各种拖动装置、稳压稳频电源——通用型

比较内容	储能方式	
	电流源型	电压源型
结构	电流源型输入采用可控整流，控制电流的大小。中间采用大电感，对电流进行平滑。逆变桥将直流电流转换为频率可变的交流电流，供给交流电机	电压源型大多采用二极管进行全波整流。中间采用大电容滤波，对电压进行平滑。逆变桥控制电压输出波形中交流基波的幅值大小，也控制交流基波电压的频率
直流环节	电抗器	电容器
输出电压波形	近似为正弦波	矩形
输出电流波形	矩形	近似为正弦波
输出动态阻抗	大	小
对电压波动的敏感性	大	小
器件损坏	容易	不易损坏
对晶闸管的要求	耐压高，关断时间无要求	耐压较低，关断时间要求短
线路结构	较简单	较复杂
适用范围	单机、多机拖动	单机、多机拖动

比较内容	电平数		
	两电平	三电平	多电平
结构	采用6只可关断功率器件与拑位二极管构成带中性点的逆变电路	采用12只可关断功率器件与拑位二极管构成带中性点的逆变电路	有若干个低压PWM变频功率单元，以输出电压串联方式实现直接高压输出的方法
输出谐波	大	小	很小
网侧谐波	大	小	很小

比较内容	控制方式		
	压频比（U/f）控制	矢量控制	直接转矩控制
定义	利用半导体器件的开通和关断，把直流电压变成一定形状的电压脉冲序列，来实现频率、电压控制和消除谐波的一门技术	把交流电机模拟成直流电机进行控制，它是以转子磁场定向，采用矢量变换的方法实现交流电机的转速和磁链控制的完全解耦	直接在电机定子坐标系下分析电机的数学模型，采用定子磁场定向而无须解耦电流，直接控制电动机的磁链和转矩

（续）

比较内容	控　制　方　式		
	压频比（U/f）控制	矢量控制	直接转矩控制
优　点	能明显改善输出波形，降低电动机的谐波损耗，并减小转矩脉动，简化了逆变器的结构，加快了调节速度	调速精度高，动态响应快，可实现四象限运行，在高速和低速都有比较好的控制性能	不受电机参数影响，动态响应好，可实现四象限运行，控制算法和系统结构简单，开关频率低
缺　点	U/F 控制在稳态下没有问题，但在负载突然变化的情况下，磁通和转矩不能优化，动态响应慢	对转子磁场观测的准确性受电机及参数影响较大，需要输入准确的电动机参数	会产生转矩脉动，低速性能略差，调速范围不宽

三电平中压变频主电路如图 3-5 所示。

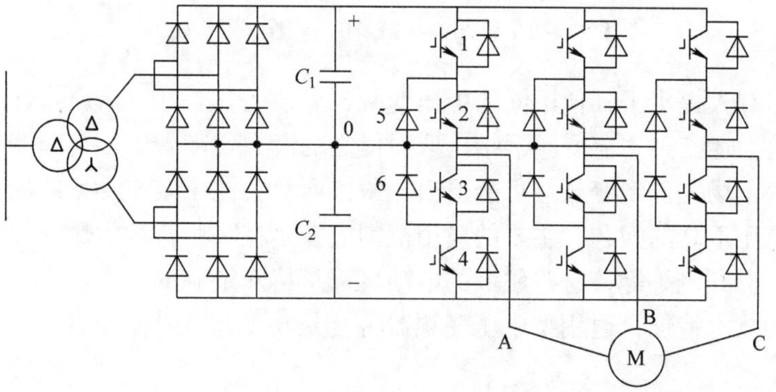

图 3-5　三电平中压变频主电路

电流源型中压变频主电路如图 3-6 所示。

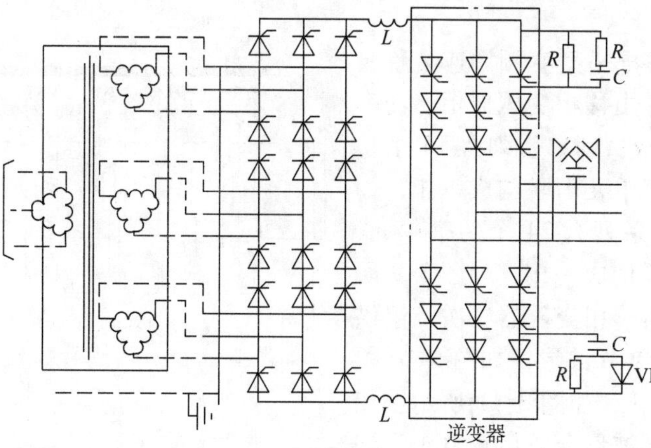

图 3-6　电流源型中压变频主电路

功率单元串联型多电平中压变频主电路如图 3-7 所示。

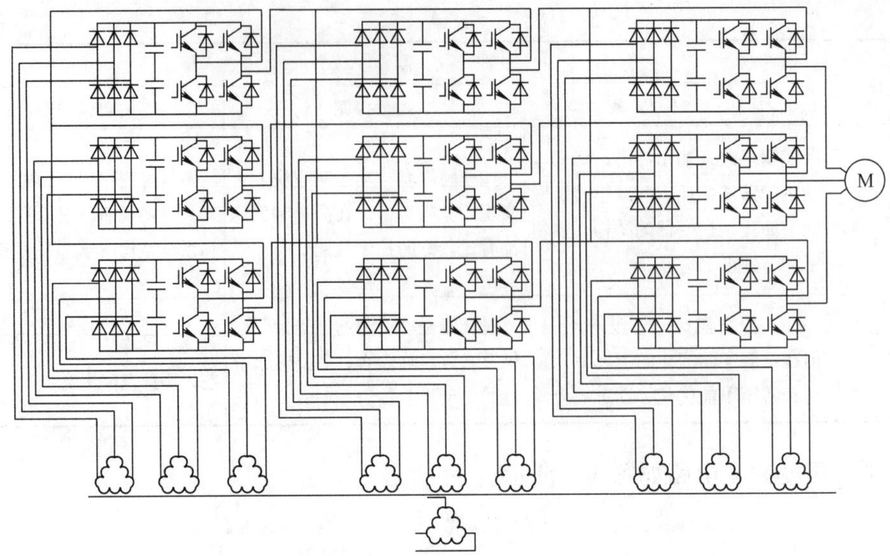

图 3-7 功率单元串联型多电平中压变频主电路

目前，虽然有人提出了其他不同的中压变频器解决方案，但大都不具有明显的可行性，或者说不具有将上述三种主流变频器结构取而代之的潜力。随着中压变频器成本的进一步降低，在中等功率市场，低型变频器将会退出竞争，而只关注于较小功率的场合。三电平型变频器由于输出电压不高的问题，主要的应用范围应该是在一些特种领域，如轧钢机、轮船驱动、机车牵引、提升机等等，这些领域的电动机都是特殊定制的。

由于上述的技术特征，通用型中压变频器将会是功率单元串联多电平型变频器占多数，成为主流产品。

3.4 功率单元串联多电平型变频调速

1. 工作原理

功率单元串联多电平型变频调速装置属于电压源型变频器，由移相变压器柜、功率单元柜和控制柜组成。6kV 系列有 15 个功率单元，每 5 个功率单元串联构成一相，如图 3-8 所示。10kV 系列有 24 个功率单元，每 8 个功率单元串联构成一相，如图 3-9 所示。每个功率单元由移相变压器二次绕组供电，功率单元输出 PWM 波形，如图 3-10 所示，输出电压为 690V，如图 3-11 所示。相间功率单元输出电压波形合成后相电压达到交流额定电压，如图 3-12 所示。移相变压器二次绕组相互间存在相位差，实现多重化串联整流供电来消除对电网的谐波干扰。

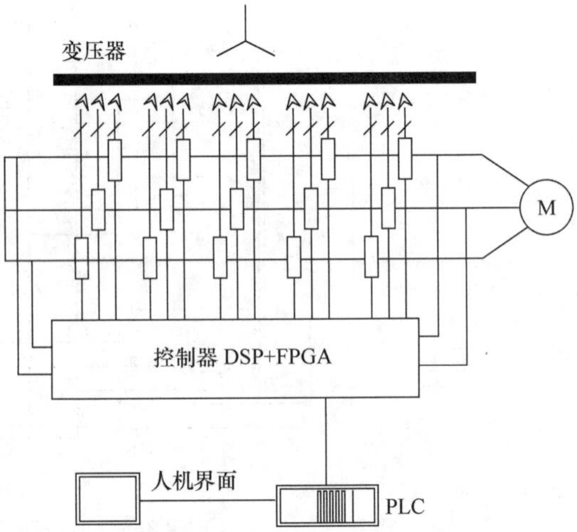

图 3-8 6kV 拓扑结构图

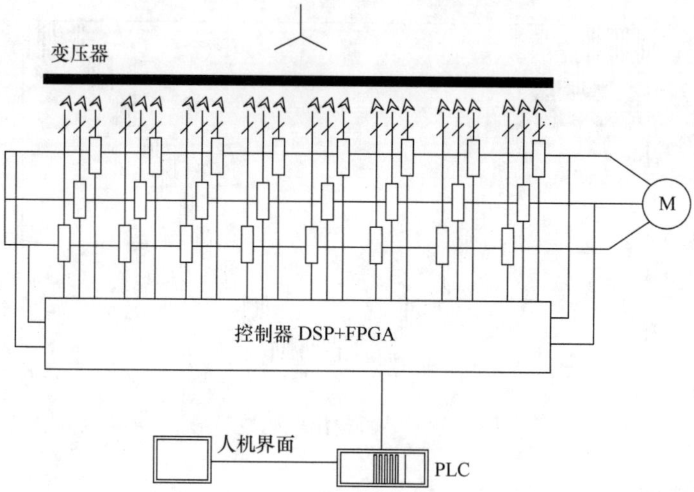

图3-9　10kV 拓扑结构图

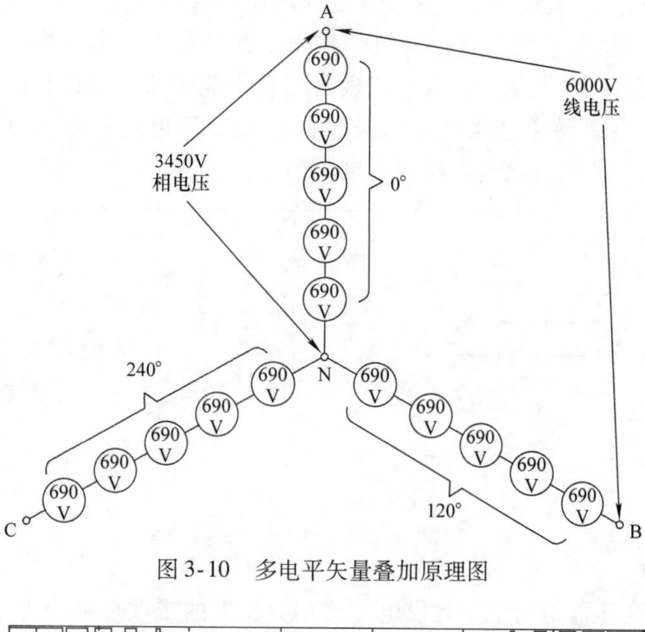

图3-10　多电平矢量叠加原理图

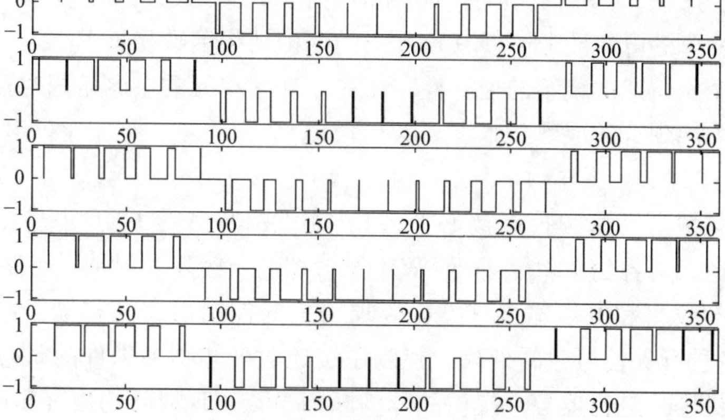

图3-11　各功率单元输出电压波形图

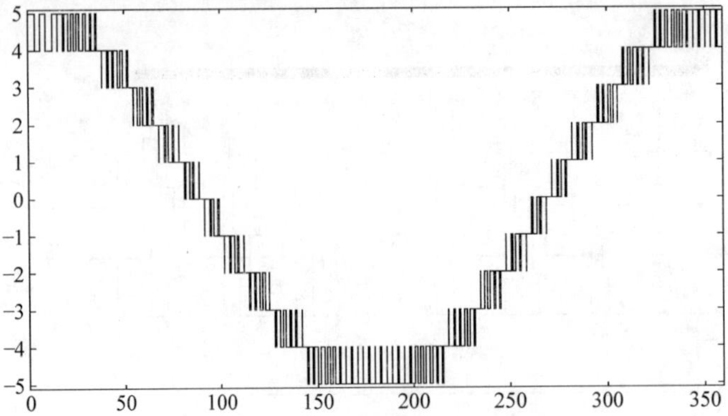

图 3-12 装置输出电压波形图

2. 功率单元结构

功率单元是整台变频调速装置实现变压变频输出的基本单元，整台变频调速装置的变压变频功能是通过单个功率单元实现的，每个功率单元结构上完全一样，可以互换，其交—直—交电路结构如图 3-13 所示，输入是二极管三相整流全桥，经过直流电容滤波，输出是 IGBT 单相逆变桥，控制器通过光纤通信经过保护和驱动电路控制 IGBT 逆变桥输出正弦 PWM 波形，其驱动电源从直流电容两端直接取得进行变换。

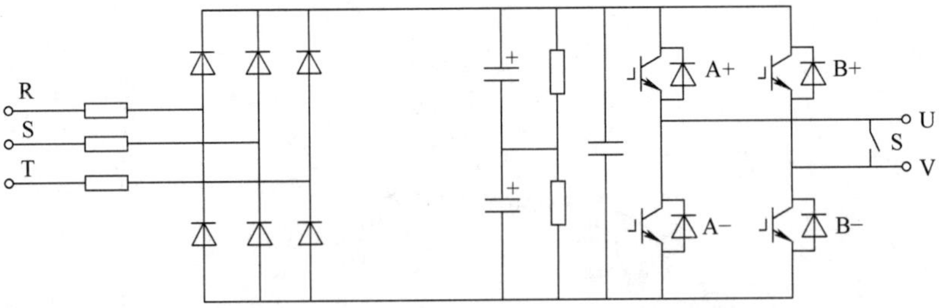

图 3-13 功率单元

3. 输入侧结构

输入侧由移相变压器给每个单元供电，移相变压器的二次绕组分为三组，对 6kV 系列，构成 30 脉波整流方式；对 10kV 系列，构成 48 脉波整流方式；这种多级移相叠加的整流方式可以大大改善网侧的电流波形，使其负载下的网侧功率因数接近 1。

另外，由于变压器二次绕组的独立性，使每个功率单元的主电路相对独立，类似常规低压变频器，便于采用现有的成熟技术。

4. 控制系统

功率单元串联型高压变频控制核心器件由 DSP + FPGA 组成，对输入输出信号进行检测、分析做出处理，对各功率单元进行 PWM 波形控制、触发、封锁、旁路 IGBT，使变频调速装置提供相应的频率和电压输出，PLC 接收用户的控制指令（起动、停机、急停、频率给定等），实现各种开关信号逻辑处理。控制系统还对变频器各部件的状态（如各个功率单元、变压器、风机等）进行监控，提供故障诊断信息，实现故障的报警和保护。

在现场应用中，控制系统可实现与现场的灵活接口，提供阀门联动、自动调度等现场需要的控制功能，方便改变控制方式，满足用户现场的特殊要求。

为了实现控制部分和高压部分完全可靠隔离，控制系统与功率单元之间采用光纤通信技术，系统具有极高的安全性，同时具有很好的抗电磁干扰性能。

5. 旁路装置

旁路装置用于在高压变频调速装置出现重故障而不能正常工作的情况下实现变频到工频运行的切换，有手动旁路装置和自动旁路装置两种方式，可由用户提出具体要求选配，高压变频调速装置标准配置不包括旁路装置。

手动旁路装置由高压隔离开关组成（见图3-14a），需变频运行时先分QS_3，再合QS_1与QS_2，需工频运行时先分QS_1与QS_2，再合QS_3，变频运行与工频运行切换时必须等电动机完全停止后手动操作隔离开关闭合与断开，禁止带电合分隔离开关。

自动旁路装置由高压接触器组成（见图3-14b），变频运行时先分KM_3，再合KM_1与KM_2，工频运行时先分KM_1与KM_2，再合KM_3，变频运行与工频运行切换时系统会自动切换高压接触器的闭合与断开。

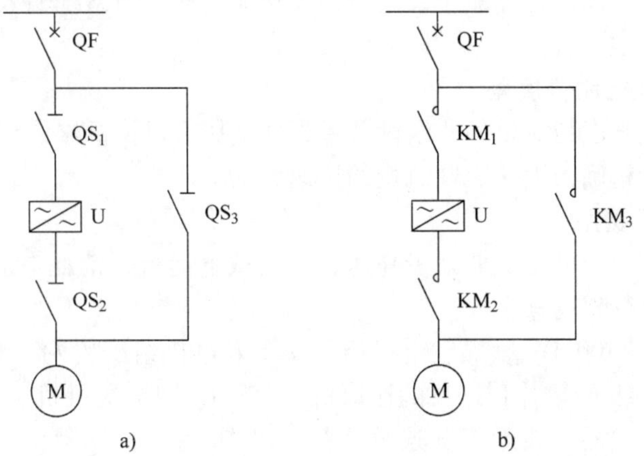

图3-14 系统主电路

采用多个低压的功率单元串联实现高压，输入侧的降压变压器采用移相方式，可消除对电网的谐波污染，输出侧采用多电平正弦PWM技术，可适用于任何电压的普通电动机。另外，在某个功率单元出现故障时，可自动退出系统，而其余的功率单元可继续保持电动机的运行，减少停机时造成的损失。系统采用模块化设计，可迅速替换故障模块。由此可见，单元串联多电平型变频器的市场竞争力是很明显的。

功率单元串联多电平型变频调速装置特点：

1）输入谐波少，功率因数高；

2）电动机侧谐波和dv/dt少，适用普通电动机；

3）功率电路模块化，维护方便；

4）部分电路故障可继续运行；

5）系统故障可旁路到电网运行；

6）不能将能量回馈到电网；

7）功率器件备品备件属于通用产品；

8）可做成10kV产品；

9）交流环节复杂，功率器件数目多，体积略大一些。

3.5 变频调速装置在火电厂的应用

火力发电厂在生产过程中，当发电负荷发生变化时，需要对锅炉燃烧工况进行调节。具体调节方法是通过改变锅炉的给煤量、风量、给水量来进行调节。而目前各电厂水量、风量的调节一般是通过改变阀门或挡板的开度来实现的，但这种调节方式属于节流调节，在运行中这种调节方式存在许多问题。

1. 浪费电能

锅炉在设计时，选用风机的额定容量通常大于实际需要量，其配套拖动电动机的额定容量则更大。实际运行时不得不关小风门进行节流调节。例如，在额定工况下，风机风门开度仅为60%。在节流过程中，风机特性曲线不变，转速不变，仅仅依靠关小风门，人为增加管道阻力来减小流量。风门开度减小，阻力损失相应增加，但系统输入功率并无减小，而是白白损失在节流过程中。

2. 系统稳定性及控制精度差

由于风门的挡板开度与流量的非线性关系，加上执行机构机械传动间隙的影响，挡板开度调节既不灵敏又不精确，无法实现流量的快速、准确调节。

3. 节流调节运行费用大

在节流调节方式中，风机长期处于高速、大负载下运行，消耗电能大，维护工作量大，设备寿命低，并且运行现场噪声大。

某火电厂两台2×100MW燃煤发电机组，每台发电机组配置两台型号为YKK 560－6、功率900kW、电压等级6kV并列运行的送风机。分别在1#炉送风机、2#炉送风机安装了功率单元串联型高压变频器，典型工况连续运行，以1h为单位，考核1h内各段负荷同工况（出口风压相同、制粉系统运行方式相同）情况下，工频运行和变频运行时的节能效果。

表3-3和表3-4为1#、2#炉送风机总耗电的比较。

表3-3 1#炉送风机

负荷/MW	制粉系统/套	送出口风压/kPa	氧量（%）	工频电耗/kWh	变频电耗/kWh	节能/kWh
70	单套运行	2.7/2.8	5/5	882	720	162
80	单套运行	3.1/3.1	4.8/5	972	756	216
90	单套运行	3.08/3.06	5/5	1026	810	216
100	单套运行	3.5/3.5	4.7/4.3	1098	828	270

表3-4 2#炉送风机

负荷/MW	制粉系统/套	送出口风压/kPa	氧量（%）	工频电耗/kWh	变频电耗/kWh	节能/kWh
70	单套运行	3.0/3.0	5/5	954	725	229
80	单套运行	3.0/3.1	4.3/5	982	746	236
90	单套运行	3.16/3.18	5/5	1026	774	252
100	单套运行	3.2/3.2	5/4.6	1062	810	252

注：工频电耗是指送风机在电压6kV，频率在50Hz状态下负荷稳定运行1h的实际耗电量。

表 3-5 为典型工况连续运行三天送风机节能情况。

表 3-5　送风机节能情况　（单位：万 kWh）

项目	发电量	1#送	2#送	节能	发电万 kWh 节能	发电 6 亿 kWh 节能
#1 机组	535.04	1.998	3.15	1.152	0.002153	129.18
#2 机组	518.96	1.908	3.07	1.162	0.002239	134.34

按照单位小时节能情况分析：

概算按各个负荷段的平均数计算，1#炉送风机每小时节电 216kWh，2#炉送风机每小时节电 242.25kWh，全天双机运行共节电 1.0998 万 kWh；以年发电量完成 12 亿 kWh，日完成发电量 400 万 kWh，全年双机运行 300 天（相当于全年运行 7 200h）计算，两台送风机全部技改后，全年可节约电量 329.94 万 kWh，按现行火电平均上网电价 0.42 元/kWh 计算，一年可节约 138.6 万元。

按照送风机连续运行三天节能情况分析：

安装两台送风机变频后，全年可节约电量 263.52 万 kWh，按现电价 0.42 元/kWh 计算，一年可节约 110.68 万元。

上述两结论从数据上看基本相近，说明数据真实可信，变频效益巨大。

送风机采用变频运行后，除了节能和控制特性改善外，风机系统的运行工况也明显改善，有以下优点：

1）实现风门全开，不再调整风门，运行自动化程度大为提高，运行和维护工作量降低。

2）送风机变频改造后，电动机实现了软起动，降低了电动机的故障率。

3）功率因数提高。从电网角度看，工频运行时功率因数为 0.85 左右，变频运行时功率因数达到 0.95。因此，即使同样是满负荷运行，变频运行时，高压输入电流明显比工频运行时小，这有利于节能和设备安全运行。

4）采用变频和旁路工频双套运行方式，当变频器故障时，电动机可投工频旁路，电机定速运行，不影响设备运行，保证了机组的安全运行。

3.6　变频调速装置在水泥厂的应用

目前，水泥行业的竞争非常激烈，但关键还是制造成本的竞争，而电动机电耗就占成本近 30%，而拖动风机用的高压电动机在电机中占有很大的比重，因此做好电动机的降耗增效工作就显得极为重要。目前，很多水泥厂的风机大马拉小车现象严重，如果利用变频调速技术改变设备的运行速度，以调节风量的大小，可以既满足生产要求，又可以节约电能，同时减少因调节挡板而造成挡板和管道的磨损及经常停机检修所造成的经济损失。因此，在水泥厂风机采用变频调速技术，能提高节约大量能源，提高生产效率，为水泥厂带来较大的经济效益和社会效益。根据具体情况，风机采用变频调速后，节电率在 30% ~ 50% 范围内，通常 1 年半到 2 年左右可收回变频器的设备和其他安装等附加费用等总投资。

“十二五”期间，水泥厂建设中，主要大功率风机采用变频调速已经成为标准配置，淘汰挡风板调风及其他一些低效调风方式，虽然一次性建设投资加大，但是能效收益也非常显著。

1. 传统挡板调风存在的问题

风机传统的调节方式是调节入口挡板的开度，以此来调节风量，是一种经济效益差、能耗大、设备损坏严重、维修难度大、运行费用高的落后办法。主要存在以下问题：

1）采用挡板调节时，大量的能量损耗在挡板的截流过程中。对风机而言，最有效的节能措施是采用调速来调节流量。由于风机大都为二次方转矩负载，轴功率则与转速大致成三次方关系，所以当风机水泵转速下降时，消耗的功率大大下降。图 3-15 表示了风机采用各种调节方法时消耗功率与风量关系曲线。其中曲线①为输出端风门控制时电动机消耗的功率；②为输入端风门控制时电动机消耗的功率；③为转差调速控制（采用转差电机，液力偶合器）时电动机消耗的功率；④为变频调速控制时电动机消耗的功率，最下面一条曲线为调速控制时风机实际所需轴功率（即电动机轴输出功率）。可见，在众多的调节方式中，节能效果最好的是变频调速。

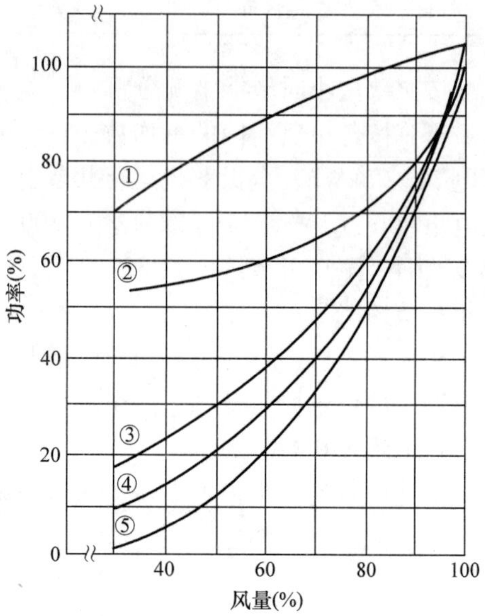

图 3-15　离心风机不同调节方式的耗电特性比较

2）介质对挡板阀门和管道冲击较大，设备损坏严重。

3）挡板动作迟缓，手动时人员不易操作，而且操作不当会造成风机振动。挡板执行机构一般为大力矩的电动执行器，故障较多，不能适应长期频繁调节，调节线性度差，构成闭环自动控制较难，且动态性能不理想。

4）异步电动机在直接起动时起动电流一般达到电动机额定电流的 6～8 倍，对电网冲击较大，也会引起电动机发热，强大的冲击转矩对电动机和风机的机械寿命存在很多不利的影响。也有绕线转子电动机采用水电阻方式进行起动的，存在设备复杂、可靠性低等缺点。

过去也有水泥厂采用液力偶合器进行调速。液力偶合装置缺点是体积大、噪声大、调速范围窄、效率低、油系统维护复杂。

2. 采用变频调速的优点

1）变频调速能节约原来损耗在挡板截流过程中的大量能量，大大提高了经济效益。

异步电动机的变频调速是通过改变定子供电频率 f 来改变同步转速而实现调速的，在调速中从高速到低速都可以保持较小的转差率，因而消耗转差功率小，效率高，是异步电动机的最为合理的调速方法。

由公式 $n=\frac{60f}{p}(1-s)$ 可以看出，若均匀地改变供电频率 f，即可平滑地改变电动机的同步转速。异步电动机变频调速具有调速范围宽、平滑性较高、机械特性较硬的优点，目前变频调速已成为异步电动机最主要的调速方式，在很多领域都获得了广泛应用。

对离心式风机而言，流体力学有以下原理：输出风量 Q 与转速 n 成正比；输出压力 H

与转速 n_2 成正比；输出轴功率 P 与转速 n_3 成正比；即

$$Q_1/Q_2=n_1/n_2$$

$$H_1/H_2=(n_1/n_2)^2$$

$$P_1/P_2=(n_1/n_2)^3$$

当风机风量需要改变时，如调节风门的开度，则会使大量电能白白消耗在风门及管路系统阻力上。如采用变频调速调节风量，可使轴功率随流量的减小大幅度下降。变频调速时，当风机低于额定转速时，理论节电（kWh）为

$$E=[1-(n'/n)^3]\times P\times T \tag{3-6}$$

式中　n——额定转速；

n'——实际转速；

P——额定转速时电动机功率；

T——工作时间。

以上公式为变频节能提供了充分的理论依据。

2）采用变频调速后，可实现软起动，对电网的冲击和机械负载的冲击都不存在了，同时延长了电机和风机的寿命。同时，采用变频调速后，电动机的无功功率通过变频器直流环节的滤波电容进行了瞬时补偿，变频器的输入功率因数可达0.95以上。相对电动机直接工频运行而言，功率因数大大改善，对低速电动机效果尤为明显。实现变频调速后，风机经常在额定转速以下运行，介质对风机风扇和挡板的磨损、轴承的磨损、密封的损坏都大大降低，减少了维护工作量。电机运行的振动和噪声也明显降低。

3）采用变频调速后，可以很方便地构成闭环控制，进行自动调节，调节器输出的4～20mA信号输到变频器（或通过通信接口进行控制），通过变频器调节电动机转速，可以平稳地调节风量，且线形度较好，动态响应快，使设备在更经济的状态下安全稳定运行。

3. 应用实例

某水泥厂窑头EP风机为电动风机，电动机为10kV的高压电机，型号：YKK500－8额定功率：400kW，频率：50Hz，额定电压：10 000V，接线：Y/Y，额定电流：32A，转速：740r/min，功率因数：0.77。该电机采用高压变频调速装置进行节能改造，运行良好，节能显著。变频器参数：额定电压10kV，额定电流50A，容量500kVA。

原生产过程中，根据窑内负压，通过调整风门挡板开度对头排风机的风压进行调整。由于设计裕度较大，正常生产过程中，风门挡板开度较小，风门档板两侧风压差较大，造成较大的节流损失。现运行方式为风门挡板全开，通过变频来调节电动机转速，从而达到调整风量的目的。变频器控制接入原有的DCS（Distributed Control System，离散控制系统），由DCS来完成正常操作。变频器正常运行频率在40Hz左右。

本次变频改造前后，我们对相应的运行数据进行了统计，现将部分数据分析如下。

改造前，电动机平均功耗为287.55kW，改造后平均功耗为205.2kW，通过变频改造后功耗下降达82.35kW。按照年运行330天计算，年节电量为（82.35×24×330）kWh＝652 212kWh，按每kWh电0.55元，则年节能效益为35.8万元。

改造前后风机性能对比见表3-6。

表 3-6　改造前后风机性能对比

	改造前	改造后
平均功耗/kW	287.55	205.2
10kV 进线电流/A	23.2	12.2
10kV 进线功率因数	0.71	0.97
起动方式	直接起动	变频软起动
风机噪声	大	小
轴承温升	高	低

变频器还同时设计有工频旁路回路，万一变频器出现故障时，可将电动机自动切至原工频供电回路直接起动，以保证电动机的正常运转，而不影响生产，如图 3-16 所示。工频运行时，风机转速会升高，风压会发生较大变化，故同时应及时在 DCS 上对风机的风门进行及时调节，降低风机输出风量至工况要求值。

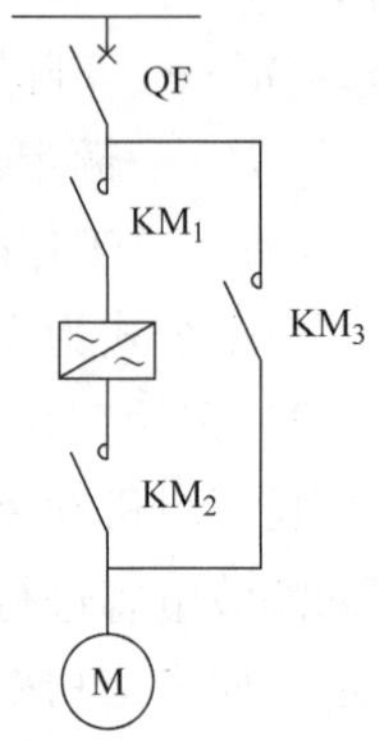

图 3-16　主电路单线图（一）

4. 采用变频调速应该注意的问题

1）可靠性方面的考虑。水泥行业连续生产的性质决定了用于水泥厂用的高压变频器需要有很高的可靠性，保证安全生产。单元串联多电平系列采用主流的功率单元串联技术方案，而不是功率器件直接串联，避免了器件直接串联带来的均压问题，本质上保证了系统的可靠性。同时，产品特有的无速度传感器矢量控制技术在提高起动转矩和转速精度的同时，提高了抗电网波动和负载扰动能力，大大提高了可靠性。

2）变频器输入谐波对电网的影响。如果变频器输入电流谐波较大（比如传统的电流源型变频器），会产生如下危害：供电系统的继电保护装置误动作，可能导致大面积停电。测量仪器仪表误差增大，影响计量精度和控制性能。影响其他电力电子装置、电子计算机系统及通信设备的正常工作。谐波使电动机、变压器和电容器等用电设备损耗增大，严重时会过热或烧损。单元串联多电平系列高压变频器输入电流谐波失真极小，对电网基本不产生谐波污染，满足 IEEE 519—1992 和 GB/T 14549—1993 标准。大、中型水泥厂自动化水平高，大多数采用自动化仪表和计算机控制系统，对用电系统的谐波要求很高，单元串联多电平系列变频器在这方面有很大的优势。

3）变频器输出波形对电动机的影响。由于水泥厂应用变频调速很大部分是旧有设备的改造，原有的普通电动机是设计成为电网直接运行的，而电网电压波形基本为正弦波，如果变频器输出波形质量不好的话，会对电动机产生不良影响。变频器输出谐波会引起电动机附加发热和转矩脉动，噪声增加，输出 dv/dt 和共模电压会影响电动机的绝缘。单元串联多电平系列高压变频器由于输出波形质量好，不必设置输出滤波器，就可以使用原有的普通异步电动机。

5. 结论

目前很多水泥厂的风机大马拉小车现象严重。风机的风量调节方式基本通过挡板进行调节，耗能大，经济效益差，设备损坏严重，急需采用先进的高压变频调速进行技术改造，以降低水泥厂的电耗，提高企业的经济效益。水泥行业风机采用高压变频调速技术，通过高压变频器的应用实距证明是必要的、可能的，且经济效益显著。单元串联多电平系列高压变频器可靠性高，输入输出波形质量好，适合于水泥厂风机的变频调速，能提高设备运行的可靠性，节约大量能源，为水泥厂带来较大的社会效益和经济效益，具有很高的推广价值。

长期以来，我国政府对节能工作十分重视，我国能源节约与资源综合利用“十二五”规划提出高压大功率变频调速作为重点发展的节电技术之一，要求大力推动高压大功率变频调速示范工程。

3.7 变频调速装置在化工厂的应用

某大型盐化公司在锅炉的技改工程中，对75t/h循环流化床锅炉的引风机、一次风机、二次风机的高压电动机，均进行了高压变频技术改进，现将改进情况作简单介绍。

1. 基本情况

该厂75t/h循环流化床锅炉的引风机、一次风机、二次风机的风量调节、风压调节，原来采用的是传统做法，即风机以定速方式运行，由挡板调节。其主要弊端主要表现为：

1）调节挡板前后压差增加，工作安全特性变坏，压力损失严重，造成能耗增加；

2）风机定速运行，挡板调整节流损失大，出口压力高，系统效率低，造成能源的浪费；

3）风道压力过高，威胁系统设备密封性能；

4）长期的40%～70%开度，加速挡板自身磨损，导致挡板控制特性变差；

5）设备使用寿命短，日常维护量大，维修成本高，造成各种资源的浪费；

6）设备起动冲击电流大，需增加配电设备容量而增加投资；

7）与DCS不能直接配合，难以实现自动化操作。

为了解决上述问题，我们经过了大量的技术论证，决定用高压变频器替代传统的挡板调节风量、风压的方法。

2. 高压变频调速系统的技术方案

该厂此次采用一拖一自动旁路方案，其一次电路如图3-17所示。系统由三个高压真空接触器和两个高压隔离开关组成。其中KM_3、KM_2不能同时闭合。电动机变频运行时，KM_1、QS_1、QS_2、KM_2闭合，KM_3断开。要求做到：

1）可以实现变频/工频自动切换功能。

2）旁路柜柜门上应有手动和自动分、合真空接触器转换开关。

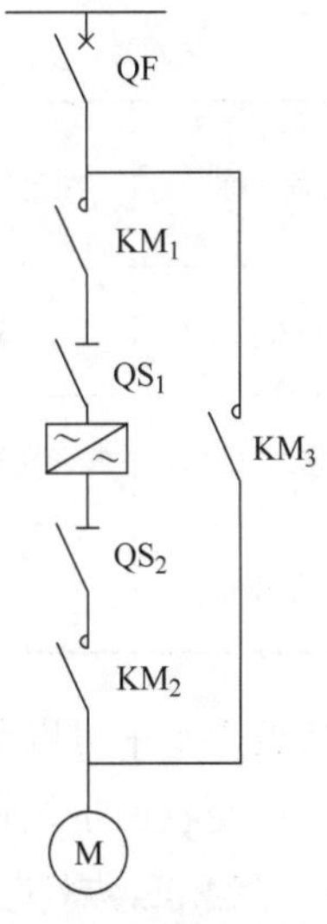

图3-17 主电路单线图（二）

变频器出现严重故障时，系统能够根据需要自动转入工频电网中，断开变频调速系统，而负载不用停机，满足现场不能停机要求。

这三台高压变频器经工程技术人员技术改进，最大限度地满足了安全可靠的工艺调速要求，其产品主要特点如下：

1）对电网波动的适应能力增强。针对生产负荷波动大的工况，变频器进行了特殊设计，大幅度提高了其抗电网波动能力，做到电压波动在±15%以内时，变频器可以维持满额输出；电网

电压降落在 -15% ~35% 以内时，变频器都短时降额运行，不进行欠电压保护，等电网电压恢复正常后，变频器自动恢复到原来的工作状态，大大减少了电压跌落造成的停机现象。

2）多种及多路控制电源供电。变频器的控制电源不存在和主电源相位关系的要求，在现场提供的控制电源失电时，变频器利用自身配备的 UPS 为控制系统供电，变频器可以持续运行，做到控制电源丢失时（比如维修人员误拉低压电、开关跳闸、熔丝熔断等），仍然保证辅机设备的运行。另外还配备双路控制电源切换功能，能够接受现场的直流操作电源。相对交流电源而言，直流电源由于有蓄电池供电，有更高的可靠性。

3）来电自起动功能。为避免电网短时失电对生产造成影响，该变频器具备来电自起动功能。当电网电压消失后，变频器紧急停机，如果在 20s 内电源恢复，变频器会进行自动起动，恢复停机前的运行状态。

4）采用新型 IGBT 功率器件，全数字化微机控制。

5）无需功率因数补偿，能在 20% ~100% 的负荷变化情况内达到或超过 0.95 的功率因数。

6）无需滤波器，变频器就可输出正弦电流或电压波形，对电动机无特殊要求。

7）具有软起动功能。没有电动机起动冲击引起的电网电压下跌，可确保电动机安全、长期运行。

8）控制系统采用全数字微机控制，有很强的自诊断功能，能对所发生的故障类型及故障位置提供中文指示，能在就地显示并远方报警，便于运行人员和检修人员能辨别和解决所出现的问题。

9）具有就地监控方式和远方 DCS 监控方式。

3. 应用效果

从三台风机采用高压变频器后的实际运行情况看，各项技术指标均满足使用要求，工作性能稳定，节能效果明显。表 3-7 和表 3-8 是电动机改造前工频运行与变频改造后变频运行的对比。

表 3-7 电动机改造前工频运行

设备名称	额定功率/kW	工频运行电流/A	功率因数	工频下电动机功率/kW	工频季度耗电量
引风机	315	37.6	0.82	315	692 077
一次风机	355	40.5	0.86	355	781 818
二次风机	250	29	0.85	250	553 312

从表 3-8 中可以看出，该盐化厂在锅炉风机上应用高压变频技术后，节能效果十分显著，一年便收回了投资。概括起来其主要应用效果如下：

1）变频起动对电网没有任何冲击。由于变频器改造后风机可以实现变频软起动，避免了起动电流的冲击，不仅对电网没有任何冲击，而且还可以随时起动或停止；

表3-8　电动机变频改造后变频运行

设备名称	变频运行电流/A	功率因数	变频下电动机功率/kW	变频季度耗电量/kWh	变频季度耗电费/元	节电率（%）
引风机	5	0.98	50	109 989	43 996	84
一次风机	13	0.98	132	285 971	114 388	63
二次风机	1	0.98	10	1 997	8 798	96

2）按需调节风量，避免浪费。进行变频改造后，风机的送风量不再需要由风门来调节，而是由变频器通过变频调节风机的转速来实现，调节范围可以从0～100%；因而可以根据生产需要随意调节风量，减少了不必要的浪费；

3）变频节能运行，节约了大量能源。由于变频改造后不再使风机一直处于满负荷工作状态，节能率高达63%以上；

4）降低风机工作强度，延长使用寿命。进行变频改造后，风机的大部分工作时间都在较低的速度下运行，因而大大降低了风机工作的机械强度和电气冲击，将会大大延长风机的使用寿命，降低维修强度；

5）可使电动机与风机直接相连接，减少传动环节的费用；

6）电机和风机运转速度下降，润滑条件改善，传动装置的故障下降；

7）系统压力降低，对管道的压力和密封等条件缓解，延长使用寿命；

8）系统完善的监控性能和高可靠性提高了工作效率，减少了检修和维护的工作量。

3.8　异步电动机的变极调速

变换异步电动机绕组极数从而改变同步转速进行调速的方式称为变极调速。其转速只能按阶跃方式变化，不能连续变化。变极调速的基本原理是，如果电网频率不变，电动机的同步转速与它的极对数成反比。因此，变更电动机绕组的接线方式，使其在不同的极对数下运行，其同步转速便会随之改变。变更极对数的调速方法一般仅适用于笼型异步电动机。

异步电动机往往采用下列两种方法来变更绕组的极对数。

1）改变定子绕组的接线，或者说变更定子绕组每相电流的方向；

2）在定子绕组上设置具有不同极对数的两套互相独立的绕组。

有时同一台电动机为了获得更多的速度等级，如需要得到4个以上的速度等级，上述两种方法往往同时采用。

1. 改变定子绕组接线的变极原理

以一相绕组为例，这相绕组由两部分组成，即 $1U_1-1U_2$ 和 $2U_1-2U_2$（或称由两个完全对称的半相绕组组成），如表3-9和表3-10所示。

表 3-9 定子绕组不同接线方式的比较

如果两部分顺向串联，即头－尾相联，$1U_1-1U_2-2U_1-2U_2$，可产生四个磁极	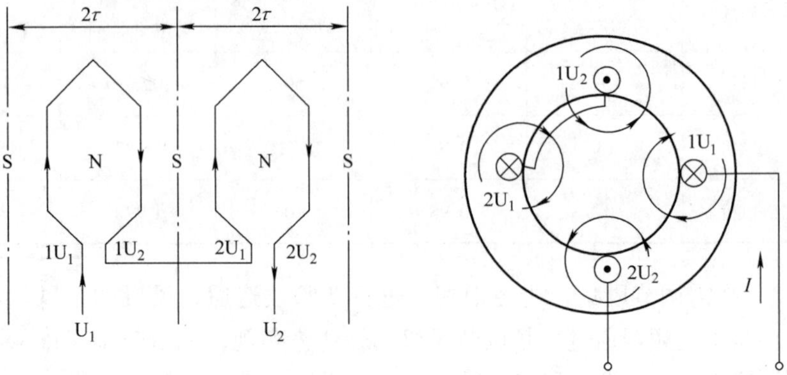
如果两部分尾尾或头头反串时，$1U_1-1U_2-2U_2-2U_1$，可产生两个磁极	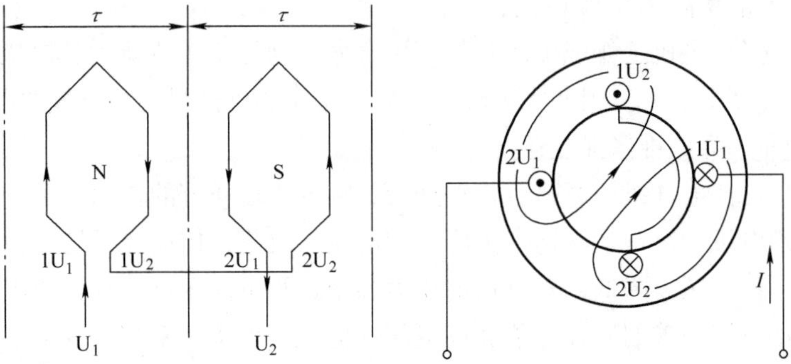
如果两部分头尾反并联时，可产生两个磁极，如右图所示	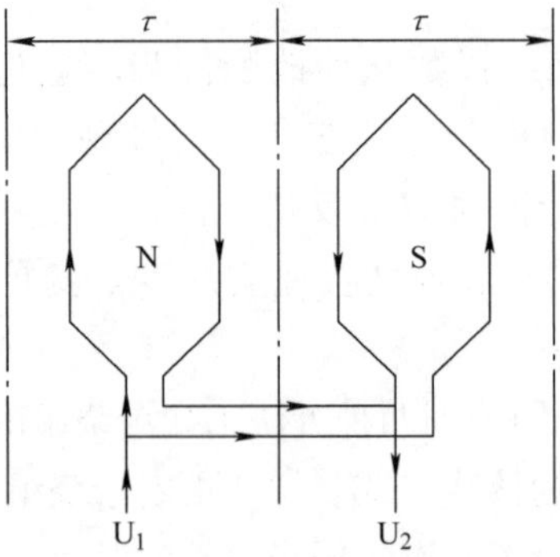

只要将两个半相绕组中的任一个半相绕组的电流反向，就可将极对数增加一倍（顺串）或减少一半（反串、反并）。这就是单绕组倍极比的变极原理，如2/4 极、4/8 极。

2. 两种常用的变极方案

两种常用的变极方案如表 3-10 所示。

表 3-10　两种变极调速方案比较

Y/YY变极调速 定子每相两个半相绕组相串联，三相接成Y联结，每相有两个出线端。当出线端 U_1、V_3、W_5 接三相电源，U_2、V_4、W_6 悬空时，定子绕组为Y联结。每两个半相绕组顺串，为多极数4极 当出线端 U_1、V_3、W_5 被短接，U_2、V_4、W_6 接三相电源，定子绕组为YY联结。每两个半相绕组反接并联，为少极数2极	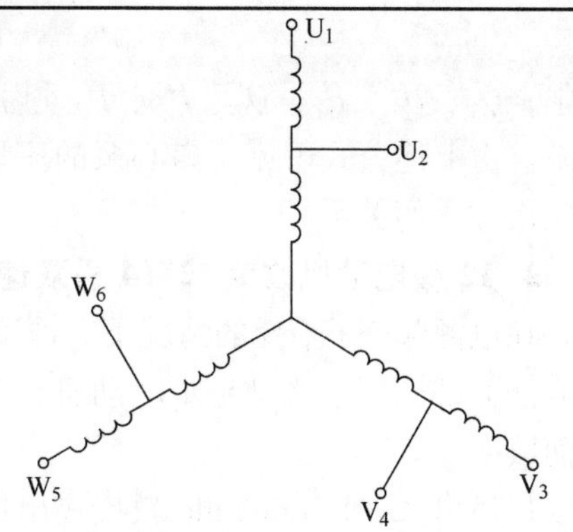
△/YY变极调速 定子每相两个半相绕组相串联，三相接成△联结，每相有两个出线端。当出线端 U_1、V_3、W_5 接三相电源，U_2、V_4、W_6 悬空时，定子绕组为△联结。每两个半相绕组顺串，为多极数4极。当出线端 U_1、V_3、W_5 被短接，U_2、V_4、W_6 接三相电源，定子绕组为YY联结。每两个半相绕组反接并联，为少极数2极	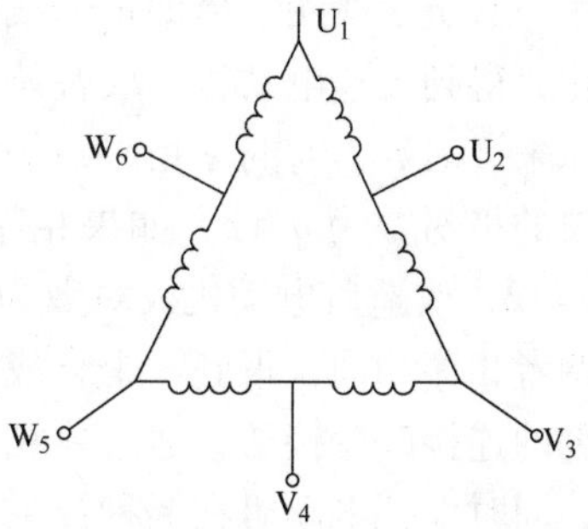

变极调速设备简单，运行可靠，能适应不同的生产机械的需要，常见的行车电动机、提升机电动机、油田抽油机电动机、塔机专用电动机、供热系统循环泵等等都可以采用，节能效率高。

3.9　火电厂循环泵电动机的变极调速节能改造

火电厂循环水温、循环水量是影响汽机真空的重要因素。通常循环水泵是按循环水温等于或略高于年平均水温（一般20～25℃）时汽机的最有利真空而设计的。循环泵作为电厂汽轮机的凝汽器提供循环冷却水的主动力设备，存在的问题如下：

1）循环泵运行效率低、电耗高。因为循环泵设计扬程较高，实际扬程只有设计扬程的70%左右，运行工况严重偏离设计工况，导致泵的运行效率低，耗电量较大。

2）不同季节凝汽器的最佳循环水量是不同的，因为随着季度和环境温度的不同，为保持凝汽器最佳真空值，循环水量应调整。特别是在冬季，循环水入口温度已经很低，这时循环水量可减小，同样能满足凝汽器需要。

3）一般电厂发电机组不会长期满负荷工作，平均负荷率为80%左右。汽轮机的主蒸汽流量和低压缸排汽量减小时，所需循环水量也应相应减小。

1. 变极异步电动机的节电原理

由离心泵相似性定律可知，流量（Q）、扬程（H）、功率（P）与转速（n）变化公式如下：

$$Q_1/Q_2 = n_1/n_2$$

$$H_1/H_2=(n_1/n_2)^2$$

$$P_1/P_2=(n_1/n_2)^3$$

式中，Q_1、H_1、P_1，Q_2、H_2、P_2 分别表示对应转速 n_1 和 n_2 时的离心泵的流量、扬程、轴功率。由上述公式可见，离心泵的流量、扬程、轴功率和转速的关系分别是正比、二次方比和三次方比的关系。

2. 12 极电动机改为 12/14 极双速电动机原理

在电源频率 f 不变的情况下，改变电动机的极数 p 即可实现改变电动机的转速，此种变速方法大都应用于笼型异步电动机，因为笼型异步电动机转子的极对数随着定子极对数的改变而改变。

1975 年 G. H. Rawchiffe 教授提出极幅调制法获得非倍比多速电动机，非倍比多速电动机是利用一套定子线圈，借助定子线圈端部的连接来改变定子磁场的极数，使转子的转速也随之变化，得到多速电动机。极幅调制法简称 PAM 法，是采用三相极对数为 q 的调制波，去调制原来极对数为 p 的三相原磁势波，如果调制波的相序和原磁势波的相序相同，调制结果合成波的极对数为 $q+p$，如果相序相反，合成波的极对数 $p—q$。比如一循泵电动机原极对数 $2p=12$，改造后电动机极对数为 $2p+2q=14$，则 $2q=2$，即用一个 2 极波去调制 12 极波，保证两者相序相同，得到一个合成的 14 极波。工艺上是把每相线圈分成三段，借助定子线圈端部的连接改变接法，通过换相改变电动机部分线圈的电流方向和线圈的相属，达到变极目的，同时保证电动机在两种极数下都为 60°相带，分布系数高且改善了电动机的性能。表 3-11 为电动机典型 12 极改成 12/14 极时绕组排列表。

表 3-11 电动机典型 12 极改成 12/14 极时绕组排列表

槽号	1	2	3	4	5	6	7	8	9	10	11	12	13	14	15	16	17	18
12 极	U	U	U	-W	-W	-W	V	V	V	-U	-U	-U	W	W	W	-V	-V	-V
14 极	U	U	U	-W	-W	-W	V	V	-U	-U	-U	W	W	-V	-V	-V	U	U
槽号	19	20	21	22	23	24	25	26	27	28	29	30	31	32	33	34	35	36
12 极	U	U	U	-W	-W	-W	V	V	V	-U	-U	-U	W	W	W	-V	-V	-V
14 极	-W	-W	-W	V	V	V	-U	-U	W	W	W	-V	-V	U	U	U	-W	-W
槽号	37	38	39	40	41	42	43	44	45	46	47	48	49	50	51	52	53	54
12 极	U	U	U	-W	-W	-W	V	V	V	-U	-U	-U	W	W	W	-V	-V	-V
14 极	V	V	V	-U	-U	-U	W	W	-V	-V	-V	U	U	-W	-W	-W	V	V
槽号	55	56	57	58	59	60	61	62	63	64	65	66	67	68	69	70	71	72
12 极	U	U	U	-W	-W	-W	V	V	V	-U	-U	-U	W	W	W	-V	-V	-V
14 极	-U	-U	-U	W	W	W	-V	-V	U	U	U	-W	-W	V	V	V	-U	-U
槽号	73	74	75	76	77	78	79	80	81	82	83	84	85	86	87	88	89	90
12 极	U	U	U	-W	-W	-W	V	V	V	-U	-U	-U	W	W	W	-V	-V	-V
14 极	W	W	W	-V	-V	-V	U	U	-W	-W	-W	V	V	-U	-U	-U	W	W
槽号	91	92	93	94	95	96	97	98	99	100	101	102	103	104	105	106	107	108
12 极	U	U	U	-W	-W	-W	V	V	V	-U	-U	-U	W	W	W	-V	-V	-V
14 极	-V	-V	-V	U	U	U	-W	-W	V	V	V	-U	-U	W	W	W	-V	-V

根据不同的情况，还可以将电动机由 12 极改为 12/16 极双速运行电动机，原理与改为 12/14 极相同。对于 18 极等其他极数的电动机的变极改造都可以按该原理进行，改造之前应该做好充分的技术和经济效益分析。

3. 改造方法

循环泵电动机的双速改造是一项较为成熟的技术。该电动机转子为笼型，可直接在不同极数下运行。电动机改造的主要工作就是将定子绕组上的若干个接头引出电动机到变速改接箱，根据需要改变这些接头的连接方式，满足不同季节对转速要求。循环泵由高速变为低速运行后，轴功率大大降低从而实现节能的目的。

4. 变极改造效益分析

循环泵实现双速运行以后，就可以根据季节条件改变驱动转速，达到调节循环水量，节约厂用电的目的。

一般情况循环泵的运行方式为：秋冬季 5 个月（即 11、12、1、2、3 月）均可采用低速运行，其余月份仍为原转速运行方式。考虑到设备定期切换，每年至少低速运行 90 天，年节电量非常可观，基本上一年即可收回投资。对于凝汽器真空的影响，从理论上讲由于冬季循环水入口水温很低，真空已接近极限值，适当减少循环水不会对真空产生影响。

5. 总结

1）采用的变极调速技术成熟、设备简单可靠。原理适用于各种极对数的循环水泵电动机的变极改造。

2）改造后，在低速方式下运行可节约大量电能，效果明显。

3）投资少，维护量少，变极简单快捷。

4）夏季高温季节，循环水泵在 12 极方式运行不影响机组的运行参数。初春、冬、秋末季节，循环水泵可在低速方式下运行。

3.10　电动机变极调速技术在抽油机电动机节能改造上的应用

目前，油田上应用的大多数是三相笼型异步电动机。这种电动机具有结构简单、维修方便、价格便宜和可靠性高等优点，应用广泛。但是也存在着功能单一、耗能大、功率因数低和负载率小，从而造成普遍“大马拉小车”现象。在日常的抽油机运转过程中其电动机载荷也是不断变化的，就会造成电动机在负荷不均的情况下发生轴损和烧电动机等问题，增加了生产成本。在日常生产管理中要动态管理好抽油井，必须针对油井生产状况和根据动液面的变化情况及时对抽油机进行调节工作。由于三相笼型异步电动机其转速的不可调性，使抽油机井在提高系统效率、电动机功率因数、生产效率，降低劳动强度及节能降耗等方面受到了制约。因此，对目前油田生产在用的三相异步电动机进行变极调速改造，不仅可以提高电动机的功率因数，降低无功电量，增加抽油机系统效率，达到节能降耗，而且提高了劳动效率，达到方便管理之目的。而且采用变更电动机定子绕组极数的调速节能方法来控制三相异步电动机转速，是实现节能的最有效、最简单的技术。

2003 年新疆油田公司采油一厂通过对油田生产中抽油机井电动机进行变极调速改造技术，提高了抽油机系统效率，达到了节能降耗的目的，同时也简化了抽油机调参工作，提高了劳动生产效率，为实现老油区的设备更新改造提供了新的手段。

该方案将原来 Y132S－4 型电动机改造成具有 4 极、6 极、8 极三种转速的多速电动机，通过基本参数对比可以看出，起动电流和三相工作电流及无功电量都有所下降，转矩、三相工作电压和频率未受到影响，输出功率随电动机的极数增加而成倍数递减，功率因数、负载率增加。说明电动机变极调速改造技术在油田实际应用技术推广方面具有很好的经济效益。

当然变极调速改造也存在一些问题：

1）改造后的电动机 8 极、6 极极对数的功率因数偏低，节电效率低。但是，可以在抽油机起动时用 8 极或 6 极档，待运行正常后，再调整到 4 极档位上；

2）随着电动机转速的改变，其额定功率成倍递减，在抽油机载荷发生变化时易造成不匹配；

3）断相保护和过载保护及调速转换开关装置不配套，有待于进一步改进。

第 4 章　绕线转子三相异步电动机的节能

4.1　概述

绕线转子三相异步电动机配以适当的起动或调速装置后，具有优越的起动或调速性能，因此在各种工业部门的大中型设备上得到了广泛的应用。

理论上，前面所述三相异步电动机的调速办法除变极调速外，也可用于绕线转子三相异步电动机。但实际上，绕线转子三相异步电机的调速都是从其转子回路进行的。这主要是因为绕线转子电动机的转子有引线回路，它给改进电动机性能提供了广阔的空间；而且，绕线转子电动机主要是大中型，转子电压远低于定子回路的6kV 或 10kV，它需要的电器元件电压等级较低。

绕线转子三相异步电动机的调速经历了几个发展阶段。20 世纪 70 年代前，主要是由串入由多级金属电阻构成的转子调速器，此后出现了无级调速的液体电阻的转子调速器，和以串入整流及逆变元件组成的串级调速设备，这些均属改变转差率的调速方式。近几年，又出现了新的双馈电动机。由于在技术上的原因，串级调速在国内应用很少，本章将主要讨论转子调速器，并介绍无刷双馈绕线转子电动机。

4.2　绕线转子三相异步电动机的转子调速器

转子回路内串入电阻构成的转子调速器沿用已久，它同时兼有起动功能，使用很广。随着新型调速装置的出现，在不少部门的小型设备上已被取代。但其中的液体电阻转子调速器，由于它的低投资和良好的可靠性，和可无级调速的性能，在一些大型的设备上，不仅仍在继续扩大使用，而且是目前国内外大中型设备采用的主要调速机型之一。

1. 转子调速器的基本原理

如图 4-1 所示，为绕线电动机转子串入不同大小的电阻的 $s-M$ 特性曲线图。其中对应于 R_1 的最上一条为无外接电阻的机械特性曲线，以下为串有外电阻的机械特性曲线，且

$$R_1 < R_2 < R_3$$

可见 R 越大，对应的特性越软。

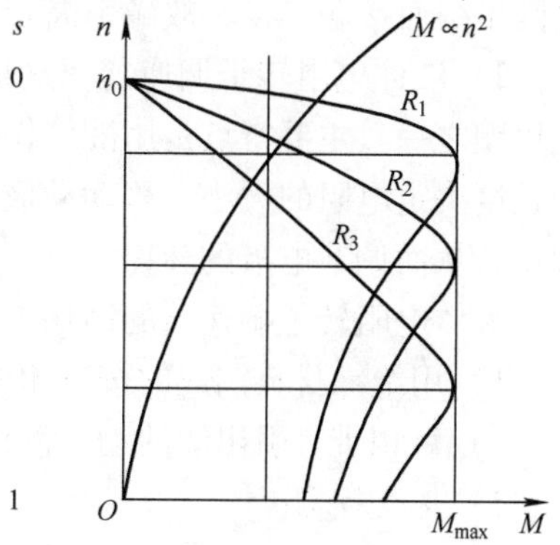

图 4-1　转子串不同电阻的 $s-M$ 曲线

在这种调速过程中，转子增加电阻 R 后，转子电流 I_2减小，转矩 M 降低，转速降低。但随着转差率 s 增大，转子电压 U_2增大，转子电流 I_2再增大，转矩 M 再增大，当达到与负载转矩 M_Z相等时，电动机再次在平衡状态下稳定运转。例如，在图 4-2 中，电动机原来全

速运转于A点，对应于曲线R_2。转子电阻增加后，曲线切换到对应的一条曲线R_3。但瞬间转速来不及下降，工作点移到B点，然后转速下降，转矩增大，沿曲线R_3至C点，电动机转矩与负载转矩再次达到平衡，转速稳定。

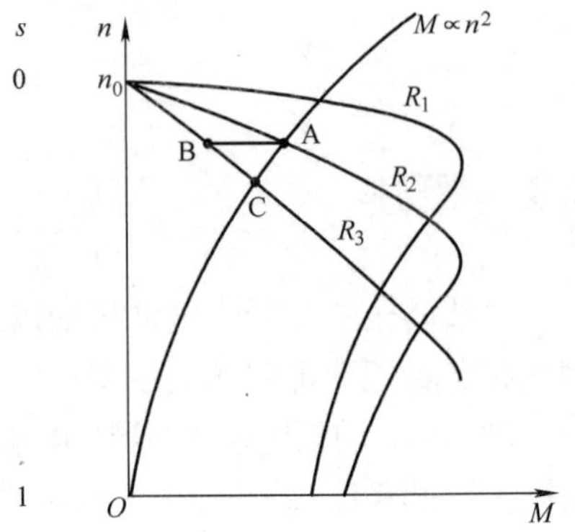

图4-2 转子电阻突然接入时的状态变化

对这种调速过程，理论上有三条重要结论：

1）在相同转矩条件下，转差率s与转子电阻R的关系为

$$s \propto R \text{ 或 } s = s_e R/r \quad (4\text{-}1)$$

式中 s——某转速下的转差率；

s_e——额定转差率；

R——转子内外电阻之和，即$R = R_2 + R_W$；

R_2——转子回路的内电阻；

R_W——外接电阻，$R_W >> R_2$；

即转差率与外接电阻近似成正比。

2）电动机的最大转矩M_m不变，与R无关。它仅与定子电压U的二次方成正比。若U不变，M_m亦不变。

3）恒转矩调速时转子回路的功率因数$\cos\varphi_2$为定值。

由此可见，转子调速器有良好的调速性能，其调节的线性度、恒定的转矩和功率因数都是使其能广泛应用的重要原因。

2. 转子调速器的结构类型

1）金属电阻型。可用高电阻率的铸铁铸成栅状，也可用高电阻合金钢板制成片状。根据通过的电流大小需要可用多片并联成一级，再根据需要的电阻大小串入不同的级别。每级的投入或切除，可用手动或机动，即用手柄或电动机减速机使传动轴旋转，通过轴上的凸轮控制与金属电阻相连的触头的通断决定串入的电阻大小，也可用接触器控制。这样，控制串入的级数，便可决定串入电阻的大小，也就决定了电动机的转速。电阻级数分得越多，转速的级数也越多。有的达十多级，接近无级调速。

这种调速装置原理简单，实际上结构庞大，线路复杂。调速过程电阻器发热量大，温度高，需要单独房间，并装上通风系统，以便散热。又因温度高，电阻片易生锈腐蚀，接点处也因生锈而接触不良，故障率高。

2）液体电阻转子调速器。这是目前国内外在大型绕线转子电动机上主要采用的无级调速机型之一。主要特点是用液体作电阻体，用浸在电阻液内的动、净极板间液柱的断面大小和长度决定电阻的大小。移动动极板的位置，即改变了电阻段的长短，也就改变串入电阻的大小，从而调节电极的转速。

液体电阻转子调速器的结构主要是：

1）用绝缘材料制成的按三相分成三格的电阻液箱。

2）每相带有引出线的动、静极板。

3）热交换器。

4）水泵。

5）冷热管路，热管将电阻液箱的进、出口，水泵及热交换器连成一体，电阻液可在其中循环；冷却水从外引入，经热交换器把电阻液的热量带走，使其温度降低。这样保持电阻液箱内的温度不变，电阻恒定，运转稳定。

6）检测仪表，用于对液体的流量和温度进行检测，必要时报警或动作。

液体电阻转子调速器的原理和结构决定了它的下述特点：

① 极板间距离可连续变化，故可无级调速。

② 极板浸在电阻液中，接触自然是良好的，又没有上述多级金属电阻调速器的多个级间接点，两方面均不存在接触不良问题，故运转可靠，故障率低。

③ 用液体作电阻，用水作冷却液，比热容大，故其体积小。

3. 转子调速器的效率

转子回路串联的外电阻是消耗能量的。记 N_z 为其消耗的功率，N_J 为电机输出给工作机械的功率，则效率 η

$$\eta = \frac{N_J}{N_J + N_z} = 1 - s \tag{4-2}$$

因为调速比　$i = 1 - s$，所以 $\eta = i$

式（4-2）可改写为

$$\frac{N_J}{N_J + N_z} = i \tag{4-3}$$

由此可见，电阻消耗的功率百分数即等于它所加大的转差率。尤其在低速下，这种调速装置的效率是很低的。

不过，属于同样效率的调速装置并非仅此一种，其他像简称为转差电动机的电磁调速异步电动机及机械式的液力偶合器和液粘离合器，其调速效率也与此完全相同。

另外，合理地使用这种调速装置，仍可取得重大的节能效果。

4. 转子调速器用于不同类型负载时所消耗的功率与电动机的输入功率

通常按负载的轴功率（或阻转矩）与转速的关系分为三类。

第一类，负载轴功率 N_J 与转速 n 的三次方成正比，即 $N_J \propto n^3$，或转矩 M 与转速 n 的二次方成正比，$m \propto n^2$。典型例子是离心式风机和水泵。对此类负载，记全转速为 n_e，全转速下最大轴功率为 N_q，则有

$$i = \frac{n}{n_e} \quad N_z = N_q i^2 (1 - i) \tag{4-4}$$

$$N_J = N_q i^3 \tag{4-5}$$

由式（4-3）和式（4-5）可得

$$N_z = N_q i^2 (1 - i) \tag{4-6}$$

再对式（4-6）取导，并使其等于 0，可再得 $n = \frac{2}{3}$ 时，N_z 有其最大值 N_{zm}

$$N_{zm} = 0.1482 N_q \tag{4-7}$$

即在调速过程中电动机的输入功率为 N_d，电动机的效率为 η_d，则

$$N_d = (N_z + N_J) / \eta_d$$

$$N_d = N_q i^2 / \eta_d \tag{4-8}$$

式中　η_d——电动机的效率。

这表明：

1）对轴功率 N_J 与转速 n 的三次方成正比的（或说转矩 M 与转速 n 的二次方成正比）的负载，当速比 $i=\frac{2}{3}$时，转子调速器的电阻消耗的功率 N_z 达到最大，其最大值 N_{zm} 为电动机全速运转时负载功率 N_q 的 14.82%；

2）调速过程中电动机的输入功率与调速比的二次方成正比。

第二类，负载功率 N_J 与转速 n 的二次方成正比，即 $N_J\propto n^2$，或转矩 M 与转速 n 成正比，$M\propto n$。

同样按上述办法进行数学处理，可得

$$N_z=N_q i(1-i) \tag{4-9}$$

而当 $n=\frac{1}{2}$时，N_z 的最大值 N_{zm} 为

$$N_{zm}=0.25N_q \tag{4-10}$$

电动机的输入功率为　$N_d=N_q i/\eta_d$

即

1）对功率 N_J 与转速 n 的二次方成正比的负载，当速比 $i=0.5$ 时，转子调速器的电阻消耗的最大功率 N_{zm} 为电动机全速运转时最大功率 N_q 的 25%；

2）调速过程中电动机的输入功率与调速比成正比。

第三类，负载功率 N_J 与转速 n 成正比，即 $N_J\propto n$，也就是恒转矩的负载。典型的例子是提升机和往复式泵。同样按上述办法，可得

$$N_z=N_q(1-i) \tag{4-11}$$

而只有当 $n=0$ 时，即制动停转时，N_z 才有最大值 N_{zm}：

$$N_{zm}=N_q \tag{4-12}$$

即

1）停转时，全速运转时最大功率 N_q 完全由电阻转变为热功率。

2）调速过程中电动机的输入功率为不变的恒定值。

从以上讨论可知，以转子调速器控制的绕线转子电动机去拖动离心式风机和水泵类负载，此时其本身消耗功率最小；而从下面的讨论还可知，此时还能节约大量的电能。而耗能最大最不宜用于的是提升机和往复式泵类的恒转矩负载。

4.3　离心风机采用转子调速器的节能分析

工业上大量使用离心风机，其中大多数都有较大的富裕能力。这主要是选型时，风量风压都要按最大值选，并另加了 10%～15% 的富裕量。而实际使用时却很少甚至从未达到它的最大值。这种选型原则在其他设备上也许造成的电能浪费不太明显，但对离心风机就严重了。下面以应用广泛的 Y4－73－11　No25D 型锅炉引风机，转速 $n=580$r/min，电机功率 $N_e=250$kW 为例分析。

对一个阻力系数不变的通风系统，在风量 Q、风速 v、阻力 P_z 以及通风功率 N_z 之间存在着如下关系：

$$V\propto Q$$

$$P_z \propto v^2 \propto Q^2$$
$$N_z \propto QP \propto Q^3$$

对于风机，又有

$$Q \propto n$$
$$P \propto n^2$$
$$N \propto n^3$$

从风机样本上，可得到同一风机的多个序号的技术数据。每个序号实际上代表了在一种不同大小阻力的管路上运行时得到的技术参数，都含有风量、风压、轴功率。这些数据都是经过实践检验的可靠数据。

表4-1是Y4－73－11型风机No250　$n=580\text{r/min}$的数据。

表4-1　Y4－73－11型风机No250　$n=580\text{r/min}$的数据

序号	风量/(m^3/h)	风压/Pa	轴功率/kW
1	206 000	2 001	137
2	232 000	2 001	146
3	257 000	1 981	158
4	282 000	1 933	166
5	308 000	1 863	172
6	334 000	1 736	177
7	359 000	1 589	181
8	384 000	1 422	182

从中可知，风量越大，压力越小，风机的轴功率越大。今分别以Q、P、N代表风量、风压和轴功率，画出风机的$P-Q$曲线和描述管路阻力与流量间关系$P_z \propto Q^2$的P_z-Q曲线，如图4-3所示。

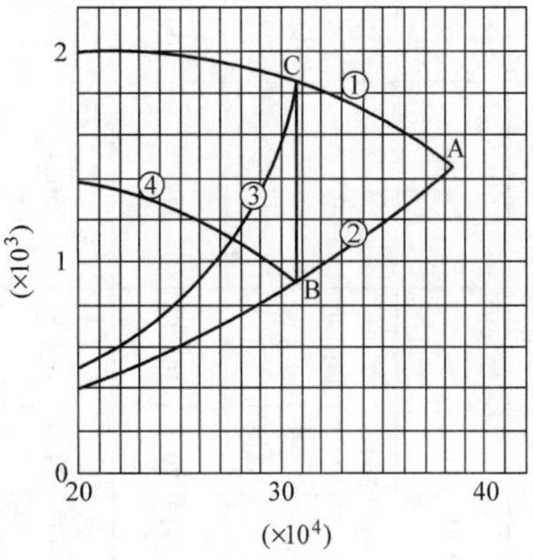

图　4-3

图中曲线1为风机的$P-Q$曲线，代表了离心风机转速不变时的特性。特点是随着Q的增大，P减小。其实质是每一点都代表了与一条不同的管路阻力曲线的交点。而每一条管路阻力曲线也只是因某些因素不同（例如不同的阀门开度）而具有不同的阻力系数，表达的是比例关系，其形状都是抛物线。曲线2为管路曲线之一，与风机的$P-Q$曲线相交于A点，压力恰与阻力平衡，风量$Q=384\ 000\text{m}^3/\text{h}$，压力1 422Pa。

设今要将流量减少到序号5的风量，即$Q=30\ 800\text{m}^3/\text{h}$，约为$Q=384\ 000\text{m}^3/\text{h}$风量的80%，可有两种办法，如图4-3所示。

第一种办法是以关小阀门开度来增加管路阻力，也就是改变管路阻力曲线，使管路的P_z-Q曲线由2变成曲线3，与风机的$P-Q$曲线的交点（又称工况点，工作点）从A点移到C点。这样一来，减少风量的要求是可以达到了，但阻力也大大增加了。B点是曲线2上与$Q=308\ 000\text{m}^3/\text{h}$对应的点，阻力为$P_z=910\text{Pa}$，今移到C点，阻力为1 863Pa。B－C段的阻力953Pa完全消耗在了阀门上，用增加一倍多的阻力，减少了20%的风量。此时风机的轴功率为172kW只减少了5.5%。

可以算出，损失在阀门上的功率约为78kW，占轴功率的45.3%。

用同样办法，可以序号8的数据为基准，算出用关小阀门开度来减少到不同风量时在阀门上消耗的阻力、功率以及轴功率。计算结果列于表4-2。

表 4-2 Y4-73-11 锅炉引风机 No250 型 $n=580r/min$ 计算数据

序号	风量/(m^3/h)	阀门调风风机转速 580r/min						转速/(r/min)	液体转子调速器调风					转子调速器调速调风节约功率		风量比(%)
		全风压/Pa	轴功率		阀门阻力		阀门功率/kW		风压/Pa	消耗功率/kW			调速功率比②	kW	%	
			kW	恒速功率比①(%)	Pa	占全风压				调速器	风机轴功率	二者和				
1	206 000	2 001	137	75.3	15 912	79.5	108.9	311.2	409.3	24.3	28.1	52.4	28.8	84.6	61.8	53.6
2	232 000	2 001	148	81.3	1 482	74.0	107.8	350.4	519	26.3	40.1	66.4	36.5	81.6	55.1	60.4
3	257 000	1 981	158	86.8	1 344	67.8	103.4	388.2	637	27.0	54.6	81.6	44.8	76.43	48.4	66.9
4	282 000	1 933	166	91.2	1 166	60.4	93.9	426	767	26.1	72.12	98.2	54.0	67.8	40.8	73.4
5	308 000	1 863	172	94.5	948	50.9	78.7	465.2	910	23.2	93.3	116.5	64.0	55.52	32.2	80.0
6	334 000	1 763	177	97.2	660	38.0	57.2	504.5	1 076	17.91	119.8	137.7	75.7	39.3	22.2	87.0
7	359 000	1 589	181	99.5	346	21.8	32.3	506.9	1 234	10.34	148.8	159.1	87.3	22	12.2	93.5
8	384 000	1 422	182	100.00	0	0	0	580	1 422	0	182	182	100	0	0	100

注：表中前 3 列摘自风机样本，其余由计算得出。

① 指恒转速下，用阀门调风时，各序号的轴功率与序号 8 轴功率之比。

② 用调速风时，各序号调速器功率与电动机轴功率的“二者和”（后第 5 列）对序号 8 轴功率之比。

第二种办法是保持管路的阻力曲线2不变，也就是不动它的阀门，而用调速办法来达到调节风量的目的。按 $Q \propto n$ 的比例关系，转速应由580r/min降低到465.2r/min，即把图4-3中的改成了曲线4，与曲线2相交于点B，达到调节风量为308 000m^3/h 的目的。这样做的结果，使管路的阻力为 $P_z = 910Pa$，风机的轴功率 $N_J = 93.2kW$。

用转子调速器调速也消耗电能。按式（4-3），$N_z = N_q i^2(1-i)$ 得

$$N_z = 182 \times 0.8 \times 0.8(1-0.8) = 23.2kW$$

风机轴功率与转子调速装置消耗功率之和：

$N_J + N_z =$ （93.2 + 23.3）kW = 115.5kW，仅为阀门调风功率172kW的67.7%，约节省了1/3。

也用同样办法，可用序号8的数据为基准，算出用转子调速器来给电动机调速达到不同风量时的风机压力、轴功率以及调速器的消耗功率。计算结果也列于表4-2。

再用表4-2中的风量比（表中最后一列）为横坐标，分别用“恒速功率比”（左第5列）和“调速功率比”（右第4列）为纵坐标画出的图像，便代表了这种Y4－73－11型风机各个机号的无因次 $N-Q$ 曲线图（见图4-4）。因为同一型号的风机各机号之间是相似的，所以用无因次量绘出的图4-4可用于同型号的其他机号。

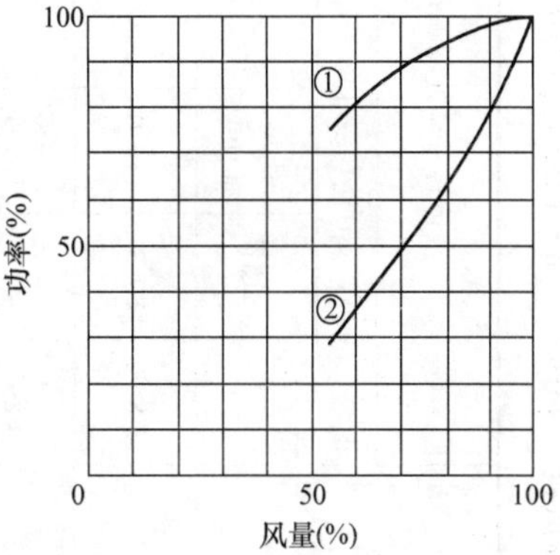

图4-4　风机无因次 $N-Q$ 曲线图

根据查证计算，4－72型通风机，G4－73－11型锅炉通风机，C4－73－101型通风机，以及其他型号的一些中低压的通风机，图4-4所示的无因次曲线也是基本相同的。用此图上两曲线间的纵坐标差可以估算将各型号各机号恒速运转的风机改成液体调速器调速后收到的节电效果，也可以估算用某种调风办法调节风量后功的增减量。

对于以“7”、“8”、“9”字开头的高压风机，无因次 $N-Q$ 曲线与上述有所变化，图4-4不再适用。今再对M29－26－11型、机号为16 $\frac{1}{2}$的煤粉离心通风机，用上述的同样办法，从风机样本上抄下各序号的风量、风压和轴功率，并做同上的计算，可得表4-3。再绘出曲线图，得图4-5如下。

可以看出，M29－26－11型风机在恒转速下用阀门调速时，随着风量的减小，轴功率下降得更快些。因此用转子调速器后取得的节电幅度比起在Y4－73－11等型号的风机上略小。

［应用实例1］

安徽铜陵铜都铜业有限公司安庆铜矿西井用轴流风机（ZK60－4N028型轴流风机），由绕线转子三相异步电动机拖动。其型号为YR800－10/1180，$N_e = 800kW$，8极，$n_e = 593r/min$，全速运转时实际功率602kW。由于每年5 000多小时的交接班、夜班及检修时间可以调小风量，以减小电动机功率，该公司决定用调速进行改造，由大力电工襄阳股份有限公司提供YQT－800型转子调速装置对该电动机做调速改造。并根据此种调速器需要冷却水而该矿区却又供水困难的实际情况，专门研究了利用矿风作为冷却介质的方案。调速系统的冷却方案如图4-6所示。风机调速运行时间表见表4-4。

表 4-3 M29-26-11 风炉高心通风机 No16 $\frac{1}{2}$ $n=1450$ 计算数据

序号	风量/(m^3/h)	阀门调风风机转速 580r/min						转速/(r/min)	液体转子调速器调风					转子调速器调速调风节约功率		风量比(%)
		全风压/Pa	轴功率		阀门阻力		阀门功率/kW		风压/Pa	消耗功率/kW			调速功率比②	kW	%	
			kW	恒速功率比①(%)	Pa	占全风压				调速器	风机轴功率	二者和				
1	77 167	74 406	386	60. 50	10 538	73. 15	267	311. 2	3 868	89. 3	119. 0	208. 3	32. 65	1 777	46. 0	57. 14
2	86 807	14 190	423	66. 30	9 293	65. 48	253. 5	932. 2	4 897	94. 17	169. 5	263	41. 3	593	37. 7	64. 29
3	96 452	13 877	465	72. 00	7 832	56. 44	232. 4	1 036	6 045	93	232. 5	325. 5	51. 02	1 395	30. 0	71. 43
4	106 097	13 475	508	79. 62	6 161	45. 72	198. 5	1 139	7 314	84. 4	309. 5	394	62. 07	114	22. 4	78. 57
5	115 742	12 995	552	86. 52	3 449	26. 53	141. 3	1 243	9 546	67. 0	410. 7	477. 6	74. 86	74	13. 4	85. 71
6	125 388	12 436	596	93. 41	1 761	14. 16	85. 3	1 346	10 675	39. 3	510. 7	550	86. 2	46	77. 2	92. 85
7	135 033	11 848	638	100. 00	0	0	0	1 450	11 848	0	638	638	100	0	0	100

注：表中前 3 列摘自风机样本，其余由计算得出。

① 指恒转速下，用阀门调风时，各序号的轴功率与序号 8 轴功率之比。

② 用调速风时，各序号调速器功率与电动机轴功率的“二者和”（后第 5 列）对序号 8 轴功率之比。

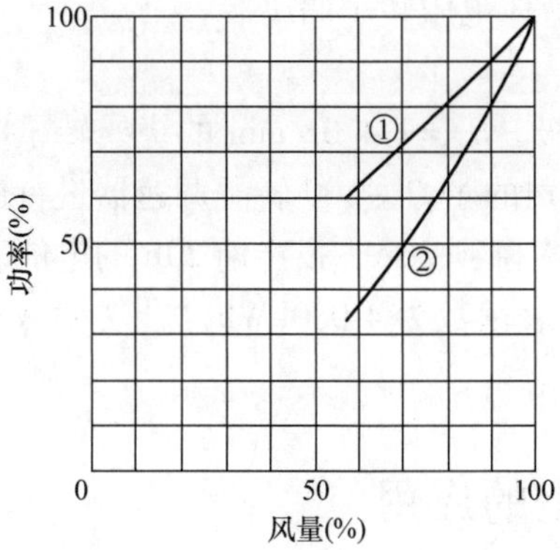

图　4-5

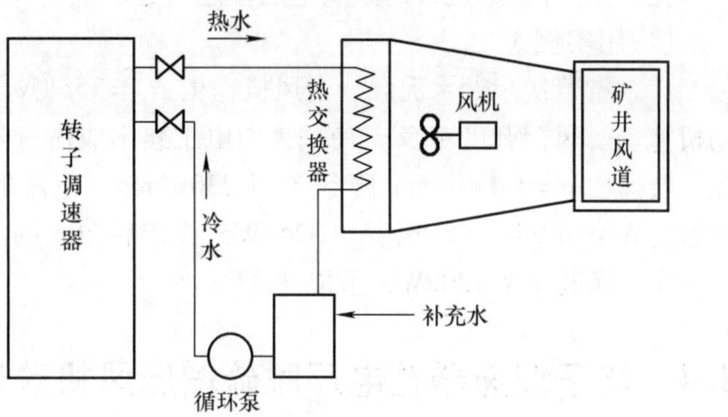

图 4-6　调速系统的冷却方案

该公司做出了详细的检测报告，主要结果摘抄如下：

检测结果

日负荷　　91%

功率因数　　0.744

设备节电　　54kWh/h

线损节能　　12.48kWh/h

合计节能　　66.48kWh/h

年节电量　　574 387.2kWh

年节电效益　　257 325.50 元

说明：

1）风机年运转时间按 360 天计算。

2）电价按省 110kV 进线大工业用户标准，单价为 0.448 元/kWh 计算。

表 4-4　风机调速运行时间表

时机段	一、二、十二月份	三至十一月份	年终检修期间
06：00～09：00	调速至 70%	调速至 80%	调速至 70%
15：00～17：00			
22：30～01：00			
其他时间	调速至 90%	全速运行	调速至 80%
大爆破通风	全速运行（一般需 4h）		

［应用实例 2］

湖北光化水泥有限公司 3 号窑窑尾风机，型号为 73－11D，No26。选用风量 $Q=292\ 000m^3/h$，风压 $P=197mm$ 水柱（合 2 000Pa），用 JRQ157－10 电动机拖动，电压 6kV，功率 $N_e=800kW$，8 极，$n_e=593r/min$。原安装有串级调速设备，后选用大力电工襄阳股份有限公司的一台 YQT 液体转子调速器进行改造，获得成功。转速由原来的 $n_e=593r/min$ 降低到 n_e 的 60%～80%，使电流由 18A 左右减小到 13A 左右，从电能表得知每天节电约 1 000kWh，扣除冷却水和 YQT 调速器控诉用的低压电耗，每天净节电 960kWh，约 1/3。后该厂把1、2号窑原进口的金属电阻调速器也改成了YQT液体电阻转子调速器。

[应用实例3]

广东省肇庆小湘水泥厂一台风机，由 $N_e = 355\text{kW}$，4极，$n_e = 1\ 470\text{r/min}$ 的绕线转子电动机拖动。风门开度47%，使用大力电工襄阳股份有限公司的YQT－500转子调速器进行调速，转速由 $n = 1\ 470\text{r/min}$ 降到 $n = 1\ 230\text{r/min}$，电流由36A降到26A，投产前20h的电能表读数为6 480kWh，合功率 $N = 324\text{kW}$，投产后20h的电能表读数为4 080kWh，合功率 $N = 204\text{kW}$，降低功率120kW，节能达37%。

4.4 转子调速器在电厂脱硫增压风机改造上的应用

浙江长兴发电有限责任公司装机容量4×300MW脱硫火电机组，脱硫装置在入口处配有烟气增压风机。风机均采用定速运行、入口挡板调节烟气量（确保入口烟气压力为一设定值——260Pa）的运行方式。风机入口挡板调节开度随着机组负荷变化而变化，即增压风机的负载随着烟气流量的变化而变化。改造前机组满负荷运行时，增压风机的入口挡板开度在55%～70%之间，带低负荷时，挡板开度更小，烟道阻力大，节流损失比较大，其耗电量对脱硫厂用电的影响也非常大。另外，频繁的挡板调节，导致挡板的可靠性下降，既增加了维护工作量，又影响了设备的稳定运行。为解决上述问题，实现增压风机安全经济运行，确定#2炉脱硫增压风机采用转子调速器节能方案，作为科技项目实施攻关，在2006年#2机组小修期间对#2炉的脱硫增压风机进行了改造，即增压风机挡板全开，通过调节风机的转速来满足烟气量的输送。下面对风机调速改造中的设备选型、转子调速器的工作原理、改造的具体方案、改造后设备的节能效果和设备的可靠性及存在问题进行分析、介绍。

1. 增压风机调速改造可行性分析

从机务角度看，将风机由定速改调速运行不存在问题，但从节能的效果分析是否有实现的可能，因为增压风机是轴流风机，本身效率较高。

节能空间理论分析。脱硫增压风机选用成都电力机械厂引进德国KKK公司的静叶可调高效率轴流式风机，详细参数如表4-5。

表4-5 静叶可调高效率轴流式风机参数

序号	名称	指标（参数）
1	增压风机	型式：静叶可调轴流式、流量：1 070 659m^3/h 型号：AN35e6（V19＋4°）；全压：3 662Pa 转速：580r/min；效率：84.5%
2	电动机	型号：YKK900－10 额定功率：2 650kW、额定电压：6kV

从厂家提供的风机性能曲线及风机选型设计参数，我们发现由德国KKK公司引进的该风机的效率在整个运行范围内变化很大，其变化范围42.0%～85.1%，比常用的离心式风机的效率变化范围大得多。并且其风压对效率的影响很大，因此在采用风机调速时，在风门全开保持风量不变的情况下由于风压的降低，因此其效率也会相应地降低，造成节能空间由于效率的降低而缩小。但其节能空间有多大，我们依照风机的性能曲线和选型设计参数表对

其理想的调速状态下的节能效果进行了核对性计算，结果发现，当风机转速在额定的90%～50%时，其平均节电效率仍然有20%左右的空间，从节能降耗的前提出发，同时考虑增压风机功率较大，应当考虑其节能效果，即增压风机调速改造是可行的。

2. 增压风机调速方法选择

根据理论分析结果，同时考虑投资回收期，增压风机调速方法选择原则为投资省、结构简单、安全运行可靠的调速方法。

转子调速器——绕线转子电动机转子线圈串入可变电阻的调速。绕线转子异步电机转子线圈串入可变电阻的调速方法由来已久，特别是广泛使用在大型电机的起动过程，目前在电动机调速控制上也逐步得到应用。随着电子技术的发展，以及对国外可变电阻器的消化和吸收，国产化的适用于调速的新一代可变电阻器——转子调速器已广泛地应用于各个行业。此种调速方法具有结构简单、投资少、占地面积小、对环境没有特殊要求的特点。其缺点是只适用于绕线转子三相异步电机，对笼型电动机需对电动机转子进行改造。

转子调速器与内馈调速、高压变频器调速方案相比，具有如下特点：

1）投资少，远远低于变频调速和内馈调速；

2）无级调速，调节的线性度好，易于实现与DCS的连接，兼作电动机的软起动器，改善电动机的软起动性能；

3）因为属于纯电阻性质，没有变频调速的谐波污染；

4）体积小、布置灵活，安装方便。且由于用水进行冷却，所以对布置环境没有特殊要求，特别适合风机、水泵类的节能改造项目；

5）调速器发生故障，可自动切全速运行，无需停运风机，可靠性优于变频调速和内馈调速；

6）转子调速器只适用于绕线转子电动机，笼型电动机须要改造成绕线转子电动机；

7）由于串入电阻发热浪费部分能量，所以调速效率低于变频调速和内馈调速；

综上所述，转子调速器具有结构简单，控制方便，并且投资少，占地面积小，对环境没有要求，无谐波不污染电网，更重要的是运行可靠性高，维护工作小等特点。采用转子调速器方案用于电厂增压风机节能改造最为经济实用。

3. 转子调速器的结构和基本工作原理

根据三相异步电动机的工作原理，其同步转速为：$n=(1-s)n_0=(1-s)60f/p$，式中，n为电动机转速，s为转差率，f为电源频率，p为电动机的极对数，n_0为旋转磁场的转速。由此可见，要想实现电动机的变转速运行，只要改变电动机电源频率f、电动机转差率s、电动机极对数p三个参数即可。液电阻调速器的工作原理就是通过改变转差率s来实现改变电动机的转速。由于电动机转子绕组串接可变电阻，不同的电阻值，对应不同的转差率，电阻值越大，转差率越大，则电动机转速越低；串接电阻越小，转差率越小，电动机转速越高；电动机转子绕组串接电阻为零时，电动机为额定转速。所以通过改变串接在绕线转子电动机转子线圈的电阻值实现电动机的调速运行，这就是转子调速器调速的基本原理。

转子调速器的结构原理框图如图4-7所示。由图可知，通过电动执行器带动传动轴，升降液组箱内的动极板来改变动、静极板间的距离，从而改变两极板之间的电阻值大小，以达到改变电动机的转差率s的目的，实现了改变电动机的转速。电动机在调速运行状态下，转子电流通过液电阻所产生的热量，由液体循环冷却系统进行交换散热，保持液电阻正常工作温度。

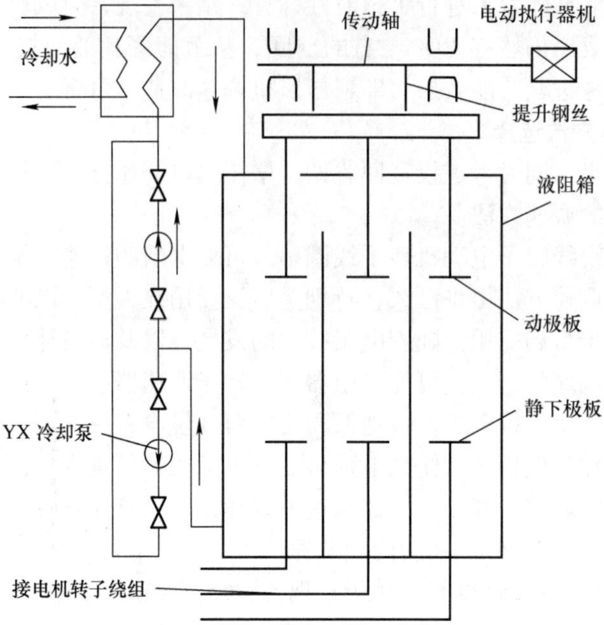

图 4-7 转子调速器结构原理框图

4. 增压风机调速方案的实施

确定了转子调速器作为增压风机的调速方法，接下来的工作就是根据增压风机运行要求选择合适的转子调速器及确定其控制策略。具体工作主要有：

（1）增压风机电动机的改造 由于转子调速器只适用于绕线转子电动机，所以对原来的笼型增压风机电动机必须进行改造。电动机改造工作由电机制造厂负责，主要内容有：电动机定子不变，将笼型电动机转子抽出不用，重新设计制造与电动机定子匹配的绕线转子电动机转子，组成新的绕线转子电动机。要求改造后的电动机性能不变，满足 GB755—2000《旋转电机定额和性能》的要求。由于不改变电动机与风机的连接尺寸、也不改变电动机基础安装尺寸，所以改造后的电动机可直接安装就位。表 4-6 为改造前后电动机参数。

表 4-6 改造前后电动机参数

序号	名称	技术参数（改造前）	技术参数（改造后）
1	电动机型号	YKK900 - 10	YRKS900 - 10
2	额定容量/kW	2650	2650
3	额定电压/相数/频率	6kV/3 相/50Hz	6kV/3 相/50Hz
4	额定转速/(r/min)	597	597
5	起动电压	≥80% U_n	≥80% U_n
6	绝缘等级	F	F
7	工作系数	1.0	1.0
8	额定工作系数时的温升	≤80K	≤80K
9	外壳防护等级	IP54	IP54

（续）

序号	名称	技术参数（改造前）	技术参数（改造后）
10	户内或户外	户外	户外
11	加速时间	34s	34s
12	额定定子电流	315A	315A
13	转子电压		1347V
14	转子电流		1191.6A
15	转子起动电流		≤1.3 倍额定电流
16	转子型式	笼型	绕线式
17	起动转矩（%）	118%	118%
18	最大转矩（%）	242%	242%
19	满载效率(%)/最大损耗值/kW	96%	95.5%
20	3/4 负载效率(%)/最大损耗值/kW	96%	95%
21	1/2 负载效率(%)/最大损耗值/kW	95.5%	95%
22	满载功率因数	0.86	0.85
23	3/4 负载功率因数	0.83	0.82
24	1/2 负载功率因数	0.76	0.7
25	电动机通风（冷却）形式	空－空	IC81W 空－水冷却器
26	冷却器材质		铜管
27	冷却器运行工况		冷却水温度≤35℃，工作压力 0.1～0.4MPa，流量 40～46t/h
28	集电环表面温度		≤80℃
29	集电环电刷		J204
30	电动机测速		测速范围 0～1 000r/min

（2）转子调速器的选择　根据调研选择大力电工襄阳股份有限公司开发生产的转子调速器，并对其结构、控制性能提出具体要求，主要有：转子调速器极板采用合金航空材料，不腐蚀、不电解、寿命长，可在不维护的情况下使用 20 年以上；电液箱及内桶均采用进口材料，具有耐腐蚀（碱性）、绝缘（交流 28 000V）、抗冲击、不变形、耐高温（长期可耐受 120℃），终身免维护；调速控制系统纳入脱硫 DCS 系统。

转子调速器参数见表 4-7。

表 4-7　转子调速器参数

序号	名称	技术参数
1	额定容量/kW	3 200kW
2	控制电压/相数/频率	380V/三相四线/50Hz
3	额定工作时液体的温升	≤15℃
4	外壳防护等级	IP54
5	户内或户外	户外

（续）

序号	名称	技术参数
6	工作环境	环境温度：-15℃～+50℃
7	长期工作（电动机转子）电流	1 191.6A×1.1
8	长期工作（电动机转子）电压	1 347V×1.1
9	调速范围	50%～100%电动机额定转速
10	调速精度	2%
11	调速响应时间（零到额定转速时间）	60s（0～100%）；调节范围内时间不得大于40s
12	调速控制信号	4～20mA DC
13	转子起动电流	≤1.3倍额定电流
14	电气间隙	>120mm
15	爬电距离	>200mm
16	电阻液	蒸馏水或软化水
17	电阻液冷却器型号、容量	BR0.20A-30m^2

（3）转子调速器和脱硫DCS系统的连接

1）转子调速器与脱硫DCS系统连接信号见表4-8。

表 4-8

序号	DCS输入信号（开关量）	DCS输入信号（模拟量）	DCS输入信号（Pt100信号）	DCS输出信号（开关量）
1	上行程	电动机转速3路	电阻液温度2路	允许合闸
2	下行程	电动机转子电流		全速运行
3	超程	极板开度		严重故障
4	液位			投/撤电加热
5	冷却水流			极板上行
6	电解液流量			极板下行
7	循环泵控制方式选择			1、2#循环泵开/停
8	循环泵状态			
9	全速接触器状态			
10	检修用刀开关状态			
11	电动机开关状态			

其DCS控制系统框图如图4-8所示。

2）DCS控制逻辑组态。主要有如下控制对象：

➢ 允许合闸控制（液阻投入）。
➢ 全速运行控制。
➢ 严重故障输出控制。
➢ 极板上升控制。
➢ 极板下降控制。
➢ 冷却循环泵控制。

➤ 电加热控制。

3）增压风机电动机转速自动控制（PID）

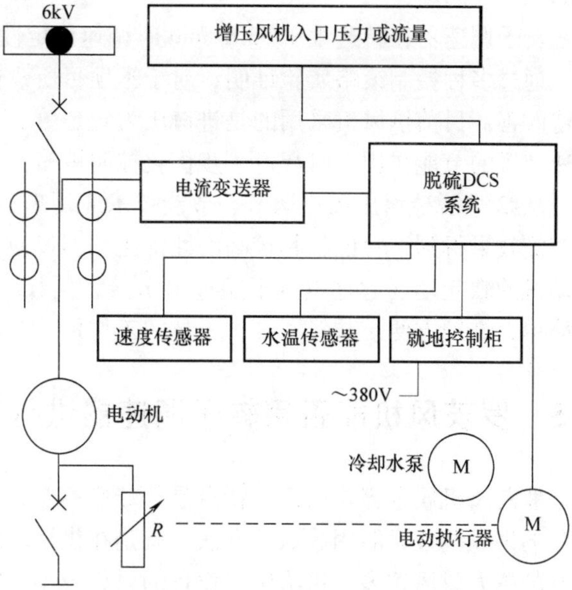

图 4-8　调速器控制系统框图

① 增压风机转速自动控制：

➤ 通过控制增压风机的极板距离而改变阻值，从而控制增压风机转速。当转速给定值大于反馈值时，极板向下移动，当给定值与反馈值大致相等时，极板停止移动。当给定值小于反馈值时，极板向上移动，当给定值与反馈值大致相等时，极板停止移动。设自动/手动切换，在手动控制时，运行人员可手动升、降转速，自动时，给定值来自目标转速。

➤ 目标转速可手动设定，也可来自上级液阻风压自动。

② 液阻风压自动控制：风机风压自动生成目标转速，在增压风机转速自动时，控制增压风机转速，来调节增压风机前原烟气压力，设自动/手动切换，手动时，运行人员可手动设定目标转速，自动时，根据增压风机前原烟气压力与目标烟气压力的偏差，PID 自动输出目标转速。

（4）增压风机调速改造后的效益评估　为了检验增压风机调速改造后的运行效果和节能情况，我们委托浙江省能源监测中心对该项目进行了现场监测，结果见表 4-9。

表 4-9　#2 炉增压风机改造前后功耗比较（相同运行方式和工况）

监测依据		GB/T 16664—1996	监测日期		2006　12　19	
监测结果	监测项目 \ 发电机		负荷情况/MW			
			300	250	200	180
	增压风机静叶调节运行		1.880	1.550	1.410	1.440
	增压风机转子调速运行		1.675	1.364	1.230	1.228
	节电率（%）		10.9	12.0	12.8	14.7

从表 4-8 结果可以看出平均节电率为 12.6%，按 2005 年#2 机组全年发电量 208 686 万 kWh 计算，增压风机运行平均耗电率占发电量的 0.79% ~0.8%，脱硫投运率按 98%计算，增压风机年节约效益计算（每 kWh 电按 0.4 元计算）：

增压风机年节约电量 =208 686 ×98% ×0.8% ×12.6% =206.2（万 kWh）

增压风机年节约费用 =0.4 ×206.15 =82.5（万元）。

从以上的数据可以看出，改造后的节能效果还是比较明显的，特别在低负荷情况下节能效果更为显著。

（5）使用情况及存在问题　#2 炉脱硫增压风机调节、节能技术应用项目截止 2007 年 2 月底已连续运行近半年，转子调速器运行稳定，调节品质较好，满足现场运行要求。但也存在如下一些问题：

转子调速器在转速大于530r/min时调速稳定性有待改进。

通过多种控制策略实验证明，对于本项目所改造的脱硫增压风机而言，其转速控制策略有待改善。目前该风机采用的是进口压力定值（－260Pa）控制，该控制策略不能充分发挥调速装置的节能作用，有待进一步优化控制策略。

从#2炉脱硫增压风机调节、节能技术应用项目实施效果看，以其良好的可靠性和明显的节能效果得到了验证，其较高的性价比，不仅使投资回收期短（一般二年），而且实现了电动机的软起动（起动电流不超过$1.3I_e$），延长了电动机和轴承的使用寿命，由于系统结构简单，维护方便，减轻了维护人员的工作量。

4.5 罗茨风机能否用转子调速器进行节能改造

罗茨风机属定容积风机，特点是若转速不变，则流量也不变，与压力无关。因此对用风设备的供风调节只能用放风的办法。就是在供风管路上装一放风支管，支管内装一阀门，阀门开的越大放风越多，供给用风设备的风量越小。图4-9是其示意图。

若转速不变，风量Q也不变。故$Q = Q_1 + Q_2$。记$i =$为$\frac{Q_1}{Q}$用风率，$S = \frac{Q_2}{Q}$放风率。则$i + S = 1$。

按风机出口的通风功率为　$N = QP$，

管路1进口的功率为　$N_1 = PQ_1$

管路2进口的功率为　$N_2 = PQ_2$

系统效率 $\eta = \frac{N_1}{N_1 + N_2} = \frac{PQ_1}{PQ_1 + PQ_2} = \frac{Q_1}{Q_1 + Q_2} = \frac{Q_1}{Q} = i$

又，$N_1 = PQ_1$ 可改写成 $N_1 = K(Q_1)^3 = K(Qi)^3 = (KQ^3)i^3KQ^3$ 即风机出口的流体功率。再由

$$\frac{N_1}{N_1 + N_2} = i，可得$$

$$N_2 = (KQ^3)i^2(1 - i) \qquad (4\text{-}13)$$

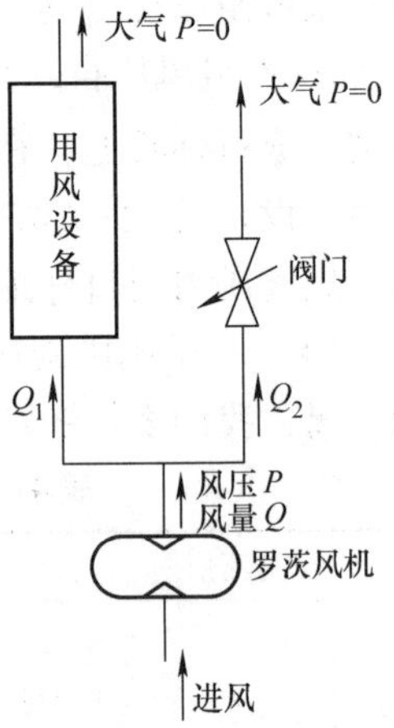

图 4-9

式（4-13）与计算转子调速器调速作离心通风机的调速功率损失的公式（4-3）完全一致。这表明，对这种具有放风调节的罗茨风机系统已具有如同转子调速器调速一样的节电特性。若再改用转子调速器调速，不会再收到节电效果。

从另一角度说，若不放风，则此系统是一恒转矩伏负载，前已论及，恒转矩负载用电阻类转子调速器调速是不能节电的。

4.6 电动机的双馈调速

双馈电动机也称交流励磁电动机，它包括电动机本身和交流励磁自动控制系统。电动机本身是绕线转子异步电动机或专门设计的无刷电动机。双馈电动机是电动机与电力电子技术

和数控技术相结合的产物，是机电一体化的高新技术产品。双馈电动机的定子接工频电网，转子接电压、频率和相位连续可调节的交流电源。随着交流励磁自动控制系统对转子励磁电流的频率、幅值大小和相位的调节，可以实现转速调节，电动机可以在电动工况或发电工况下运行，而定子输出电压和频率维持不变，既可以实现负荷的工况调节，又可以提高电级的功率因数，提高供电系统的稳定性。

1. 双馈电动机的基本原理

（1）单馈电动机与双馈电动机的区别　通常一般绕线转子异步电动机转子串电阻调速（见图4-10a）或按晶闸管低同步串级调速（见图4-10b）其转子调速（n）均低于定子同步转速（n_1），其转差功率（P_s）都是从转子绕组输出，串电阻调速其P_s消耗在外接电阻上，串级调速P_s回输到电网上。这种定子由固定电源（一般为工频电网电源）供电，转子消耗或回收转差功率的交流异步电动机称为“单馈”电动机。在忽略电动机损耗的状态下，设电动机定子电磁功率为P_1，转子输出机械功率为P_2，则单馈电动机的功率与转速关系为：$P_1=P_2+P_s$。

当电动机转子绕组由另一套输出电压为E_f的独立附加电源S_f（又称交流励磁电源）供电（见图4-10c），并向转子绕组输入转差功率P_s，这种定、转子绕组分别由各自交流电源供电的交流电动机称为“双馈”电动机。工作于超同步电动状态的“双馈”电动机其功率关系为：$P_1+P_s=P_2$。

双馈”与“单馈”电动机本质区别是：“单馈”电动机转子绕组三相电流是感应的，输出转差功率P_s，三相电流相序不能改变，只能实现低同步以下（$n<n_1$）调速；“双馈”电动机的转子绕组三相电流由转子感应电势E_2与E_f共同产生，E_f电源可强制性向电动机输入P_s，且三相电流的相序可加以控制，因此采用“双馈”可获得比“单馈”更好的调速性能和技术、经济指标。

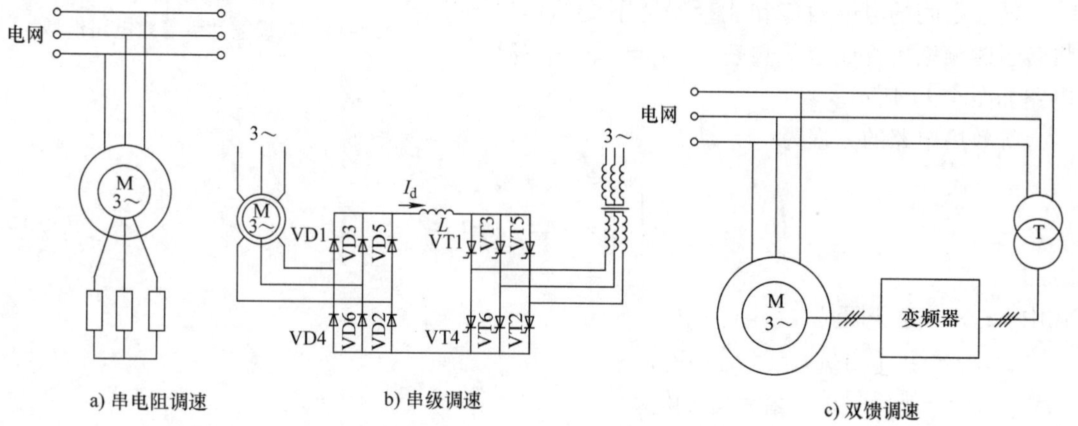

图4-10　绕线转子异步电动机转子调速原理

（2）双馈电动机的基本原理　双馈电动机在稳态运行时，电动机的定、转子磁势是相对静止的，定子绕组接频率为f_s的工频电源，当用f_r频率的变频电源向转子绕组供电时，根据定、转子旋转磁场相对静止的普遍规律，则转子磁场旋转角速度变化的部分将由转子的旋转角速度的变化来补充，使定、转子磁场仍然保持同步，若电动机极对数为p，则有$\omega=$

$\omega_s \pm \omega_r$，这里 $\omega_s = 2\pi f_s/p$ 表示定子磁场的旋转角速度；$\omega_r = 2\pi f_r/p$ 表示转子磁场的旋转角速度；ω 表示转子的旋转角速度。当 ω_s 与 ω_r 方向相反时，取"+"号，此时电动机为超同步速运行，当 ω_s 与 ω_r 同方向时，取"-"号，此时电动机为低于同步速运行。电动机的转差率为

$$s = \frac{\omega_s - \omega_r}{\omega_s} = \frac{\pm \omega_{sl}}{\omega_s} \tag{4-14}$$

双馈电动机也可以理解为交流励磁的同步电动机，该同步电动机的频率为：$f = f_s \pm f_r$，转速为 $\omega = \omega_s \pm \omega_r$。双馈电动机励磁的可调量有 3 个，一是与同步机一样，可调节励磁幅值；二是可改变励磁频率；三是可改变励磁相位。这说明双馈电动机的励磁比同步电动机多了两个可调量，增加了控制灵活性，不同的调节方式也会有不同的工程效果，因而与直流励磁的同步电动机相比，有明显的技术优势。

2. 双馈电动机功率关系

动态情况下，双馈电动机的转子侧和定子侧双向馈电，研究其功率传递非常的复杂，若将其转化为稳定状态下的双馈电动机，则功率分配和传递将变得容易许多。电动机在稳态状况下，将其定、转子侧的有功和无功功率看作恒定值，机械转矩和转子角速度都保持恒定，电动机的各种矢量保持相对静止。这样就可以算出双馈电动机定、转子侧的有功功率 P_s、P_r 和无功功率 Q_s、Q_r。

在双馈供电运行的模式下，绕线转子异步电动机转子和定子的联系是通过气隙磁场的相互作用来实现的，为了使定子和转子的磁联系转换成电的联系，必须保证定、转子的绕组匝数相同以及旋转的频率相同，这样才能实现动能和电能的转换。那么在保证定、转子之间的电磁效应和能量保持不变的前提下，将转子侧频率折算成定子侧频率，$f_r = sf_s$，折算后的电路如图 4-11 所示。

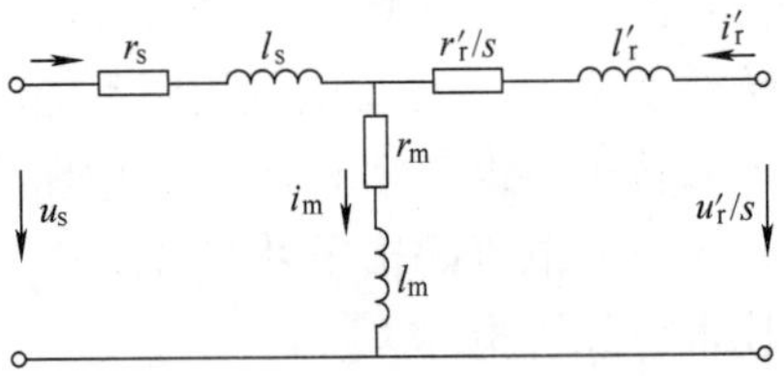

图 4-11 双馈电动机等效电路模型

等效后电路的方程为：

$$\begin{cases} u_s = i_s z_s + i_m z_m \\ u'_r/s = i'_r z_s/s + i_m z_m \\ i_m = i_s + i_r \end{cases} \tag{4-15}$$

式中 z_s——定子阻抗，$z_s = r_s + jl_s$；

z_r——转子阻抗，$z_r = r_s + jsl_r$；

z_m——励磁阻抗，$z_m = r_m + jl_m$。

计算结果：

$$i_r = \frac{e_r + u_r}{z_r} e^{-j\varphi_r} + \frac{u'_r}{z_r} e^{j(\pi - \delta - \varphi_r)} = \frac{e_r s}{z_r} \tag{4-16}$$

其中：$\varphi_r = \arccos(r'_r/z_r)$，$u'_r$ 为转子折算电压，e_r 为转子感应电动势，$e_r = se_{r0}$；$\pi - \delta$ 为 u_r 与 e_r 的夹角。

由上式可得转子电流有功分量和无功分量 i_{ra}、i_{rr}

$$
\begin{cases}
i_{\rm ra}=\dfrac{e_{\rm r0}}{z_{\rm r}}[s\cos\varphi_{\rm r}-u'_{\rm r}\cos(\delta+\varphi_{\rm r})]\\
i_{\rm rr}=-j\dfrac{e_{\rm r0}}{z_{\rm r}}[s\sin\varphi_{\rm r}-u'_{\rm r}s\sin(\delta+\varphi_{\rm r})]
\end{cases}
\tag{4-17}
$$

$$T_{\rm e}=C_{\rm T}e_{\rm r0}i_{\rm ra} \tag{4-18}$$

$C_{\rm T}$ 为电动机的结构常数。

由式（4-17）可以看出，通过调节转子侧电压 $u'_{\rm r}$ 和相位角 δ，进而来调节双馈电动机的有功、无功功率。当 $u'_{\rm r}$ 和 δ 取适当值时，转差率为正时，转子电流有功分量可能出现负值；转差率为负时，转子电流有功分量可能出现正值。因此，可以说明，双馈电动机在亚同步状态下可以工作在发电工况；在超同步状态下可以工作在电动工况。在亚同步和超同步状态下调节电动机的转速，要求能量可以从电动机转子侧的变频器传向电网，也可以从电网传向双馈电动机的转子侧。

忽略双馈电动机的定子、转子的铜、铁损耗及机械损耗等，研究电动机的电磁功率 $P_{\rm M}$、机械功率 $P_{\rm Me}=(1-s)P_{\rm M}$ 和转差功率 $P_{\rm s}=sP_{\rm M}$ 之间的流动方向，判断双馈电动机的运行状态。

（1）转子运行在次同步速电动状态（$1>s'>0$）　图 4-12a 是运行在次同步电动状态的相量图，图中，s 是未加电压 U'_2 时电动机拖动恒定负载条件下的转差率，s' 是拖动同样负载并加了电压 U'_2 电动机运行的转差率。U'_2 与 sE'_2 反相，电动机的转速从同步速向下调，从图看出，电磁功率 $P_{\rm M}=m_1U_1I_1\cos\varphi_1>0$（式中，$m_1$ 为定子绕组相数），功率从定子侧流向电动机。机械功率 $P_{\rm Me}=(1-s)P_{\rm M}>0$，由电动机输出给机械负载。转差功率 $P_{\rm s}=s'P_{\rm M}=m_2U_2I_2\cos\varphi'_2<0$，这部分的功率回馈给了转子侧的电源。功率流向图如图 4-13a 所示。

（2）转子运行在次同步速定子回馈制动状态（$1>s'>0$）　此运行状态下的相量图如图 4-12b 所示，未加 U'_2 前，电动机运行在回馈制动状态，加电压 U'_2 后，令 U'_2 与 $-sE'_2$ 同相，此时电动机的实际转差率 $s'>0$，此种状态下的转速低于同步速，但仍然是定子回馈制动运行状态。由相量图可以得出电磁功率 $P_{\rm M}=m_1U_1I_1\cos\varphi_1<0$，功率由电动机回馈给定子侧电源。机械功率由原动机输入给电动机，转差功率由转子侧电源传递给电动机。功率流向图如图 4-13b 所示。

（3）转子运行在超同步电动状态（$s'<0$）　当转子外加电压 U'_2 与转子电动势 sE'_2 同相，且 $U'_2I>IsE'_2$，此时电动机的转速超过同步转速即 $s'<0$，如图 4-12c 所示。由相量图得出电磁功率 >0，功率由定子侧电源传递给电动机。机械功率由电动机传输给负载。转差功率由转子侧外加电源传递给电动机。功率流向图如图 4-13c 所示。

（4）转子侧在超同步定子回馈制动下运行（$s'<0$）　双馈电动机定子侧接电源，当转子转速超过同步转速时，运行在定子回馈制动状态。若转子侧外加电压 U'_2 与转子电动势 sE'_2 反相，如图 4-12d 所示，转子侧的转速可以继续升高，即 $s'<0$。由相量图得出电磁功率 <0，功率由电动机传递给定子侧电源，机械功率由原动机传输给电动机，转差功率由电动机回馈给转子侧外加电源。功率流向图如图 4-13d 所示。

3. 双馈电机的技术发展状况

国外对双馈电机进行了广泛的研究，并逐步在工业领域得到应用。双馈电机作电动机运行可以在各种不同负荷下灵活地调节无功功率和转速，调速范围达到 30% ~50%，显著提

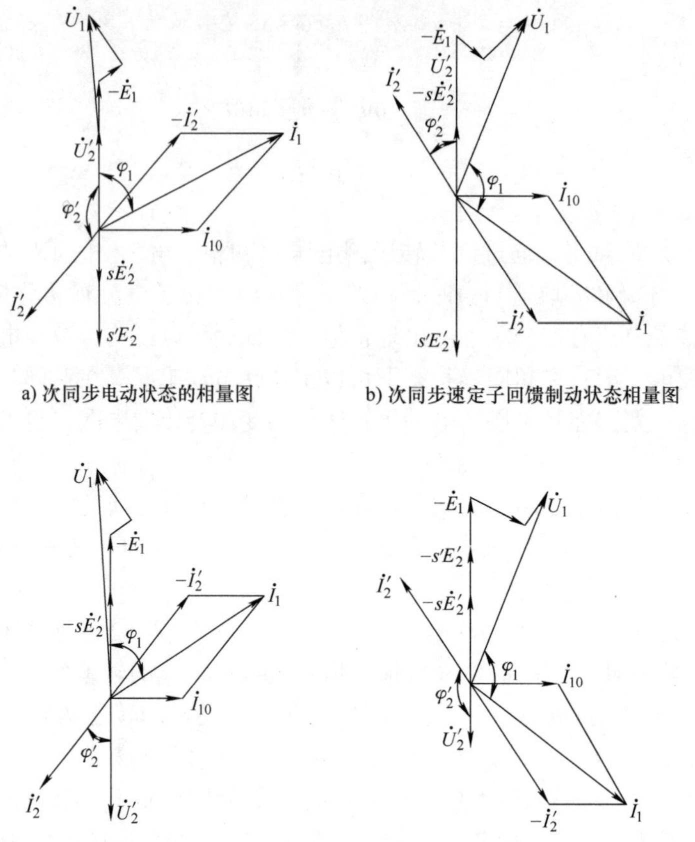

a) 次同步电动状态的相量图　　b) 次同步速定子回馈制动状态相量图

c) 超同步电动状态相量图　　d) 超同步定子回馈制动状态相量图

图 4-12　双馈电动机四种典型运行状态矢量图

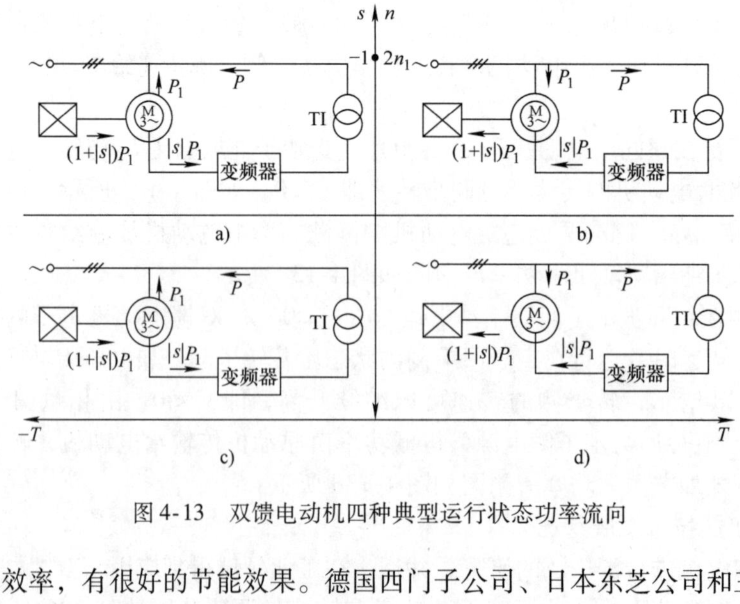

图 4-13　双馈电动机四种典型运行状态功率流向

高传动系统的效率，有很好的节能效果。德国西门子公司、日本东芝公司和三菱公司、苏联哈尔科夫电机制造联合公司已系列化生产双馈电动机。如哈尔科夫公司系列化生产 315 ~ 2 000kW的各种双馈电动机，并广泛用于火电站及其他部门的各种交流调速传动装置中（如送风机、吸风机、泵等）[1] 现在许多国家在开发无刷双馈电机，该电机在美国、俄罗斯、澳大利亚已有成功经验，效果很好，并已在工业电力传动领域应用。

双馈电机不仅可以变速恒频恒压发电，而且可以大量调节无功功率，因此在电力工业中得到广泛应用。苏联 20 世纪 80 年代中期制造 50MW 水轮双馈发电机和 200MW 汽轮双馈电机并投入工业运行；日本日立公司和东芝公司在 20 世纪 80 年代末 90 年代初研制 22MW、85MW、400MW 双馈发电机，并已在大型抽水蓄能电站投入使用；德国西门子公司生产了 500 ~ 1 000kW 系列船用轴带恒频恒压双馈发电机；此外，国外对风能电站，潮汐电站双馈发电机也进行了研究。

我国对双馈电机的研究方面，华中科技大学、重庆大学、福州大学、浙江大学、沈阳工业大学等对于此技术有一定研究。其中，华中科技大学的无刷双馈电机的试验取得了一定的成果，产业化方面也取得了不小进展，产品在大型水泵调速改造方面得到应用，在船舶上的轴带发电机也有成功使用。

近年来，双馈调速系统的研究主要有以下几个方面：无刷双馈电机的研究；双馈调速电动机及其作为发电机在风力发电系统中的研究；应用于双馈调速系统中的新兴电力电子变流装置的研究；关于提高双馈调速电机的调速特性、谐波、功率因数等动、静态性能的研究等。

对于双馈调速控制系统，变频器的选择和控制方式是非常重要的。作为整个控制系统的核心，由于双馈调速的电机在不同的工作状态下能量要实现双向流动，如果要想提高电机的功率因数，改善电网输入的电流波形等，变频器应该满足下面几个要求：

1）当双馈电机工作在接近同步转速时，要求变频器可以输出低频和直流，从而使转子侧输入低频电流和直流。

2）变频器可以实现能量的双向流动。

3）变频器可以改善电网输入电流波形，不对电网造成较大的谐波污染。

4）变频器输入端功率因数高。

4. 双馈电机的技术优势

双馈电机调速系统和普通交流电机调速系统相比，具有独特的优点，主要体现在以下几个方面：

1）双馈电机可无级高效地调速，而且成本低，投资少。双馈调速时，转子电路的功率为转差功率，如调速范围在 30% 左右时，交流励磁的变频装置容量仅为电动机功率的 15% ~30%；另外，在中大型交流调速系统中，双馈电动机定子绕组直接接 3kV、6kV、10kV 的工频电网，而转子绕组可设计为低压，这样可采用低压变频装置，因而可大大降低变频装置成本，使变频调速技术应用成为现实，并提高其运行可靠性。据国外文献报道，如容量为 9 000kW，同步转速为 1 500r/min，调速范围为 30% 的双馈电动机调速系统的价格以 100% 计，则同容量、同转速和同调速范围的笼型异步电动机与变频器构成变频调速系统的价格为 300%，因此，与其他交流调速传动系统相比，此系统用于风机、泵类和压缩机的调速，具有无可比拟的优势。

2）在现代交流调速系统中，双馈电动机可以调节无功功率，改善电网的功率因数，减少无功功率补偿装置的投资。双馈电动机运行时，调节转子励磁电流相位，定子侧可以发出无功功率，特别是带风机、泵类和压缩机等机械时，其负载转矩随着转速减小，就是在轻负载时，也可保证双馈电动机向电网发出大量无功功率或按某种规则控制无功功率，无功的调节范围也可以从感性无功到容性无功双向可调，实现电网电压调节。实际上，调速系统无功功率改变和电压调节就是利用这个特性实现的。根据一些文献报道，双馈发电机吸收和发出无功功率的能力远远超过传统的同步发电机，由此双馈发电机可以根据不同需要方便地调节无功功率以及电网电压。这一点是其他调速技术无法比拟的。

3）在现代交流调速系统中，双馈电动机采用定子磁场定向矢量控制，可快速控制电动机输出转矩和转速，并可四象限运动，具有良好动态性能，因而可应用于调速精度较高的场合。

4）在电力工业中，双馈发电机能变速运行，可提高发电系统稳定性，提高系统效率。凡是水头变化较大的水电站，为使水轮机运行在最佳工况，通过调节机组转速往往可使效率提高2%～3%，在低出力时提高更多。同时也可使水轮机运行在更宽的容量范围，即使在较低负荷时也不致出现有害的振动。同样变速运行可更好调节有功和无功功率，提高电网稳定性。此外，由于水轮机运行在最佳工况点，其气蚀与泥沙磨损状况也大为好转，可大大延长水轮机寿命。例如，日本日立公司制造的双馈发电机在抽水蓄能电站中的应用，其优点得到了充分体现。

5）双馈发电机转速变化时，输出电压和频率可维持不变，因此它在船用轴带发电、风能发电、潮汐发电和余热发电有很好的技术优势。例如，德国西门子公司开发500～1000kW船用轴带发电机，励磁系统采用定子磁场定向矢量控制，电机有很优的技术性能和动态特性[3]。

由于双馈发电机的技术优势已逐步在工业应用领域体现，目前国外正在进一步对大功率汽轮双馈发电机、蓄能电站和风能电站双馈发电机、无刷双馈发电机进行深入研究，对系统复杂故障下双馈发电机的运行和控制、更完善的控制理论和方法、性能更好的励磁系统以及微处理器和微电子技术在控制系统中的应用进行研究。

5. 双馈电机的工业应用前景

双馈电动机具有良好的调速性能和高效率，可调节电网的有功和无功功率，提高电网的稳定性等优点，所以是有其广阔的发展前途的高新技术产品。

对于我国来讲，首先风机、泵类机械调速节能是当务之急，由于双馈电动机是其较合理的调速方案，因而预计该项目首先会在该类机械交流调速系统中应用[5]。其次，水电开发量大，而河流含泥沙量高，在水电站采用双馈发电机对提高机组效率，减轻气蚀和泥沙磨损有很大价值，预计其在水电上也将得到广泛应用。最后，我国风能储量大，在风能电站采用双馈发电机可做到变速恒压发电，因此，其在风力发电方面也具有广泛应用前景。

6. 需解决的技术问题

电机定、转子绕组与励磁变频装置匹配的研究。从设计上研究降低励磁变频装置的容量，研究定、转子绕组的参数与变频装置的参数之间的合理配合。

电机稳定性及各种非正常工况下电机承受能力的研究。包括负荷突变、不对称负荷、突然短路、重合闸以及励磁回路故障造成的影响等。

变频装置研究。包括设计交流电源的频率、电流幅值和相位独立可调的变频装置。

控制理论与控制方式研究。双馈电机的自控理论及技术，以及定子磁场定向的矢量控制技术，交流电源的频率、电流幅值和相位独立可调的控制技术。

4.7　斩波内馈调速系统

斩波内馈调速系统主要是由斩波内馈调速电机和斩波控制装置组成。斩波内馈调速系统是基于电动机转子调速控制的调速，是一种以低压控制高压的技术方案。该系统具有调速平滑、高效、成本低等特点，平均节电率达50%左右。是一种适用于冶金、电力、自来水、煤炭、石油、供热等行业的高压大中容量的风机、泵类和恒转矩负载的交流电动机的调速系统。

1. 斩波内馈调速工作原理（见图4-14）

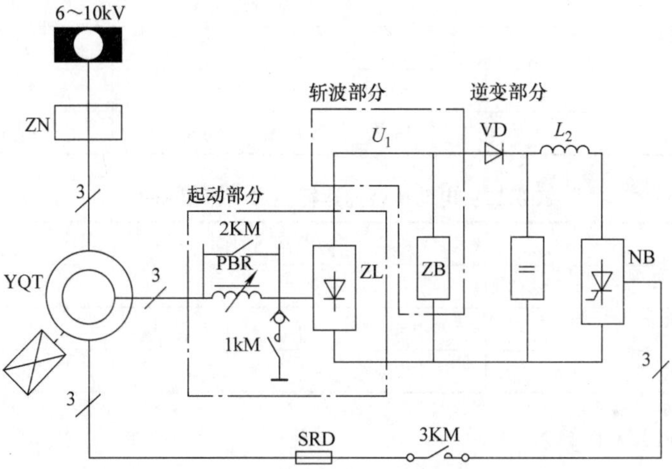

图4-14　斩波内馈调速工作原理

ZN—真空断路器　ZL—转子整流器　NB—有源逆变器　ZB—斩波器

YQT—内馈交流调速三相异步电动机　PBR—频敏变阻器　SRD—快速熔断器

2. 斩波内馈调速产品的特点与适用范围

斩波内馈调速产品采用了斩波和固定的有源逆变技术，具有以下特点：

1）控制电动机转子，调速以低压控制高压。特别是有源逆变器采用固定脉冲触发，无流换向。

2）逆变器的功率因数高，且不随转速而变。

3）作串级调速应用时，虽然要外附逆变变压器，但其容量只有普通串调的1/3左右。

因而斩波内馈调速适用于冶金、电力、自来水、煤炭、石油、供热等行业的高压大中容量的风机、泵类和恒转矩负载的交流调速。

3. 斩波内馈调速系统的控制及运行方式

由于系统调速范围及运行特性的需要，设置了频敏变阻器起动和调速停止方式。

1）起动时，直接控制高压开关柜，电动机经频敏起动。

2）调速运行时，直流回路存在较大的电磁能量，如果直接停电，将产生过电压损坏晶闸管。所以调速停车时，设置的逻辑控制会自动转到全速后再停车。事故停电有断电和过电压保护，防止了设备的损坏。

3）该调速设备可以在不停机的情况下自检，可在不影响运行的情况下检测斩波器和逆变器是否正常。

4. 斩波内馈调速系统的应用实例

电动机功率：560kW，调速范围：582～970r/min

工况一：电动机全速运行，风门开度26%，采用阀门调节风机的工作点每天平均用电量为6 835.2kWh；

工况二：采用斩波内馈调速系统调节风机工作点每天平均用电量为3 660kWh；采用调速后每天的节电量为（6 835.2－3 660）kWh＝3 175.2kWh。

工况一：电动机全速运行，风门开度26%

项目	运行时间/min				
	0	5	10	15	20
功率/kW	285	284.0	287	282	286
累计电量/kWh	0	23.7	47.8	70.5	95.3

工况二：电动机调速运行，风门开度100%

项目	运行时间/min				
	0	5	10	15	20
功率/kW	152	150.5	152.5	154	153.8
累计电量/kWh	0	12.5	25.4	38.5	51.1

全年运行按340天计算：

每年节电量：3 175.2kWh×340＝1 079 568kWh。

工厂电价按0.39元/kWh计算：

每年节电效益：1 079 568kWh×0.39元/kWh＝42.10万元。

第5章　同步电动机的调速

5.1　概述

同步电动机是最常见的电机种类之一，是基于法拉第电磁感应定律运行机械，在固定频率和电压的刚性电网下，以固定的转速运行，所以叫同步电动机。常见的同步电动机有集电环励磁同步电动机、无刷励磁同步电动机、永磁同步电动机等。目前，国内外可见公开报道的大型异步电动机，最大功率为35 000kW，更大型的电动机都是采用同步电动机。比如在钢铁行业，使用的最大高炉风机电动机有60 000kW的报道；在抽水蓄能工程广泛使用的电动/发电机功率达到400 000kW；在燃气轮机的发电机组功率达到300 000kW；电网调相机组容量达到300 000kvar。

同步电动机根据转子结构可以分为隐极式（见图5-1）和凸极式（见图5-2）两种，隐极式往往只用于2极的高速电动机，如拖动透平机等，而凸极式往往用于多极对数的低速电动机，如拖动鼓风机、水泵、空压机等。

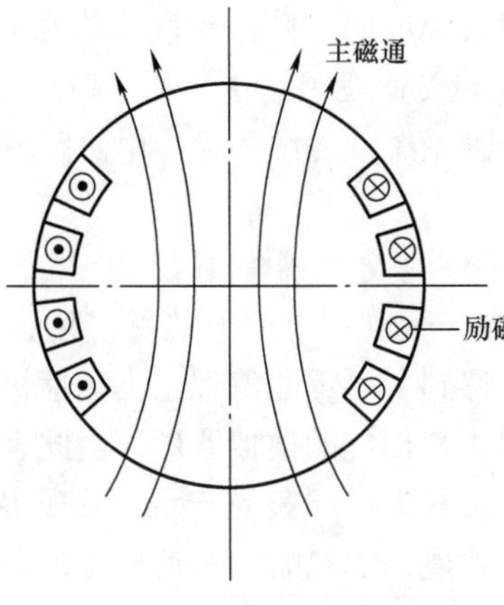

图5-1　隐极式转子

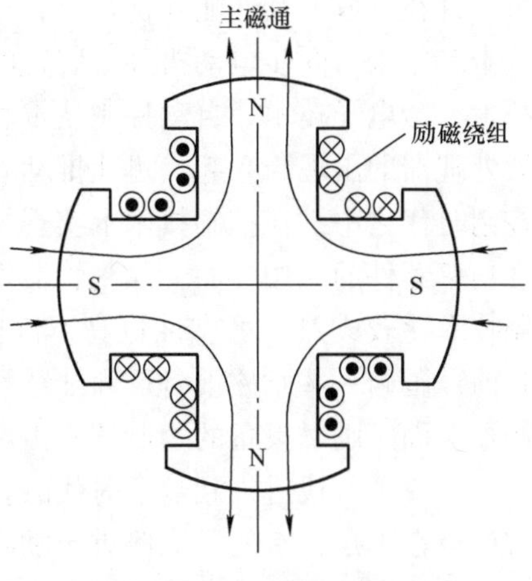

图5-2　凸极式转子

大部分同步电机与电压频率为50Hz或是60Hz的三相电网连接。其他的电机由静态变频器供电，变频器提供频率和幅值变化的三相电压。对于前者，定子频率ω_e和电压幅值由外部因素决定，是不能改变的。电压频率和幅值不变、保持恒定的电网被称为刚性网络。由刚性网络供电的同步电机，同步速不能改变，转子转速的稳态值保持恒定。对于后者，电机由独立的电源供电，静态变频器产生幅值和频率可调的三相电压。在大多数这样的情况中，静态变频器只给一台电机供电。因此，定子电压的频率和幅值调整变化，以获得希望的磁链和希望的转子转速。

功率较低的同步电机用于拖动控制系统，此时每台电机由专门的变频器提供频率和幅值可变的电压。拖动控制系统包括电动汽车、工业机器人控制、专用机床的运动和其他相似的任务，这些任务需要提供转子位置、速度和转矩的连续变化。在拖动控制系统中，同步电机仅作电动机运行来克服工作机器内的运动阻力。在速度控制回路中，同步电动机用作转矩驱动器，它们的任务是提供与转矩指令一致的转矩。转矩指令在速度控制器里计算得到，它与需要克服的运动阻力转矩一致，以获得希望的转速。假如转子转速变化时转矩变化需要定子电压频率和幅值连续变化，这通过三相变频器给定子绕组供电得到，变频器包含半导体功率开关并基于脉冲宽度调制理论工作。

5.2 同步电动机的励磁调节

1. 同步电动机励磁系统的现状

同步电动机励磁系统作为同步电动机最重要的组成部分，其性能的完善程度直接影响着同步电动机运行的安全性和连续性，关系到企业的生产和效益。因此，同步电动机励磁装置在设计中面临的各种难题一直是广大电机研究者和用户关注的焦点。随着时代的发展和科学技术的进步，与同步电动机绑定在一起的励磁装置产品，其性能的升级、技术的革新也在日新月异地发展。自同步电动机励磁装置诞生以来，大致经历了从“分立”到“集成”，从“模拟”到“数字”等几个发展阶段，在每个发展阶段都离不开励磁装置技术的不断更新和功能的不断完善。迄今为止，各类微处理器版本的同步电动机励磁装置在各行各业中的应用现状也是百花齐放，其性能和优点也各有所长。

近十多年来，同步电动机励磁装置的控制技术有了大幅度的提升，其直接动力源于电力电子技术、微电子技术、自动控制技术和微机应用技术的飞速发展。单片机、PLC、DSP 等新型微处理器的出现与兴起，迅速推动着同步电动机励磁系统从传统的模拟电路跃进到了数字化控制时代之中，在控制技术上实现了质的飞跃。

在功率器件的应用方面，晶闸管器件虽然不能与 IGBT 等全控器件相比，但其制造技术和控制技术比较成熟，可靠性也高，价格相比也有优势，所以在市面上仍然应用得非常广泛。目前，国内一些励磁设备厂商陆续开始将注意力转移到了可重复编程、灵活性极强的逻辑控制器上面，励磁设备的控制核心由新型的数字芯片代替传统的模拟器件，由此，励磁系统踏入了由模拟时代进入到数字时代的新纪元。通过分析各生产厂家的产品，发现多少都在某些方面存在不足，有的厂家侧重于励磁调节器的调节功能，而忽略了对功率主电路设计的严谨性，有的则片面地追求低成本，进而影响了整个系统性能的完善。

采用微处理器来代替模拟电路作为励磁装置的核心控制单元有诸多方面的优势：

1）系统的电路结构简化了。由微处理器来实现系统的功能，只需要将功能设计的思想转化成编程语言来描述即可。而模拟电路不仅要熟知功能设计的思想而且需要花费大量的时间和精力用在功能电路的搭建上。

2）实现复杂的控制难度低。微控制器具有逻辑功能强、运算速度快、精度高、存储容量大等优点，实现复杂的控制比较方便。而模拟器件想要单纯地依靠搭建的电路来实现同样的功能难度大。

3）灵活性好。微控制器的功能控制可以根据工程师的思想来灵活变动，更改功能只需要在软件上操作即可。模拟电路要大幅度更改设计的话，其结果就是重新设计。

4）无零点漂移，控制精度高。数字化控制基本不会出现零点漂移问题。

5）人机界面友好、直观，方便用户使用。

6）通信能力强，对远程操作和远程监控的帮助大。

7）整个励磁系统的设计规模小型化。原先用模拟电路搭建主控单元的做法均由一片高度集成的微控制器芯片来替代。

2. 同步电动机励磁调节的作用

对于同步电动机而言，励磁最主要的作用就是建立主磁场。当主磁场建立起来之后，才能称之为同步电动机。励磁调节就是通过调节励磁电源的强弱，来调节主磁场的强弱，进而实现各种功能。同步电动机的V型曲线如图5-3所示。

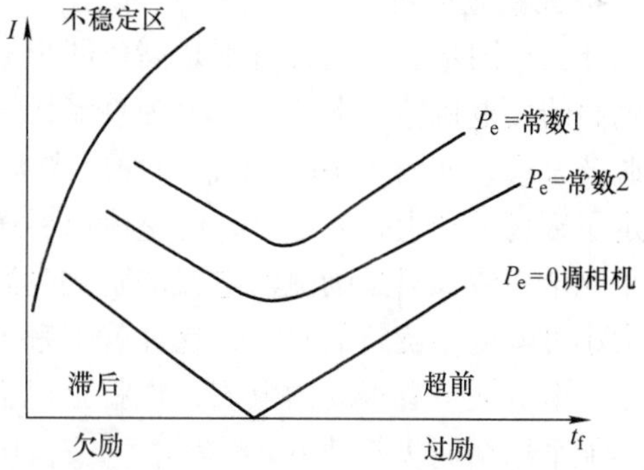

图5-3　同步电动机的V型曲线

励磁装置在同步电动机的工作过程中起到了三个方面的作用：同步电动机只有在定子旋转磁场和转子励磁磁场相对静止时，才能得到平均电磁转矩，稳定地实现机电能量的转换。如将静止的同步电动机通入励磁电流后直接投入电网，则定子旋转磁场将以同步转速相对于转子磁场运动，转子上承受的是交流的脉振转矩，平均值为零。因此，同步电动机不能自起动，而必须借助其他起动方法。同步电动机常见的起动方式有辅助电动机起动、变频起动、异步起动等，不同的起动方式，对励磁电源的工作也有不同的要求。变频起动的实质是改变定子旋转磁场的频率，利用同步转矩起动，在同步电动机刚开始起动时，转子绕组先加上励磁电流，定子绕组则接通频率非常低的三相交流电，然后调节定子绕组的电源频率，使之逐渐升高，转子转速则与定子旋转磁场的转速一起升高，待定子绕组的电源频率达到额定值后，转子也达到额定转速；异步起动时，同步电动机利用转子的笼型绕组（通称为阻尼绕组）或者转子极靴（等效为转差阻尼绕组）产生的转差转矩，实现转子加速直至接近定子旋转磁场的速度，此时再通入励磁电流，将同步电动机牵入同步。

通过改变励磁电流进而调节电动机的功率因数，这是同步电动机最可贵的特性。因此利用功率因数可调的特点，让其工作在过励磁状态，从电网吸收容性无功分量，就可以改善电网的无功平衡状况，从而提高电网的功率因数和运行性能及企业的效益。特别是大型同步电动机，其无功调节作用可以为电网电压的调节服务。从目前的应用状况来看，这一功能有待开发。

在励磁装置与同步电动机的工作过程中，可能会发生失磁、失步、失压、掉相、过电流、灭磁晶闸管误导通等故障。励磁装置实时监控这些故障信号，确保同步电动机和励磁系统能够安全运行。励磁装置在运行过程中还可以与上位机通过串口建立起通信，通过观察反馈到上位机上的电信号的数值及状态（励磁电流、励磁电压、功率因数等）来判断系统是否工作正常，这样便于现场人员观察和操作。

3. 同步电动机的灭磁

对于同步电动机来说，励磁调节系统还有一个必不可少的重要功能，就是灭磁功能。因为，不管什么励磁方式的同步电动机，都有可能会面对非正常状态，或者叫非稳态，比如失步、异步起动等等，这些非稳态都有可能使励磁绕组产生较高的感应电势，严重时可能会击穿励磁绕组的绝缘，从而破坏电动机。

常见的灭磁方式就是在励磁绕组两端，通过一组晶闸管并接一个电阻，这个电阻约为励磁绕组电阻值的10倍，晶闸管的控制采用取自励磁绕组两端的电压进行控制，当电压高于设定的限制电压，就开通晶闸管，使绕组的感应电压经电阻释放。

4. 无刷励磁技术

在大型同步电动机，特别是高速同步电动机，励磁方式多采用无刷励磁调节方式。从无刷励磁的发电机结构上，可以分为直流无刷励磁调节方式，如图5-4a所示，和交流无刷励磁调节方式，如图5-4b所示，两种形式，这两种励磁方式都是励磁机的转子绕组切割励磁机定子磁场，产生感应电流，经整流以后送入主机励磁绕组。从转子结构上看，这两种方式几乎完全一致，只是励磁发电机的励磁电源形式不同。前者为直流电源，励磁发电机定子产生大小可调但不旋转的磁场，这样就带来了一个问题，在零转速或较低转速时，主机励磁绕组没有电流或只有很弱的电流，也就是说主磁场建立不起来，在起动方式上是受限制的，至少不能采用全同步起动方式。后者为交流电源，励磁发电机定子产生大小可调且按照一定转速旋转的磁场，这个旋转方向与主机定子磁场的旋转方向应相反。相比直流无刷励磁调节方式，交流无刷励磁调节方式可以通过改变三相电源的电压、频率甚至相序都可以实现励磁电流的调节，更方便主机转子的磁场建立与调节。而直流无刷励磁调节方式只能通过改变直流电压达到励磁调节目的。

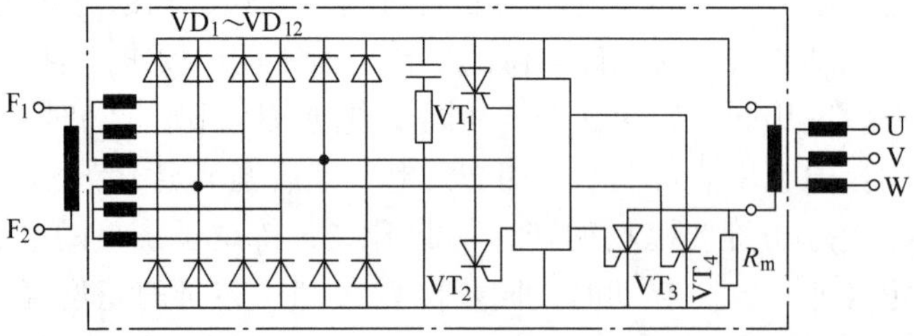

a) 直流励磁调节

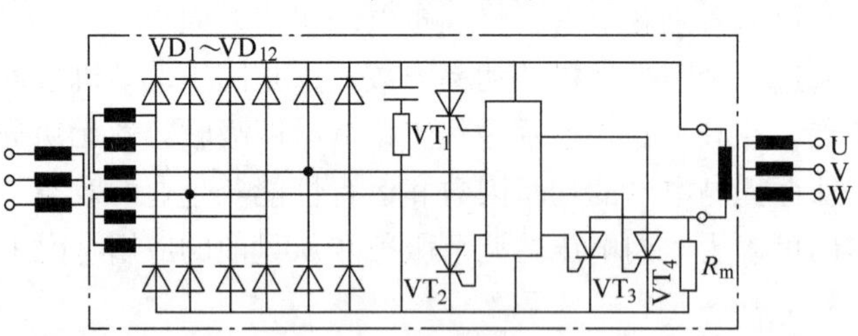

b) 交流励磁调节

图5-4 无刷励磁调节原理图

5.3 同步电动机的交—交变频调速技术

在钢铁厂的大型轧机、矿山的大型提升机，常常用到大型交交变频调速的同步电动机。如图5-5为一个典型的六脉波桥式无环流三相输出交交变频调速系统。

同步电动机交交变频调速系统主电路如图 5-5 所示，由整流变压器、交交变频器、转子励磁回路及同步电动机等部分组成。其中三台整流变压器分别对应三相变频器，由反并联的可逆变流器充当每相的交交变频器。图 5-6 为交交变频器的单相主电路原理图。

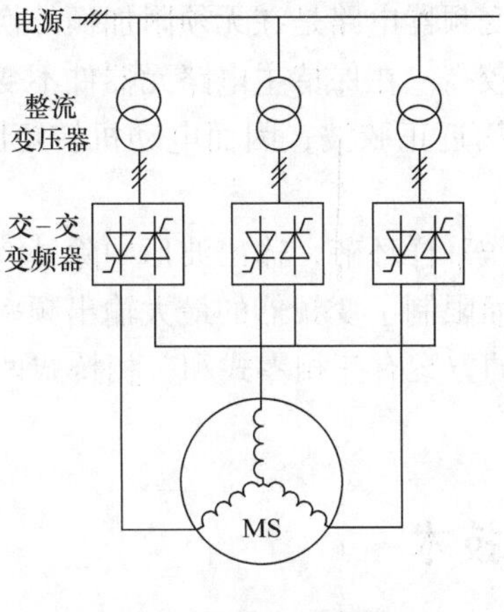

图 5-5　同步电动机交交变频调速系统主电路

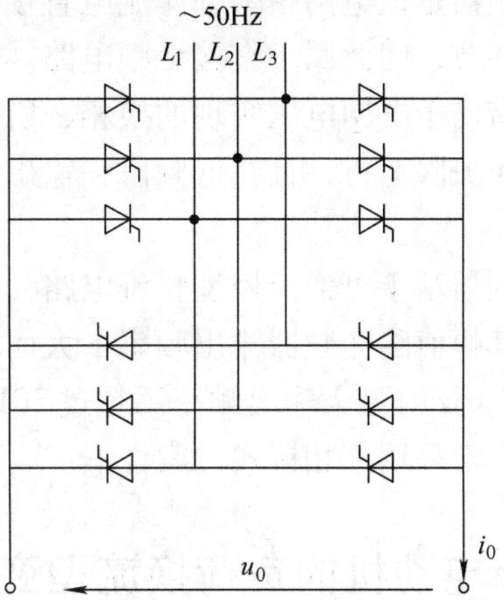

图 5-6　交交变频器的单相主电路原理图

实际工程中，采用交交变频的同步电动机，其定子结构多采用六相双绕组（两套三相绕组）模式，即图 5-7 框中所示的三相绕组 1 和三相绕组 2 均联结成星形。由独立的两套

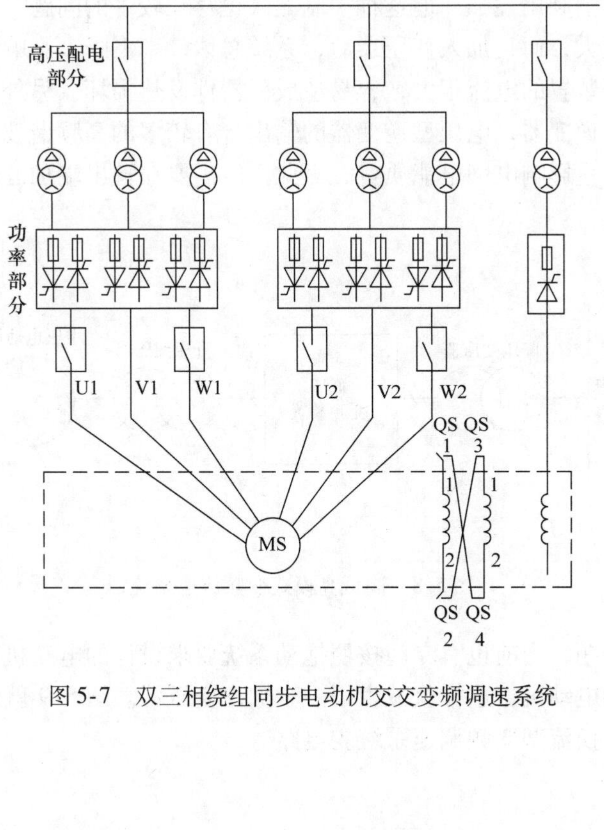

图 5-7　双三相绕组同步电动机交交变频调速系统

输出电流幅值相同、相位相差30°的交交变频器为定子绕组供电，通过改变交交变频器的整流变压器的联结组别，两组整流变压器二次侧相位相差30°，使主电机得到12脉波的变频输出。

交交变频器是把电网频率的交流电直接变换成可调频率的交流电的变流电路，因为没有中间的直流环节，因此属于直接变频电路。由于交交变频器电路是在无须附加额外换流电路的条件下，借助于电网电压实现的换相，所以其效率较高。在保持主电路元器件不变的情况下，可实现四象限运行，且在低频段，输出波形非常接近正弦波，因而电动机转矩脉动轻，谐波损耗少。

交交变频器基于可逆全控型整流电路，可近似看作采样环节，输出波形中除基波外还含许多谐波，其幅值随变频器输出频率增大而增大，从而限制了变频器的最大输出频率，经分析当电源为50Hz时最大输出频率不超过20Hz，常用的方案有三相零式和三相桥式两种，在大容量系统中常采用三相桥式方案。

5.4 同步电动机的负荷换流型变频调速技术

在西气东输、南水北调等大型工程，大量使用大型和超大型同步电动机，往往这些电动机都有调速的需要，而电压型（功率单元级联型）变频器尚不能满足大容量需要，这样很多大型同步电动机就采用了电流型（负荷换流型）变频调速装置。

目前，国内外常用的中压变频器大多采用高低高模式，如图5-8所示。这种控制模式变频装置处于低压环境，装置结构和控制策略相对简单；而且针对不同电压等级电动机，只需更换升压变压器，灵活利用性强。但这种控制方式也存在较多的问题，首先是由于加入两个变压器，系统体积较大，而且加入变压器后，系统总体效率下降，影响节能效果；其次，由于降压的原因，变频装置的电流很大，容易造成元器件发热损坏。另外，这种高低高控制模式比较适用于电压型逆变器，电压型逆变器的输出含有较多的高频谐波，高频谐波通过升压变压器放大作用会严重影响电网电能质量，因此一般需要在输出端加滤波装置，这反过来又会增加系统总体成本。

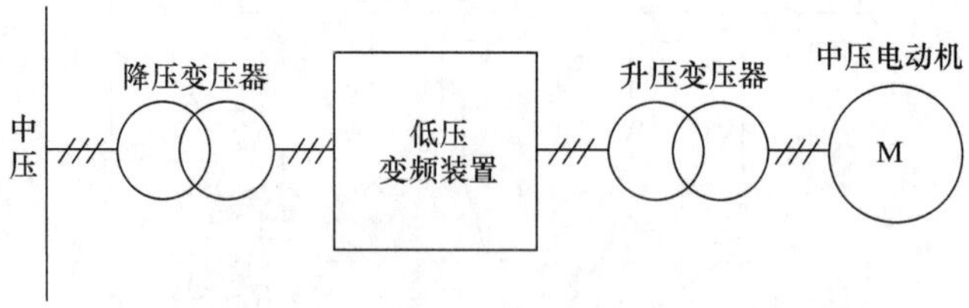

图5-8 高低高模式变频调速系统

为了解决上述问题，当前也有专门按照拖动系统要求设计的电动机，逆变器输出可以不经过变压器，直接到电动机，这样就减少了一个输出变压器。图5-9就是一个典型的双三相绕组同步电动机负荷换流型变频调速系统主电路。

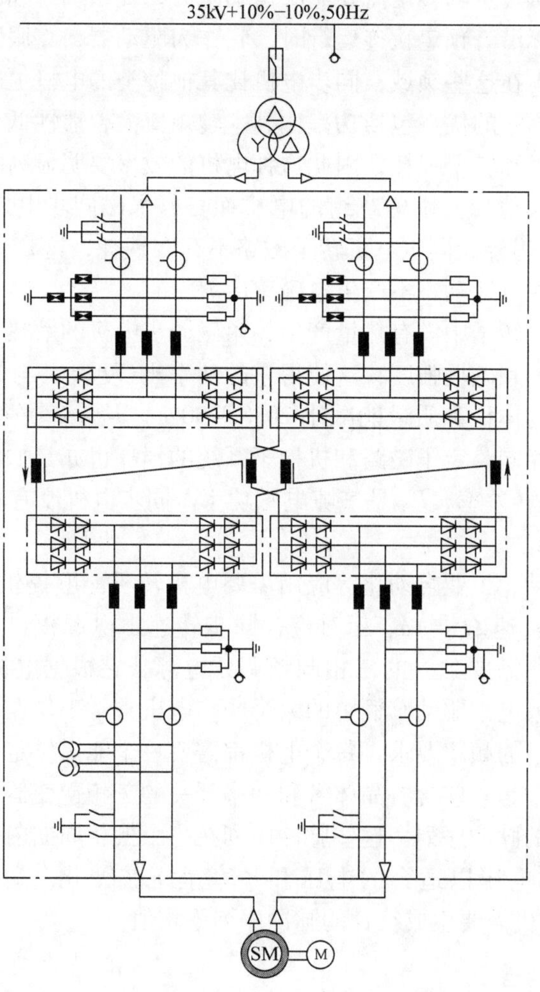

图 5-9　双三相绕组同步电动机负荷换流型变频调速系统主电路

5.5　同步电动机的电压源型变频调速技术应用

电压源型三相逆变器在同步电机的变频调速常有应用，电压源型三相逆变器是一个通过调节电压脉冲宽度来调节定子电压的装置，它根据电动机需要来调节脉冲序列，产生平均电压。同步电机的变速通过改变频率和改变定子电压大小来实现。在依靠 PWM 技术控制的三相逆变器作为电压驱动器的基础上，本章介绍控制定子电流的基本原理了，分析和解释了逆变器供电的磁体内置式和贴片式永磁同步电机的弱磁调速问题，介绍和说明了弱磁调速模式下的恒功率运行区域，并用含有定子自感的公式表达出来。在分析电动机及其相关的三相逆变器的工作区域的基础上，我们从 $T-\Omega$ 平面图中得到了稳态工作区域和瞬态工作区域，研究了由逆变器供电的同步电机。

1. 逆变器供电的同步电机

中小型同步电机在运动控制、汽车驱动、工业机器人或机械生产等领域得到广泛应用。

在这些领域中，同步电机产生的转矩需要克服运动阻力，提供加速和减速所需要的动力。同步电机带动被控制的目标沿着预定轨迹运行时，它作为驱动器，克服阻力，产生控制转子速度或位置所需要的转矩。在这些领域，同步电机比其他种类的电机更胜任这些任务。同步电机与其他种类电机相比，它的优点包括功率比高，转矩比大，惯性低和损耗相对比较低。永磁同步电机没有转子绕组和转子损耗，因此这种电机的效率要明显高于其他种类电机。转子为永磁体时，相比较于其他带有励磁绕组的电机而言，永磁同步电机转子磁链没有大小为 $U_R = R_R I_R^2$ 的功率损耗。另外，同步电机转子磁路不存在铁耗，这是由于转子与定子同步旋转，转子磁路没有磁场相对运动，不产生电磁感应 B。

由于没有转子损耗，转子中没有热量产生，永磁同步电机的散热变得非常简单，它可以承受更大的定子电流密度和磁场强度，这使得它的功率比㊀更高。与同样额定功率的异步电机相比，永磁同步电机的体积和质量能减小 20% ~30%。从功率平衡图上看，同步电机和异步电机定子绕组损耗相同，定子磁路和机械子系统的损耗也亦是如此。异步电机的转子损耗大小为 sP_δ，其中 s 是转差率，P_δ 是气隙电磁功率。同步电机没有转差损耗，这一点大大提升了它的效率。

运动控制、汽车驱动、工业自动化等应用需要电机转子能够提供连续不断变化的转速。同步电机的转速与同步转速 $\Omega_e = p\omega_e$ 相对应，同步转速由电源提供的频率 ω_e 来决定。因此，同步电机的转速控制需要独立的三相调频调压电源，它根据电机需要来改变频率和电压。同一个工业机器人或电力驱动车辆中的两个同步电机常常工作在两个不同的转速。所以每个同步电机都有它自己的频率要求，每个电机都需要一个能提供定子要求的电压和电流的独立电源。这些电源通常是一些含有晶体管和功率开关的三相逆变器组成的。交替换相开闭的晶体管产生不同宽度的脉冲序列。这些脉冲序列在一个换相周期内生成平均电压。脉冲宽度呈正弦变化时，平均电压以适合的电压和频率呈正弦变化。通过脉冲宽度调制技术（PWM），我们能根据电机需要生成符合的脉冲序列平均值。

2. 转矩控制原理

控制目标的速度和位置按照某些预定轨迹运行时，同步永磁电机是一个转矩驱动器，它作为执行机构产生转矩，克服运动阻力，控制转子的速度和位置使其保持需要的参数值。速度调整器和位置调整器计算被控制的变量 $\Omega_m(\theta_m)$ 和它的给定值 Ω^*（θ^*）之间的偏差，并计算用来消除偏差 $\Delta\Omega = \Omega^* - \Omega_m$ 所需要的电磁转矩 T_{em}^* 使得受控变量到达给定的位置。电机转子速度的变化由牛顿运动公式 $J\mathrm{d}\Omega/\mathrm{d}t = T_{em} - T_m$ 来计算，T_m 表示负载转矩，T_{em} 表示同步电机提供的电磁转矩。电磁转矩 T_{em} 需要克服负载转矩 T_m 并提供转速变化所需要的加速度 $J\mathrm{d}\Omega/\mathrm{d}t$。速度（位置）调整器计算转矩的给定值信号 T_{em}^*，永磁同步电机的任务是根据相应的给定信号产生实际的电磁转矩 T_{em}。运动控制的速度与准确性取决于按给定信号产生转矩的转矩执行器的能力。换句话说，电磁转矩需要准确且无延时地跟踪给定信号 T_{em}^*，使得 $T_{em}^* = T_m$。

同步电机的电磁转矩是由定子磁链向量和定子电流向量产生的，所以

$$T_{em} = \frac{3p}{2}(\Psi_d i_q - \Psi_q i_d) \tag{5-1}$$

㊀ 功率比是机械的额定功率和机械的体积或重量的比值。转矩比与之类似。

在永磁电机中，定子磁链分为 $\Psi_d=\Psi_{Rm}+L_d i_d$ 和 $\Psi_q=L_q i_q$，Ψ_{Rm}表示由永磁体产生的通过气隙并交链定子绕组的磁链。代入 Ψ_{Rm}，转矩表达式变为

$$T_{em}=\frac{3p}{2}\Psi_{Rm}i_q+\frac{3p}{2}(L_d-L_q)i_d i_q \tag{5-2}$$

很多永磁同步电机转子磁路呈圆柱形，d 轴和 q 轴的磁阻差异很小。因此，我们可以认为 $L_d=L_q$，则

$$T_{em}=\frac{3p}{2}\Psi_{Rm}i_q \tag{5-3}$$

由式（5-3）可以看出，永磁同步电机的电磁转矩是由定子电流的 q 轴分量产生的。为了减少定子绕组的铜耗和减小给定子绕组供电的功率转换器的规格，我们最好是以尽可能小的定子电流来传递给定的电磁转矩 T_{em}。电磁转矩与定子电流的比值 T_{em}/I_s 等于 $T_{em}/\mathrm{sqrt}(i_d^2+i_q^2)$，当 $i_d=0$ 时它达到最小值，此时定子电流向量方向与 q 轴重合，转子磁链与定子电流向量方向夹角为 $\pi/2$。

因为永磁体产生的磁链 Ψ_{Rm}大小不变，所以永磁同步电机的转矩控制是由改变定子电流 i_q 来实现的。知道给定值 T_{em}^*后，我们需要通过计算 dq 轴分量，得到定子电流分量 $i_d=0$ 和 $i_q=(2/(3p))\cdot T_{em}^*/\Psi_{Rm}=K\cdot T_{em}^*$。永磁电机的转矩控制是通过调整定子电流，产生定子电流 q 轴分量来得到符合要求的转矩的。传递给定转矩的速度与准确性是由调整定子电流的速度与准确度来决定的。借助于给定子绕组供电的三相逆变器和静态功率变换器，我们利用功率晶体管开关来调节定子电压，得到期望的相电流，实现电流调节。

图5-10为一个带有功率晶体管开关的三相整流逆变器。逆变器连接同步电机的定子绕组。电源电压 u_R，u_S 和 u_T 通过由6个二极管构成的整流器来整流。整流器提供直流电压 E，它所在的电路也叫直流环节。元件 L_{DC} 和 C_{DC} 作为滤波器来去除掉整流器输出的交流部分。晶体管 Q_K 和 R_K 电阻构成的制动单元能减小中间环节的直流电压 E，这可以使电机作为发电机运行时可以把功率反馈到直流环节，使直流环节的电容充电并提升直流环节的电压。因为用的是三相二极管整流电路，所以回馈功率不能返回到主电网而都消耗在了电阻 R_K 上。6个功率晶体管 $Q_1\sim Q_6$ 轮换开闭可获得脉冲形状的相电压。通过功率晶体管的开关状态来调整三相电流使它们向给定值 $i_a^*(t)$，$i_b^*(t)$和 $i_c^*(t)$靠近。

三相电机的电流控制问题需要更为细致的研究，这个内容超越了本章范围。所以，在本章后面只是介绍一些基本的信息和原理。

若磁链 Ψ_{Rm}、转子位置 θ_m、极对数 $p=1$ 和转矩给定值 T_{em}^*已知，则可得永磁同步电机的相电流给定值。假设电流调整器使得相电流维持在它们的给定值上，相电流给定值为

$$\begin{aligned} i_d^* &= \left(\frac{2}{3}\frac{T_{em}^*}{\Psi_{Rm}}\right)\cos\left(\theta+\frac{\pi}{2}\right) \\ i_d^* &= \left(\frac{2}{3}\frac{T_{em}^*}{\Psi_{Rm}}\right)\cos\left(\theta+\frac{\pi}{2}-\frac{2\pi}{3}\right) \\ i_d^* &= \left(\frac{2}{3}\frac{T_{em}^*}{\Psi_{Rm}}\right)\cos\left(\theta+\frac{\pi}{2}-\frac{4\pi}{3}\right) \end{aligned} \tag{5-4}$$

则定子相电流为 $i_a(t)=i_a^*(t)$，$i_b(t)=i_b^*(t)$和 $i_c(t)=i_c^*(t)$。它们在同步电机 dq 轴上中能产生定子电流相量 $i_d=0$ 和 $i_q=(2/3)\cdot T_{em}^*/\Psi_{Rm}$。相应的，电机产生的电磁转矩

$T_{em} = T_{em}^*$。

3. 电流控制原理

给三相电机供电的静态功率转换器如图 5-10 所示。通过控制功率晶体管 $VT_1 \sim VT_6$ 的开关运动状态，可以改变定子端的相电压。相电压 u_a、u_b 和 u_c 影响相应的相电流，实现基本的电流控制。电流控制的目的是获得电流分量 i_d 和 i_q 来得到相应的理想参数。电流分量 i_d 对转矩没有作用，经常被设定为 0。期望的转矩通过建立与转矩成比例的电流分量 i_q 来得到。转子磁链相量与 d 轴重合，而 $i_d = 0$，定子电流相量与磁链正交。以下讨论如何设置电流分量 i_d 和 i_q 以达到它们的期望值的基本原理。

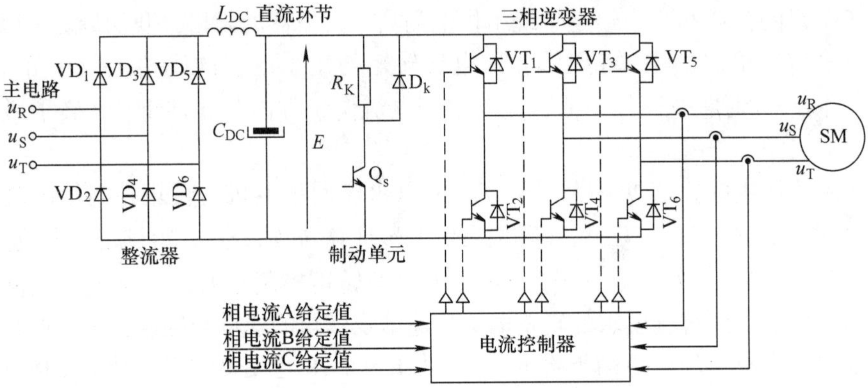

图 5-10 给三相电机供电的静态功率转换器

$d-q$ 轴向的分量由相电流 $i_a i_b i_c$ 来产生。如何获得期望的电流分量 i_d 和 i_q 等价于如何控制相电流。相电流给定值 $i_a^* \, i_b^* \, i_c^*$ 的计算来自于式（5-4），它们由转矩给定值 T_{em}^* 和转子位置 θ_m 来决定。转矩给定值来自于速度控制器或位置控制器，转子位置经常由连接转子轴的传感器来测量。根据式（5-4）建立的相电流相量，实现了定子电流相量与转子磁链相量相垂直。

在图 5-10 所示的电流控制电路中，测量得到的相电流 $i_a i_b i_c$ 和与相应的给定值比较来得到偏差 $\Delta i_a \Delta i_b$ 和 Δi_c。根据这些偏差，电流控制器生成作用于晶体管开关的门信号。通过改变相电压来减小偏差并最终使它达到 0。理论上，电流控制系统可实现 $i_a(t) = i_a^*(t)$，$i_b(t) = i_b^*(t)$ 和 $i_c(t) = i_c^*(t)$。

在三相逆变器中有 6 个功率晶体管开关。开关构成三相组合，每个组合生成一相电压。逆变器电压由从直流环节得到的直流电压 E 提供。当每一相的上开关闭合时，输出相与直流环节的电容 C_{DC} 正极板相连。当每一相的下开关闭合时，输出相与直流环节的电容 C_{DC} 负极板相连。假设相绕组为星形连接，它的中点电势介于两个电容板电势之间，闭合上或下的开关使得相电压为 $+E/2$ 或 $-E/2$。当 a 相的上开关 VT_1 闭合时，相电压 $u_a(t)$ 变为 $+E/2$，而下开关闭合则使得 $u_a(t) = -E/2$。

在时长为 $T \approx 100\mu s$ 的换流周期中，a 相的上开关在时间 t_{on} 内闭合，其余的时间 $T - t_{on}$ 里上开关断开而下开关闭合。相电压 $u_a(t)$ 在时间 t_{on} 内等于 $+E/2$，周期中其余时间为 $-E/2$。在 t_{on} 范围内正脉冲的时间宽度可以在 $0 < t_{on} < T$ 范围内连续变化。相电压在一周期 T 里的平均值为 $u_{a(av)}(t) = E \cdot (t_{on}/T - 1/2)$。脉冲宽度 t_{on} 的连续变化使得相电压平均值不

断在 $-E/2$ 到 $+E/2$ 之间变化。相电流瞬时值 $i_a(t)$ 的变化由相电压瞬时值和绕组中的电磁感应电动势的差值来控制。一个换相周期内的相电流的变动由相电压平均值 $u_a(av)$ 控制。相电流的变化由电压平衡公式 $\Psi_a = \Psi_m\cos(\theta_m) + L_S i_a$ 得到，$R_S i_a$ 是电流通过定子时定子电阻上的电压降，而 $d\Psi_a/dt$ 是一相绕组的电磁感应电动势。

气隙磁场分布由永磁体特性和它的移动特点来决定。定子电流也同样影响气隙磁场分布。定子相 a 绕组交链的磁链 $\Psi_a = L_S i_a + \Psi_{Rm(a)}$，它分为两个部分。$\Psi_{Rm(a)}$ 部分由永磁体产生，而 $L_S i_a$ 部分由定子电流[⊖]产生。磁链 Ψ_{Rm} 是永磁体产生的，它穿过气隙并交链定子绕组，它的幅值和空间方向决定了 $\Psi_{Rm(a)}$。Ψ_{Rm} 的幅值受到永磁体的特性、气隙 δ、磁路特点的共同影响。转子位置角 θ_m 决定了永磁体磁链的空间位置。所以，磁链 $\Psi_{Rm(a)}$ 由 Ψ_{Rm} 的幅值和转子位置角 θ_m 来控制。当 $\theta_m = 0$ 时，a 相磁场轴线与转子对齐，使得 $\Psi_{Rm(a)} = \Psi_{Rm}$。

定子磁链 Ψ_a 的变化产生电动势 $d\Psi_a/dt$。后者有两部分，$L_S di_a/dt$ 和 $d\Psi_{Rm(a)}/dt$。第二部分 $e_a = d\Psi_{Rm(a)}/dt$ 由永磁体产生，其变化取决于转速 $\Omega_m = d\theta_m/dt$。

$i_a = -i_b - i_c$ 且假设 $L_{ab} = L_{ac}$，磁链 $L_a i_a + L_{ab} i_b + L_{ac} i_c = L_a i_a + L_{ab}(i_b + i_c)$ 可以写为 $L_S i_a$。

转速恒定时，永磁体磁链方向为 $\theta_m = \theta_0 + p\Omega_m t$，它交链相绕组 a 的磁链为 $\Psi_{Rm}\cos(\theta_m)$。除此之外，相绕组同样产生磁链 $L_S i_a$。因此，该相总交链的磁链为 $\Psi_a = \Psi_m\cos(\theta_m) + L_S i_a$。代入得到电压平衡方程式后变为 $u_a = R_S i_a + L_S di_a/dt - \omega_m\Psi_m\sin(\theta_m)$。如果忽略定子电阻上的电压降并使得 $e_a = d\Psi_{Rm(a)}/dt = -\omega_m\Psi_m\sin(\theta_m)$，电压平衡公式变为 $u_a = L_S di_a/dt + e_a$。这样的话，定子电流 i_a 的变化率就表示为

$$\frac{di_a}{dt} = \frac{1}{L_S}(u_a - e_a) = \frac{1}{L_S}(\pm E - e_a) \tag{5-5}$$

在 $E \geqslant |e_a|$ 的工作状况，相电压 u_a 在上式中起主要作用。当 $u_a = +E/2$ 时，定子电流和电动势 e_a 的变化率为正。当 $u_a = -E/2$ 时，定子电流变化率为负。换句话说，我们可以通过闭合开关 VT_1 来增大 i_a 或断开开关 VT_2 来降低 i_a。这是电流控制的基本前提。当相电流 i_a 与给定值不符时，电流调节器计算出偏差 $\Delta i_a = i_a^* - i_a$。随后它生成命令信号给逆变器，减小并最终消除偏差 Δi_a。例如，当偏差为正（$\Delta i_a > 0$）时，需要闭合上开关 VT_1 使得 $di_q/dt > 0$ 来使偏差减小。如果偏差为负（$\Delta i_a < 0$）需要闭合下开关 VT_2 使得相电流减小 $di_q/dt < 0$，使偏差 $\Delta i_a = i_a^* - i_a$ 趋于 0。一个被证明简单有效的三相交流电机的定子电流控制原理遵循下列表达式

$$u_a = \frac{E}{2}\cdot \mathrm{sign}(i_a^* - i_a),\ u_b = \frac{E}{2}\cdot \mathrm{sign}(i_b^* - i_b),\ u_c = \frac{E}{2}\cdot \mathrm{sign}(i_c^* - i_c) \tag{5-6}$$

根据以上控制定律，晶体管功率开关 $VT_1 - VT_6$ 根据对应的电流偏差信号 Δi 交替开闭。一旦偏差为正时，上开关闭合，增加相电流并减小偏差。当偏差为负时，下开关闭合使得相电流减小并把偏差往正方向带动。但是，直接应用上述控制定律可能导致功率晶体管换流频率增高并增加换流损耗。为了克服换向频率问题，可以在生成电流偏差信号的比较器中引入磁滞比较方法。这样，换向频率问题通过磁滞比较器得到了限制。

实际的电流控制器在 $d-q$ 坐标结构框架下运行。这表示偏差 $\Delta i_d = i_d^* - i_d = 0 - i_d$ 和 $\Delta i_q =$

⊖ a 相磁链不止由相电流 i_a 决定，也由相电流 i_b 和 i_c 决定，这是因为相绕组间有互感存在。

$i_q^* - i_q$ 通过给定值计算得到并根据 $d-q$ 轴向量形式反馈信号。电流控制器计算电压 u_d 和 u_q，消除检测到的偏差并驱动电流 i_d 和 i_q 到它们的给定值上去。电压 u_d 和 u_q 由帕克变换转换成静态 $\alpha-\beta$ 向量形式，把得到的电压 u_α 和 u_β 经过克拉克逆变换生成相电压的给定值。脉宽调节三相逆变器用于为三相电机提供所需要的电压。

从电流偏差 $\Delta i_{dq} = \Delta i_d + j\Delta i_q$ 中计算控制量 $u_{dq} = u_d + ju_q$ 的方法叫做控制算法，而调整器和控制器是执行运算并提供输出信号的装置。控制算法经常是指一个被数字信号处理机执行的程序。调整器经常是以它的传递函数来描述。控制反应的速度与品质由控制器的传递函数来决定。

带有 6 个功率晶体管开关的功率转换器为三相电机绕组提供合适的电压。所以，它可看做一个可控的电压源。它通过闭合的反馈环控制定子电流，一个理想的电流控制器可达到 $i_a = i_a^*$，$i_b = i_b^*$，$i_c = i_c^*$。这把电流控制的三相逆变器变为一个电流源。所以，三相电机就像由一个电流源来供电。采用定子电流控制方法运行的永磁同步电机的运行方法与采用电枢电流控制的恒定电源的直流电机的运行方法相似。它由电流控制器的特点来决定电机所传递的转矩的速度与准确性。

4. 弱磁控制

电流控制的前提是定子相绕组中感应的电动势低于相电压，若 E 是三相逆变器的直流环电路中的直流电压。则任一时刻必须要保证 $E/2 \geqslant |e_a| = |\omega_m \Psi_m \sin(\theta_m)|$。当 $i_d=0$ 时，电机定子 d 轴上的磁链为

$$\Psi_d = \Psi_{Rm} + L_d i_d = \Psi_{Rm} \tag{5-7}$$

q 轴上的定子磁链为 $\Psi_q = L_q i_q$。贴片式永磁同步电机中，定子电感 L_d 和 L_q 很小，它们标幺值介于 0.01～0.05 之间。因此，q 轴方向的磁链远小于磁链 Ψ_{Rm}。考虑到这个原因，我们可以认为气隙磁场的幅值为 $\Psi_m \approx \Psi_{Rm} + L_d i_d = \Psi_{Rm} = \Psi_n$，这里 Ψ_n 是额定的磁链。在电机以额定转速 $\Omega_n = \omega_n/p \approx E/\Psi_{Rm}/p = E/\Psi_n/p$ 时，它产生感应的电动势为额定电压，这也是三相逆变器能承受的最大电压。当 $i_d=0$ 时，永磁电机转速不能超过其额定值，如图 5-11 所示。

当电机转速接近额定值时，电动势接近最大值。这时没有更多的电压余量来控制定子电流。换句话说，这时不可能生成期望的转矩所需要的定子电流。

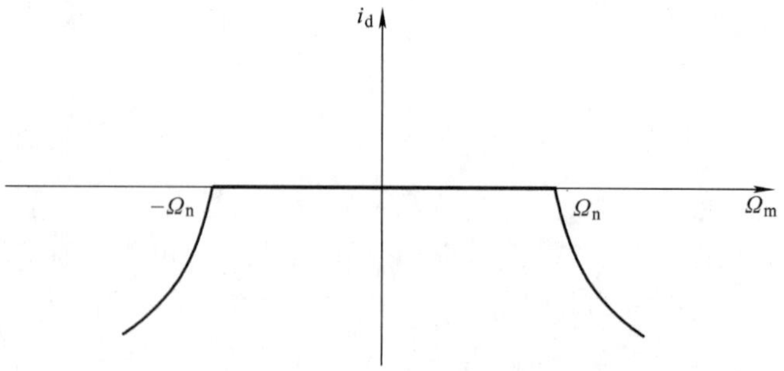

图 5-11 弱磁调速中去磁电流 i_d 的变化

电机高于额定转速工作时需要保持电动势低于额定电压。为了实现这一目标，需要减小磁链，即实现弱磁控制。为了保持电动势 $\omega_m \Psi_m$ 小于有效电压，气隙磁链 Ψ_m 要根据转速来变化调整。气隙磁链按照 $\Psi_m(\Omega_m) = \Psi_n \cdot \Omega_n/\Omega_m = \Psi_{Rm} \cdot \omega_n/\omega_m$ 变化，转速高于额定转

速时，感应电动势保持在额定值 $\Psi_{Rm}\cdot\omega_n$ 上。我们知道 q 轴磁链 $L_q i_q$ 远小于永磁体磁链。后面假设成立的前提是贴片永磁同步电机的电感 L_d 和 L_q 很小。由 $\Psi_{Rm}>>\Psi_q$ 和 $\Psi_m\approx\Psi_d$，磁链 Ψ_m 的变化决定磁链 Ψ_d 的变化，根据公式

$$\Psi_d(\Omega_m)|_{\Omega_m>\Omega_n}=\Psi_{Rm}\frac{\Omega_n}{\Omega_m}=\Psi_{Rm}\frac{\omega_n}{\omega_m} \tag{5-8}$$

若 $\Psi_m\approx\Psi_{Rm}+L_d i_d$，可以得出结论：弱磁控制需要在 d 轴上有一个负的电流 $i_d<0$，它可以起到削弱磁场或退磁的作用。转子转速与削弱磁链的电流的关系由式（5-9）和图5-11给出。电机额定磁链 Ψ_n 与 Ψ_{Rm} 相等

$$i_d(\omega_m)|_{\omega_m>\omega_n}=-\frac{\Psi_{Rm}}{L_m}(1-\frac{\Omega_n}{\Omega_m})\approx-\frac{\Psi_n}{L_d}(1-\frac{\omega_n}{\omega_m}) \tag{5-9}$$

例题：一个隐极永磁同步电机定子电感 $L_S=0.05$。试求电机稳态运行时的最大转速，设转子上无机械负载。

解：电机高于额定转速运行时，需要在 d 轴上施加削弱磁链的值为负的电流 $i_d<0$。这个电流削弱 d 轴磁链并维持电动势在可控的电压范围之内。没有施加负载转矩时，电磁转矩和 q 轴电流为0。由于 $i_q=0$，我们可以用所有的定子电流来削弱 d 轴磁场。稳态运行时，定子电流绕组中的电流不能超过额定电流。因此，去磁电流的标幺值保持在 $i_d=-1$。把去磁电流 $i_d(\omega_m)$ 的关系式代入弱磁调速控制中，可得 $(1-\omega_n/\omega_m)=L_S/\Psi_{Rm}=L_S/\Psi_n$。而额定磁链的标幺值等于1，由此可得 $\omega_n/\omega_m=1-0.05=0.95$，$\omega_m=1.0525\omega_n$。

本例说明贴片式永磁同步电机定子电感很小，转速在额定值以上运行时定子电感不能使转子的最大速度值明显提升。因此这种同步电机不应工作在弱磁调速区域。而异步伺服电机能够工作在弱磁情况并能达到高于额定值的转速，这是因为异步电机的磁链是由定子电流产生而非永磁体产生。同步伺服电机的这个缺点是异步伺服电机仍然在使用的根本原因。在两种电机的其他方面，同步电机都占有优势。理论上同步电机的转子损耗为0，而异步电机内有相当大的转子损耗 $P_{Cu2}=sP_n$，它正比于转差。没有转子损耗有利于同步电机的冷却，提高电流和磁链密度。因此，同步伺服电机有更高的功率比和转矩比，而且它的体积小于同规格的异步电机。同步伺服电机的转子有更小的转动惯量 J，这一点对很多调速的操作都有利。但在某些电气装置应用场合需要电机能够很好地实现在高于额定转速状态下的弱磁运行，相对于同步伺服电机，异步伺服电机在这些场合具有很大的优势。

贴片式永磁同步电机定子电感很小。这使得它在诸如机械自动化和机械手等运动控制中有很大优势。因为电感 L_S 很小，所以定子电流变化率 $di_a/dt=(u_a-e_a)/L_S$ 很大，能达到 $di_a/dt\approx10^4I_n/s$，这使得电磁转矩 $T_{em}=k|\Psi_{Rm}\times i_S|$ 从0变化到额定值只需 100μs。灵敏的转矩反应有利于增加带宽，提高在速度控制领域和位置控制领域的闭环控制性能。因此，贴片式永磁同步电机在工业自动化、机械自动化和很多需要有速度控制环和位置控制环的运动控制领域有很多应用。在这些领域，很难进行弱磁控制的这个问题被认为并不是很明显的缺点。

5. 暂态和稳态工作区域

因为定子绕组的电感很小，标幺值介于 $L_S=0.01\sim0.05$ 之间，所以永磁电机的转速工作区域为 $\Omega_m\in[-\Omega_n,\ +\Omega_n]$。电机的空载最大稳态转速为 $\Omega_{max(ss)}=\Omega_n/(1-L_S)$，它超过了额定转速一些。在 $T_{em}-\Omega_m$ 图中，稳定工作区域与横坐标的交点的速度为 $\Omega_n/(1-L_S)$，它高于额定转速一些。对于转矩的稳态工作区域，它由定子电流额定值来决定。稳态转矩限制在了

额定转矩范围内，即 $-T_n \leqslant T_{em} \leqslant +T_n$。稳态工作区域和暂态工作区域如图 5-12 所示。

暂态工作区域由最大定子电流瞬时值决定。定子电流可能在一个简短的间隔时间超过额定电流。这不会使电机过热，因为在两个电流脉冲之间的时间段内，时间很充足并使得电流和转矩都降了下来，从而电机得到了冷却。电机的很多动作指令控制一般是循环给定的。每个周期内，为了生成期望的加速和减速动力，电机要在相对短的时间内产生很大的转矩。这些短间隔时间很多都接着长间隔时间，而这些间隔时间内转矩和定子电流都是下降的。所以，最大转矩和一个运动周期内转矩的均方根值的比值很大，定子电流也是一样。因此，瞬态工作区域由偶尔能超过额定转矩的最大转矩来限制。一般设计和制造的永磁同步电机需要保证 I_{max}/I_n 过载值不超过 5。

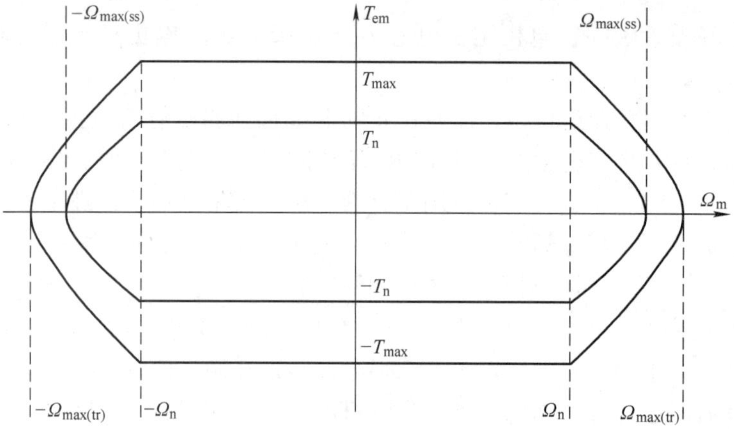

图 5-12　同步永磁电机的暂态和稳态工作范围

电机能承受的最大电流取决于制造水平和连接定子绕组的三相逆变器的规格。逆变器中的功率半导体开关含有不耐热且承载电流很小的硅晶体。一旦硅晶体中的电流密度超过某一界限，突然增加的温度将会改变晶体结构并造成功率半导体开关的永久损伤。功率半导体开关的电流只能在某些间隔时间内超过电流限制，时间间隔为毫秒级。大的峰值电流也会造成同步伺服电机的损伤。大的定子电流可能会伤害永磁体。定子电流产生定子磁动势，它由电流大小和转速快慢决定。电流大时，定子磁动势在磁体中产生大的去磁磁场。在永磁体的 $B-H$特性曲线中，当磁体工作点（B，H）靠近矫顽磁场 $H_C<0$ 时，永磁体的磁感应强度 B 减小为 0。对于很多永磁体材料，到达矫顽磁场 H_C 就会损坏永磁体。一旦永磁体工作于该点时，其剩余的磁场感应返回不了初始值。剩余磁场感应反而下降 2 ~ 3 倍。因此设计时应考虑由磁场过饱和导致磁体损坏的风险。同时，最大允许定子电流值必须与连接定子绕组的三相逆变器内的半导体电力开关的峰值电流规格匹配。

最大转矩 T_{max} 决定瞬态工作区域的范围，它由峰值电流 I_{max} 决定。最大空载转速 $\Omega_{max(tr)}$ 由在某一短暂时间内达到的最大空载转速方程 $\Omega_{max(tr)}=\Omega_n/(1-I_{max}L_S)$决定，这里定子电感和峰值电流都是标幺值。

永磁同步电机同样也被应用在那些需要电机的效率高、损耗低、功率比高，但又不需要电磁转矩快速变化的领域。在这些应用中，电机没有运动控制任务，没有速度控制和位置控制的环节。这些电机的应用例子包括风机、家用电器、高压交流发电系统，作为再生能源的发电机如风力发电机、电力推动电动机、自动化中的辅助驱动装置等。效率高、重量轻、惯性低是永磁电机能够取代同类型的异步电机的原因。为了改进同步永磁电机的弱磁调速性能，可以把永磁体从转子表面埋入转子磁路里，增大定子自感。根据式（5-5），更大的定子自感能改善同步电机高于额定转速时的性能。但是，同步永磁电机的弱磁调速性能不如异步电机。工作于弱磁调速区域的同步永磁电机需要很多的去磁电流 $i_d<0$，而这些对转矩没有贡献，且定子电流 $I_S=\mathrm{sqrt}(i_d^2+i_q^2)$ 的升高会带来更多的铜耗。因此在那些需要弱磁调速范围大、转速比率 Ω_m/Ω_n 高的领域还是需要使用异步电机。

5.6 同步电动机的变极调速

我国江河湖泊受季节影响水位变化较大，因此对水泵扬程要求也随之变化。大型灌溉排水泵站作为城乡基本水利设施，不仅承担农业灌溉、排涝的重任，还承担着城乡防洪、供水以及流域调水的重任，在抗御水旱灾害、确保农业稳产高产等方面发挥着重要的作用，取得了显著的社会、经济和生态效益。

过去，大型泵站修建时根据南北差异和当地实际的水位情况进行水力机组的选型和配套，运行过程中通常能够满足设计扬程工况和平均扬程工况下工作点位于高效区的要求。但近年来，由于区域性水文条件变化、河床底部抬升和大型水利工程修建等原因，长江、黄河水位呈较大幅度的季节性变化，流域内河道、湖泊、水库汛期与枯水期的水位变化也相应加大。这就使得运行过程中，机组工作点偏离高效区，运行效率低、功率大，甚至引发汽蚀，不利于泵站的安全与经济运行。

工况调节是解决水泵实际运行中工作点偏离高效区这一问题的主要方法，通过变动水泵的工作点，扩大工作范围，使之符合高效运行的要求。其中，大型泵站的工况变速调节主要是变频调速和变极调速。变频调速要改变电源频率，需配置专用的控制柜，占地面积大、操作复杂、投资也大，其应用受到诸多条件的限制；相对而言，变极调速只改变电动机内部结构和接线方式，不需要控制柜，操作方便、投资小。就我国机电灌排工程的现状而言，大型泵站中采用操作便捷、投资节省的变极调速方式更为合适。

目前，国内大型电力灌排泵站广泛采用凸极同步电动机。凸极同步电机转子变极的设计方法，解决了大型电力排灌站对双速同步电动机的需要，双速凸极同步电动机目前已经在该领域广泛使用。这种电动机在原有电动机的基础上，通过对其内部结构的改造，变换接入电流的方向实现变极调速。与水泵配套后可以针对泵站运行时间较长的扬程设计两挡转速，在扩大水泵工作范围并满足机组高效运行要求的同时，还可以节省成本。由于同时具有变角、变速调节的条件，配套该类电动机的大型泵站还可以通过变速－变角综合经济运行来实现节能目标。

大型变极双速同步电机的结构特点，转子采用非均匀凸极分布新型结构；转子电路采用最少 3 个集电环即可方便实现变极换接；转子绕组导体在两种极数下励磁磁势谐波含量均较低，且材料的有效利用率与标准电机相当；两种极数下的电机总体性能，与相同极数标准电机相当。目前，已经研发成功且适用于大型电力排灌泵站的双速凸极同步电机变极比有 24:20、36:32、44:36 等。

这种新型双速凸极同步电机通过低速起动来减少对电网的冲击，励磁电流小；转速变化不需停机，操作迅捷、控制简单；两种速度下效率高，可靠性好；且接线方便，不改变电动机的原有结构尺寸，投资节省、通用性强，达到国内领先和国际先进水平。

双速凸极同步电动机在泵站中应用的优势明显，既能节省电耗，又能扩大泵的工作范围，能较好地适应泵站扬程的变化。这种电机的制造成本仅多出传统同类电机成本的30%，且无需设置专用控制柜，操作便捷，投资回报率高，安全性、稳定性好，与水泵配套后机组不会发生危害性汽蚀、振动等现象，建议在水位变幅大或有多功能要求（如灌—排、排灌—发电、灌排—冲污、养殖或改善航运条件等）的大型泵站中推广采用。

5.7 同步调相机

同步调相机是一种专用的无功功率发电机，实质上是空载运行的同步电动机，其主要用途是供给无功功率，改善功率因数，因此其无功功率调控与同步电动机一样，也是通过改变励磁电流的大小。在过励磁运行时，向新系统供给感性无功功率，提高系统电压；在欠励磁运行时，从系统吸取感性无功功率，降低系统电压。当系统处于轻负荷运行时，需要将系统中某些发电机改为同步调相机，以吸收系统中多余的无功功率，以达到系统的无功平衡。

同步调相机的相量如图5-13所示。忽略损耗情况下，定子电流全部为无功分量。在正常励磁情况下，励磁电动势E_0与机端电压U相等，即$E_0=U$，无功功率为0；过励情况下，$E_0>U$，I滞后$E_0$90°，调相机向电网发出感性无功功率，起动电容器补偿的作用；欠励情况下，$E_0<U$，I超前$E_0$90°，调相机向电网发出容性无功功率，起动电抗器补偿的作用。

同步调相机的主要优点是可以连续调节无功功率的数值，但由于其主要部分和辅助系统都是旋转电机，有功功率损耗比较大，需要从网络中消耗其额定容量3%左右的有功功率，最大感性无功出力为额定出力的50%~65%，运行维护比电容器等无功源设备更高，且投资费用高。但其有利于提高系统的稳定性，尤其是对于多直流馈入混联电网。同步调相机的V型曲线如图5-14所示。

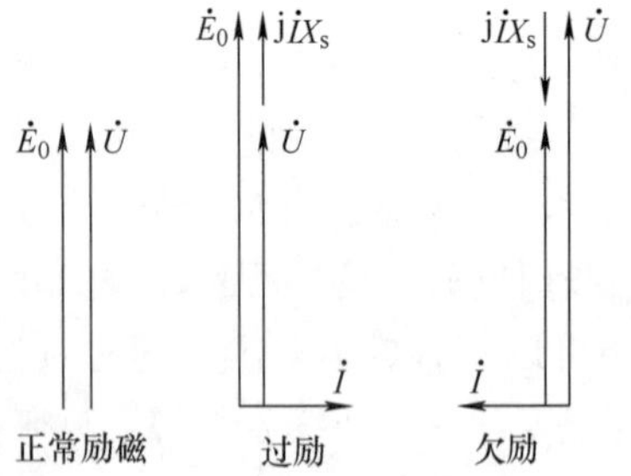

图5-13 同步调相机的相量

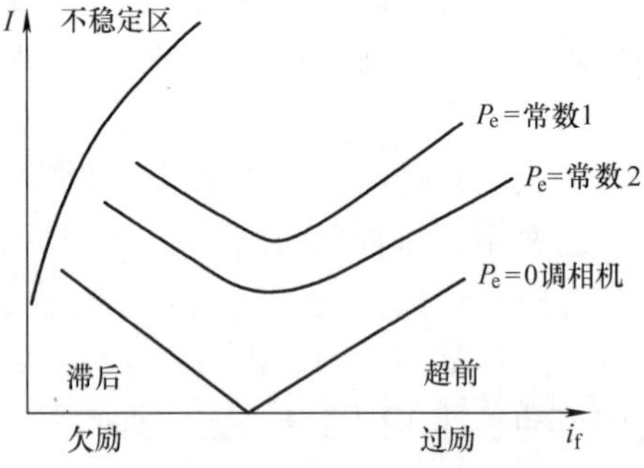

图5-14 同步调相机的V型曲线

同步调相机不能独自完成起动，需要高压静止变频软起动（SFC）来实现起动和并网运行。

第 6 章　异步电动机的功率因数与无功补偿

6.1　异步电动机的功率因数与无功功率的经济当量

工矿企业消耗的无功功率中异步电动机约占 70%。不少电动机负载率很低，经常处在轻载或空载运行，功率因数普遍不高。图 6-1 所示为 Y 系列异步电动机额定功率因数分布。负载率愈低，则功率因数愈低，无功功率相对于有功功率的百分比也就越高，也就更为显著地浪费电能。图 6-2 所示为典型异步电动机功率因数与负载率的关系。图 6-3 所示为典型网络各处无功当量分布。因此对于异步电动机采用就地无功补偿以提高功率因数、节约电能，减少运行费用以及提高电能质量具有重要的意义。

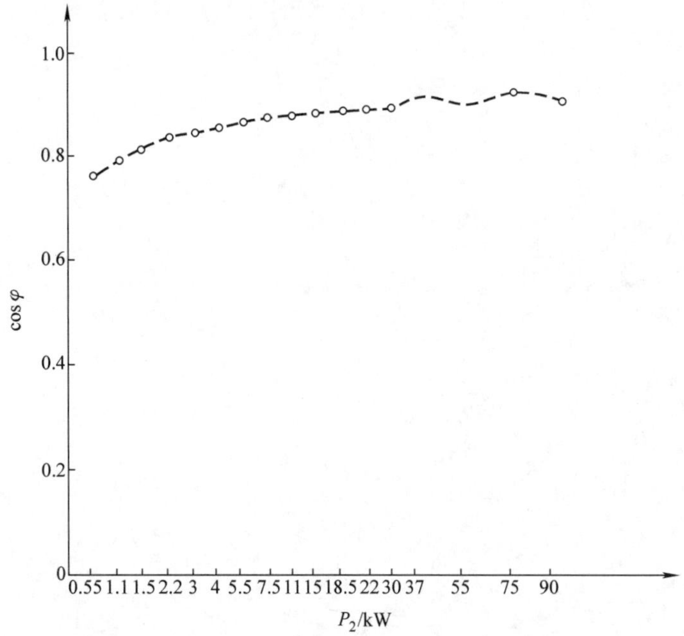

图 6-1　Y 系列异步电动机额定功率因数分布

用户功率因数的高低，直接关系到电网中的功率损耗和电能损耗，关系到供电线路的电压损失和电压波动，而且关系到节约用电和整个供电区域的供电质量。但在实际电力系统中异步电动机作为传统的主要负荷使电网产生感性无功电流，这些无功电流都导致电网中产生大量的无功功率。在无功功率传递过程中会消耗大量的有功功率，由于安装了无功补偿容量，减少了无功功率传输而降低的有功功率损耗值与无功功率减少值的比值，即输送的无功功率减少 1kvar（或增加 1kvar 无功补偿容量）时所减少的有功功率损耗值就是无功功率的经济当量。

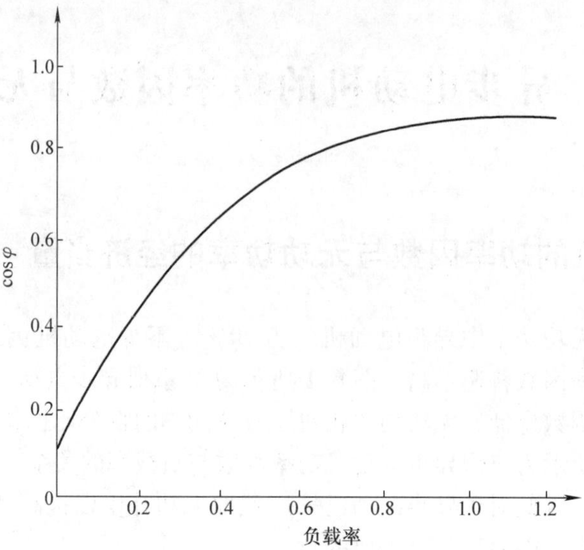

图 6-2　典型异步电动机功率因数与负载率的关系

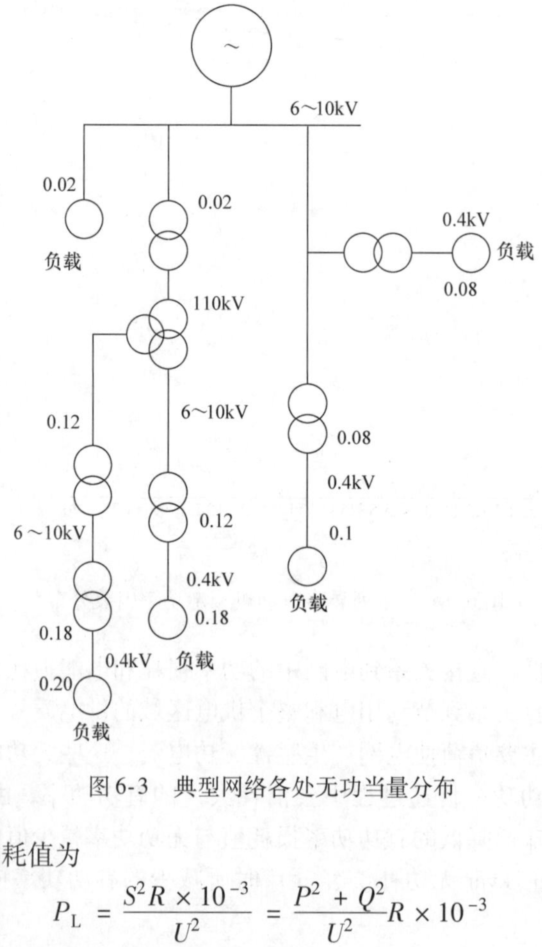

图 6-3　典型网络各处无功当量分布

线路的有功功率损耗值为

$$P_{\mathrm{L}} = \frac{S^2 R \times 10^{-3}}{U^2} = \frac{P^2 + Q^2}{U^2} R \times 10^{-3}$$

$$= \frac{P^2}{U^2}R \times 10^{-3} + \frac{Q^2}{U^2}R \times 10^{-3}$$

$$= P_{LP} + P_{LQ} \tag{6-1}$$

安装无功补偿容量 Q_{bch}后，有功功率损耗值为

$$P'_L = \frac{P^2}{U^2}R \times 10^{-3} + \frac{(Q - Q_{bch})^2}{U^2}R \times 10^{-3} \tag{6-2}$$

减少的有功功率损耗为

$$\Delta P = P_L - P'_L = \frac{Q_{bch}(2Q - Q_{bch})}{U^2}R \times 10^{-3} \tag{6-3}$$

无功补偿的经济当量为

$$C_{bch} = \frac{\Delta P_L}{Q_{bch}} = \frac{(2Q - Q_{bch})}{U^2}R \times 10^{-3}$$

$$= \frac{(2Q^2 - QQ_{bch})}{QU^2}R \times 10^{-3}$$

$$= \frac{P_{LQ}}{Q}\left(2 - \frac{Q_{bch}}{Q}\right) = C_y\left(2 - \frac{Q_{bch}}{Q}\right) \tag{6-4}$$

其中，C_y 为无功功率通过线路时引起的有功功率损耗的单位损耗值；Q_{bch}/Q 为无功功率的相对降低值，称为补偿度。

当补偿度很低，即 $Q_{bch} << Q$ 时，$C_{bch} = 2C_y$

当补偿容量很大，即 $Q_{bch} >> Q$ 时，$C_{bch} = C_y$

说明补偿容量越大，对减小有功损耗的作用越小，并非补偿容量越大越经济。补偿容量的大小需通过技术经济比较来确定。

6.2　电动机无功补偿的分类

目前电力系统所使用的异步电动机、变压器、电磁线圈等用电设备，大都属于感性负载。它们在做功时除需要有功电流外，还要有用来建立交变磁场的磁化电流，这部分电流称之为无功电流。它不像有功电流那样通过对外做功而转换为其他形式的能量，相反建立交变磁场时从电源取得的电能在交变磁场消失时又全部退回给电源。对这种在用电设备和发电机之间往返交换的电能并不是无用的，也不是可有可无的，它是为建立交变磁场不可缺少的电功率。这样发电机就担负着向用电设备输送有功功率的同时还要输送相当数量的无功功率。不但增加了发电机的负担而且还增加了输出无功电流的线路损耗。这部分的损耗约占线路总损耗的65%，因此降低了线路的有功功率输送能力。由于无功功率不能变换为其他形式的能量而白白消耗掉，这样就不一定非要发电机提供，而完全可以在用电设备的附近用其他装置来提供。电力电容器就是一个无功功率源。电动机无功就地补偿，就是在电动机出线盒内或交流接触器的下部并接上补偿装置，这样电动机所需要的大部分无功功率就由无功就地补偿装置供给，从而减轻了发电机的负担，减少了输电线路的损耗，提高了线路的输出能力，达到了节电的目的，同时也提高了线路及设备运行的安全性。

就无功补偿原则方案来讲，电动机的无功补偿属于末端补偿，通常又称为就地补偿。从

安装位置和被补偿电动机参数的角度来讲，其又可分为单机就地补偿和分散（组）就地补偿。单台电动机就地补偿，是将补偿电容器安装在电动机附近，且单一给该台电动机进行无功补偿。分散（组）就地补偿，是将补偿电容器安装在多台电动机组附近，对多台电动机进行无功补偿，如接在车间动力箱出线侧母线上。这里讲的分散（组）是相对于总配电房的集中补偿而言。对不需要频繁操作的电容器可用空气断路器操作，而对于需要经常操作的并联电容器，可用专用交流接触器操作。单机就地补偿主要适合用于年运行时间较长的电动机。在实际工作中，要综合考虑技术和经济等各种因素，不可一概而论，而应和分散（组）补偿及集中补偿的其他方式相配合，以取得最佳的经济效益。

采用电容器补偿电动机无功功率，以中小型电动机为主要对象。考虑到节能（节约）的实际效益，对年利用小时数很小的、经常停用的中小型电动机一般不采用就地补偿方式。另外，为了降低补偿技术的复杂性，对高速电动机，经常反复开停的、点动、堵转电动机（电梯及吊车用电动机）、双向转动或反接制动的电动机以及高压大容量电动机，也都不考虑采用就地补偿。

6.3 提高企业自然功率因数的措施

自然功率因数是指用户在未安装无功功率补偿设备之前的功率因数，它的大小不仅取决于用电负荷的性质，还受到负荷率、变压器是否合理运行、异步电动机是否合理使用等主观因素的影响。

中小型工业企业作为电能用户，如果它的功率因数经常过低，不仅影响到企业内部的经济运行，而且还增加电网的损耗并影响供电质量，因此提高企业的功率因数具有重要的意义。

1. 企业内部所需无功功率的情况及异步电动机的合理使用

在工业企业内部，除白炽灯、电阻电热器等设备负荷的功率因数接近于1，为数不多的同步电动机可发出一部分无功功率外，大多数电气设备都是根据电磁感应原理工作的，所以需要大量的无功功率。如三相交流异步电动机、变压器、电焊机、电抗器、架空线等的功率因数均小于1，特别是在轻载运行的情况下其功率因数就更低了。

工业企业所需用的无功功率中，异步电动机约占70%左右，运行中的异步电动机负荷率一般都在60%以下。而异步电动机的功率因数和效率在70%至满载运行时较高。异步电动机使用量过多且负荷率不高等是影响企业自然功率因数偏低的重要原因。合理使用异步电动机成为改善企业自然功率因数的重要环节。

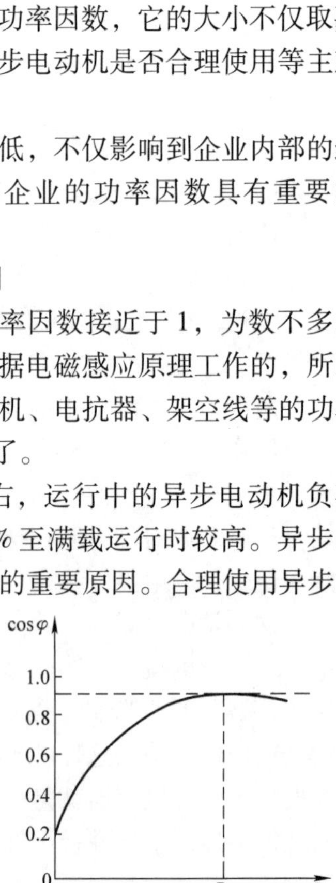

图6-4　功率因数曲线

（1）正确选择异步电动机的型号和容量　选用异步电动机时，应首先选择异步电动机的型式、功率及各种技术参数，使它具备与其所能拖动的生产机械相适应的负载特性，能在各种情况下稳定运行（见图6-4）。当异步电动机空载运行时，定子电流基本上是励磁电流，主要用于无功励磁，功率因数很低，约为0.2左右，当负荷增加时，转子电流的有功分量增加，定子电流的有功分量随之增加，可使功率因数提高，在接近额定负荷时功率因数达到最大，为0.85~0.9。

如果异步电动机经常在低负荷下运行，不仅浪费了设备容量，而且异步电动机的效率和功率因数变得很低，电能损耗增加，经济效益降低。为此应该用小容量的电动机代替负荷不足的大容量电动机：当负荷率高于70%时一般不予更换，当负荷率低于40%时不需技术经济比较就应更换，当负荷率在40%～70%之间时，需技术经济比较再进行更换。因此正确选择异步电动机的型号和容量，使其额定负荷与它所带的负荷相匹配，避免“大马拉小车”的不合理运行方式，对于改善自然功率因数是十分重要的。

（2）改变供电电压　对于中小型异步电动机（$P_e > 3$kW），当负载率小于50%以下时，常采用改变异步电动机定子绕组接线方式来降低其运行电压。即将定子绕组三角形联结改为星形联结，从而减少异步电动机无功功率的需要量，提高异步电动机的功率因数，达到节约电能的目的。

（3）改善电机设备的运行状况　对于异步电动机，要尽量避免异步电动机的空载运行，必要时可安装空载自动断电装置。电焊车间内使用电焊机量很大，因此电焊机的合理使用对于改善功率因数起着很大的作用，其车间内使用的电焊机应有着明确的规定，即人走机停，避免机器的空载运行并随时有人监督检查，发现问题及时处理，奖惩分明，则可以收到明显的经济效益。

（4）异步电动机的同步化运行　对于负载率不大于0.7的绕线转子异步电动机，必要时可使其同步化运行，即当绕线转子异步电动机起动完毕后，向转子三相绕组中送入直流励磁，产生转矩把异步电动机牵入同步运行，其运行状态与同步电动机相似，从而改善了功率因数。

（5）提高异步电动机的检修质量　异步电动机检修质量的好坏对于企业的功率因数影响很大。在修理异步电动机时，应准确按照异步电动机的各项额定数据进行，若检修后每相匝数比原载匝数减小，空气隙加大等，都将使无功功率需要量增加，从而使功率因数变坏。

2. 使用同步电动机无功功率的补偿分析及电力变压器的合理运行

同步电动机在过励磁方式运行时，可向电力系统输送无功功率，提高了功率因数。至于是否采用同步电动机来提高功率因数应视企业内部实际情况而定，应进行技术经济比较。同步电动机结构复杂，并都附有一套起动控制设备，维护工作量大，价格较异步电动机贵。比较而言，不如采用并联电容器补偿无功功率经济。一般情况下对于长期连续工作的容量较大的电动机宜采用同步电动机。比如企业内部常用的空压机、水泵等，因其容量不是很大，比较后只使用并联电容器进行集中补偿。

电力变压器的功率因数不仅与负荷的功率因数有关，而且与负荷率有关。合理使用变压器，尽量减少其无功损耗，对提高自然功率因数也是很重要的。

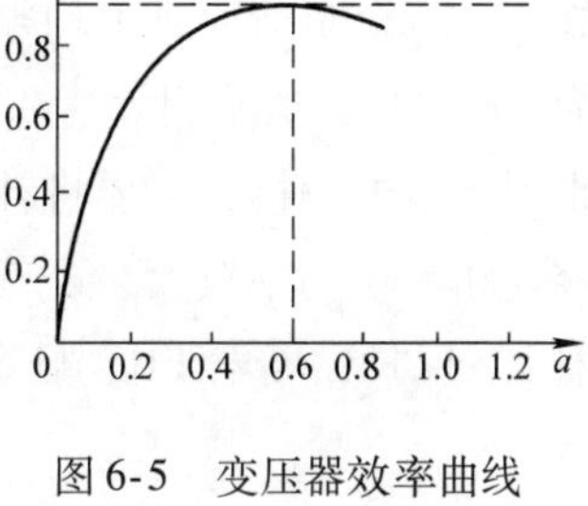

图6-5　变压器效率曲线

由曲线（见图6-5）可看出，变压器空载运行时，它的效率几乎为零。它的无功损耗很大，功率因数很低。基于这种情况，可以将企业内部的负荷合理地分配。比如630kVA的变压器和320kVA的变压器，当负荷量较大的车间休整时，可以及时切除630kVA的电力变压器，可以有效地减少电力网中无功功率的损耗，从而提高企业的自然功率因数。

变压器轻载运行，负荷率小于0.6时，它的功率因数也很低，变压器在负荷率为0.6左右范围内运行时才较经济。为了充分利用设备和提高功率因数，电力变压器不作轻载运行。对于负荷率长期低于30%的电力变压器应更换容量较小的变压器。否则功率因数过低，每个月供电部门的罚款也是一笔不小的数目，对企业的经济效益产生一定的影响。

6.4 三相异步电动机无功就地补偿的原理

1. 概述

异步电动机运行时从电网吸收无功功率，其主要用于建立主磁场，其次则消耗在漏磁上，这是电动机运转必需的。但对应的无功电流又将在电网线路上产生有功损耗和电压降。电动机随负载率的降低，功率因数也要相应降低，在轻载或空载时则会更低，此时电动机无功电流将增加，造成线路上有功损耗和电压降增大，电动机运行状况变坏。据调查，许多企业由于各种原因使得许多异步电动机的负载率都不高，功率因数均较低，电能损耗较大。

中小型三相异步电动机在各行各业中应用较广泛，据统计三相异步电动机的用电量占了全国总发电量的60%以上，因此对异步电动机采用无功功率就地补偿，提高功率因数，对减少供电线路的电能损耗，改善电能质量都具有十分重要的意义。

我国非常重视这项技术的推广应用，并制定了相关的标准。国标GB/T 3485—1998《评价企业合理用电技术导则》中4.6规定："在安全、经济合理的条件下，对异步电动机采取就地补偿无功功率，提高功率因数，降低线损，达到经济运行。"国家标准GB/T 12497—2006《三相异步电动机经济运行》4.3.4要求"应根据电动机容量大小和运行方式实施功率因数就地补偿，补偿后的功率因数不低于0.9"，6.4条电动机的无功功率就地补偿，还给出了补偿容量计算方法，节电功率计算公式和节约电能计算公式。

2. 无功就地补偿原理

无功就地补偿就是在三相异步电动机附近设置并联电力电容器，其原理接线如图6-6所示。电动机所需的无功功率由并联电力电容器来供给，这是一种最有效的补偿方法，能减少供电线路上的无功功率（电流）引起的电流损耗，节电效果显著，电能质量也相应提高。

由于低压侧无功补偿的效果以终端补偿为佳，所以异步电动机的无功补偿同其他感性负载设备一样，采用"就地"（即终端）补偿的方法。早在1982年，日本JEAC—8001—1982就规定：每台负荷原则上均须装设低压进相电容器，随设备同时开停，其补偿度建议当负荷率为100%时，功率因效达0.95。我国也陆续颁发了相应的文件与规定。具体补偿时，对于中小型异步电动机，只要将补偿的电容器组并接于电机即可，对于大型异步电动机，由于补偿容量和无功功率较大，要考虑浪涌电流与谐波电流的抑制。在电路中加装0.1%的限流电抗器L、保护熔断器FU、显示器件HL等，如图6-7所示。

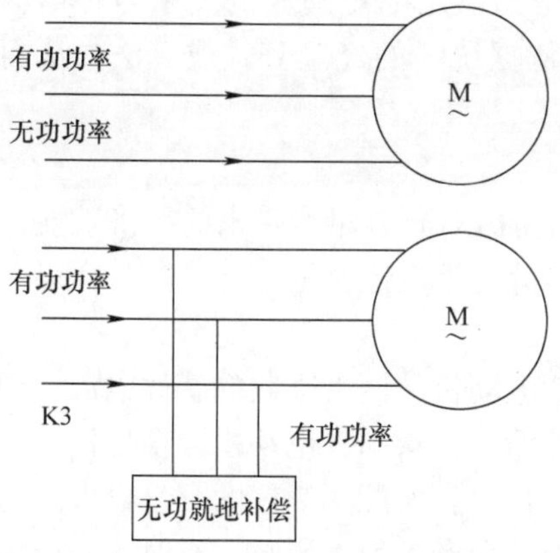

图6-6　异步电动机无功就地补偿示意图

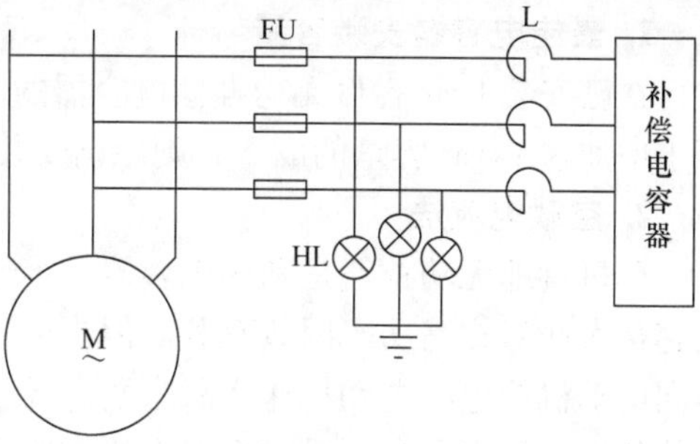

图6-7　补偿电路

无功补偿的原理：异步电动机为感性负载，由其等效电路可简化为电阻R与电感L串联的等效电路，如图6-8a所示。流过电机的电流要滞后其电压U_1一个角度$\varphi_1=\arctan\dfrac{X_L}{R}$，功率因数$\cos\varphi_1$的值不高（Y系列电机的平均功率因数不到0.85，最低只有0.7）。如果给电机并接上电容C，流过电容的电流I_C超前$U_1 90°$，线路的总电流$I'_1=I_1+I_C$，从图6-8b可以清楚地看到$I'_1<I_1$，此时的功率因数角$\varphi'_1<\varphi_1$，即$\cos\varphi'_1>\cos\varphi_1$。从功率关系图6-8c可知，电机补偿电容后的总的无功由补偿前的Q_L减少为$Q'_L=Q_L-Q_C$，即用容性无功Q_C"抵消"电机感性无功Q_L中的大部分，从而使得对电源容量的占有量由S_1减少为S'_1。

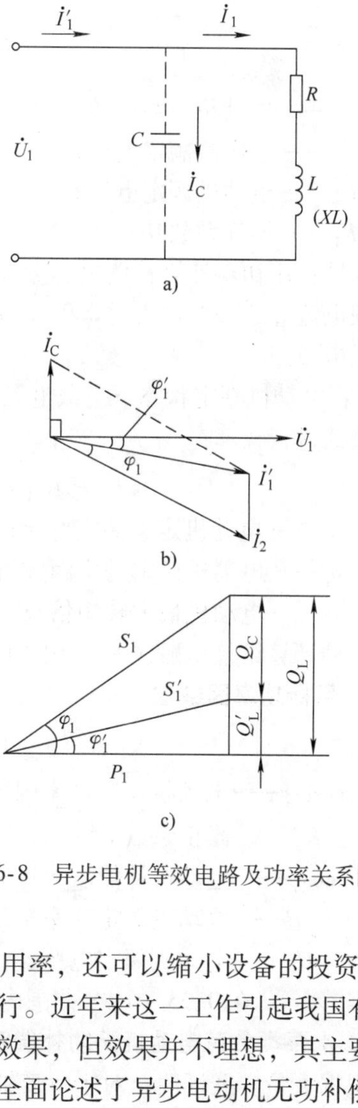

图6-8　异步电机等效电路及功率关系图

由以上分析可知，所谓提高功率因数，减少电能损耗与无功，实为降低线路的电流I_1，这是问题的实质。

6.5　三相异步电动机无功就地补偿容量的计算方法

异步电动机是电网的主要用电负荷，对异步电动机实行无功补偿不仅可以节约电能、提高电能的利用率，还可以缩小设备的投资规模，延长设备的使用寿命，因而在国外早已形成规定并予实行。近年来这一工作引起我国有关部门的高度重视，有些厂矿也正在实施，并收到了一定的效果，但效果并不理想，其主要原因在于未能恰当地确定补偿电容量。本书理论联系实际，全面论述了异步电动机无功补偿的有关问题，尤其是补偿电容量大小的确定，在根据《全国供用电规则》的要求与补偿的经济性综合考虑的前提下，主张因“机”而定，而不是依据统一的经验公式或算法，从而避免了因电机及运行情况的不同所造成的非最佳补偿。

1. 最佳电容器安装容量

在已安装 kvar 容量无功补偿电容器的基础上，增加 1kvar 容量所带来的经济效益，恰好等于增加这 1kvar 容量的成本，则原已安装的 kvar 容量就是最佳容量。

2. 空载电流法

单机就地无功补偿是利用电容器的容性电流补偿电动机从网上吸收的感性电流，因而补偿容量大些对提高功率因数有利。但当电动机与电源断开的瞬间，电动机因惯性作用，电容器向电动机放电，电动机作空载自励磁异步发电机运行，若所配用装置的容量过大，将产生幅值较大的过电压，严重时会对电机和电容器的绝缘寿命产生很大影响，有时也会产生瞬时的扭振，从而损坏电动机的轴或连轴器。

因此就地补偿一般控制在电容电流小于电动机的空载电流。因此，一般补偿容量为

$$Q_C = \sqrt{3}\left(\frac{U_C^2}{U_e^2}\right)U_e I_0 K_1 \tag{6-5}$$

式中 I_0——电动机空载电流；

U_C——电容器额定电压；

U_e——电动机额定电压；

K_1——推荐系数 0.9。

验算：用初步计算补偿电容量 Q_C 计算出电容器额定电流 I_C，该电流一定要小于电动机的空载电流 I_0，一般取 $I_C \leqslant 0.9I_0$，如果 $I_C > 0.9I_0$ 则要修正 Q_C，以防止电动机产生过高的自励磁电压。

I_0：电动机额定状态下空载电流，由于 I_0 值在电动机铭牌和样本上没有直接提供，可按下列公式进行计算：

$$I_0 = I_{1e}\left[\sin\varphi_e - \cos\varphi_e/(b + \sqrt{b^2 - 1})\right] \tag{6-6}$$

式中 I_{1e}——电动机定子额定电流；

φ_e——电动机额定功率因数角；

b——电动机最大转矩倍数。

这种计算结果一般误差在 10% 以内，这在工程中是容许的。

3. 目标功率因数法

$$Q_C = P(\sqrt{1/\cos\varphi_e^2 - 1} - \sqrt{1/\cos\varphi^2 - 1})K_2 \tag{6-7}$$

式中 $\cos\varphi_e$——电动机额定功率因数；

K_2——修正系数 U_C^2/U_e^2；

$\cos\varphi$——电动机补偿后的目标功率因数；

P——电动机额定功率；

U_e——电动机额定电压；

推荐 $\cos\varphi$ 在 0.95~0.98 范围内选取。

4. 水泵类负荷电动机无功补偿容量的确定

根据大量实践证明，对于所带轴负荷能产生大的反向制动力的电动机，如农用水泵类电

动机等，可按下式确定就地补偿容量：

$$\sqrt{3}U_eI_0 < Q_c = \sqrt{3}U_eI_e\sin\varphi_e = \sqrt{3}U_eI_e\sqrt{1-\cos^2\varphi_e} \tag{6-8}$$

按上式确定泵类负荷电动机就地补偿容量，当切断电源后，不会发生过激而产生过电压的原因有如下两个方面：

1）电源切断时，由于电动机所带轴负荷的反向制动力，电动机转速急剧下降。

2）BCMJ 型自愈式金属氧化膜电容器，内装放电电阻，当电源断开后，即能进行放电，在 1s 内端子上的残压降至 50V 以下。

5. 查表法

根据有功功率容量，通过查表得出所需补偿的容量（见表 6-1）。

表 6-1　达到目标功率因数时，每千瓦负荷所需 *K* 系数计算值

补前	0.80	0.85	0.90	0.91	0.92	0.93	0.94	0.95	0.96	0.97	0.98	0.99	1.00
0.56	0.729	0.860	0.995	1.024	1.053	1.084	1.116	1.151	1.188	1.229	1.276	1.337	1.479
0.58	0.655	0.785	0.920	0.949	0.979	1.009	1.042	1.076	1.113	1.154	1.201	1.262	1.405
0.60	0.583	0.714	0.849	0.878	0.907	0.938	0.970	1.005	1.042	1.083	1.130	1.191	1.333
0.62	0.515	0.646	0.781	0.810	0.839	0.870	0.903	0.937	0.974	1.015	1.062	1.123	1.265
0.64	0.451	0.581	0.716	0.745	0.775	0.805	0.838	0.872	0.909	0.950	0.998	1.058	1.201
0.66	0.388	0.519	0.654	0.683	0.712	0.743	0.775	0.810	0.847	0.888	0.935	0.996	1.138
0.68	0.328	0.459	0.594	0.623	0.652	0.683	0.715	0.750	0.787	0.828	0.875	0.936	1.078
0.70	0.270	0.400	0.536	0.565	0.594	0.625	0.657	0.692	0.729	0.770	0.817	0.878	1.020
0.72	0.214	0.344	0.480	0.508	0.538	0.569	0.601	0.635	0.672	0.713	0.761	0.821	0.964
0.74	0.159	0.289	0.425	0.453	0.483	0.514	0.546	0.580	0.617	0.658	0.706	0.766	0.909
0.76	0.105	0.235	0.371	0.400	0.429	0.460	0.492	0.526	0.563	0.605	0.652	0.713	0.855
0.78	0.052	0.183	0.318	0.347	0.376	0.407	0.439	0.474	0.511	0.552	0.599	0.660	0.802
0.80	—	0.130	0.266	0.294	0.324	0.355	0.387	0.421	0.458	0.499	0.547	0.608	0.750
0.82	—	0.078	0.214	0.242	0.272	0.303	0.335	0.369	0.406	0.447	0.495	0.556	0.698
0.84	—	0.026	0.162	0.190	0.220	0.251	0.283	0.317	0.354	0.395	0.443	0.503	0.646
0.86	—	—	0.109	0.138	0.167	0.198	0.230	0.265	0.302	0.343	0.390	0.451	0.593
0.88	—	—	0.055	0.084	0.114	0.145	0.137	0.211	0.248	0.289	0.337	0.397	0.540

异步电动机无功补偿应注意的问题有：

1）补偿要适中，防止产生自励磁。在保证补偿效果的前提下，补偿电容量的选择就低不就高。因为电动机切断电源后，其转速不能立即降为零，电容器对电动机绕组放电，使电动机得到励磁，有可能造成短时过电压。如果电容量大，相应产生的过电压就高，这对于起停较频繁的电动机，其寿命有一定的影响。为防止被补偿电动机产生自励磁的情况发生，就地补偿的电容器容量选用应尽量不过补。

2）防止产生谐振。在无功补偿容量配置上，应该防止 *RLC* 电路发生谐振。一般可以用调整电容器容量的办法避免谐振发生。为进一步避免进行无功补偿时发生并联谐振。在电容器组接入电网时，应校核产生并联谐振条件的临界容量。加装串联电抗器亦可防止谐振产生。

3）防止过电压。电动机采用无功就地补偿后，将会引起电容器安装处的电压升高，当补偿容量过大时，电网电压升高较多，甚至达到不能允许的程度。国家标准规定，并联电容器工频长期过电压值最多不超过1.1倍额定电压。对于大中型异步电机考虑到保证一定的补偿效果，而又会出现较高过电压，这时可采用压敏器件限制过电压。

4）防止维持电压时间过长。对于需自动投切的电动机，或可逆运行的电动机，从正转状态到反转状态的过渡时间内，电容器的端电压必须降到额定峰值（初始值）电压的10%以下，否则由于自励磁的增加，电动机的端电压将升高到不能允许的程度。当采用自动投切时，投、切时间间隔的时限 t 应大于或等于电容放电时间。

5）配用补偿电容器的电动机，一般来说不准许通过电源反相（换接两相线）的反接制动来实现停机与反转；不准许反复快速地点动起停电动机（电动机转速刚停下来又投入运行）。这是因为电源两相换接或快速点动起动时，交流电压的投入往往与电容对电动机的自励电压（尽管有时不是很高）相位不同，在这一瞬间异相重合，将产生很大的冲击转矩，最严重的情况是两电压反相重合，此时相当于近两倍电压下短路合闸，将产生巨大的转矩，其结果必然出现机械故障。

6）补偿电容尽可能不用在Y/△起动的电动机上，尽可能不用在电梯、吊车等起停频繁的设备电动机上，如果必须用时，可用单相电容直接接在三相定子绕组上。

7）对于电动机功率因数已达0.9及以上的异步电动机，一般不再进行“就地”补偿，因为补偿后功率因数提高很少而投资较多。

8）对于小型企业车间，异步电动机（也可包括其他感性负荷设备）实行“就地”分散补偿后即可，但对于大中型企业，建议在分散、就地补偿后还采用集中补偿，即把各地补偿后余下来未补偿的无功集中进行补偿，以便取得整体最佳效益。

6.6 电动机就地补偿的技术经济效益

1. 减少电能损耗及电费的支出

由于无功补偿减少了配电变压器企业内部网线及系统电网供电线路的负荷电流，可大幅度降低网损与变压器的损耗，实现节电。其网损的降低量可按下式进行估算：

$$\Delta P_{\mathrm{L}}=\left(\frac{P_1}{U_{1\mathrm{e}}}\right)^2\times\left(\frac{1}{\cos^2\varphi_1}-\frac{1}{\cos^2\varphi_1'}\right)\times r(\mathrm{W}) \tag{6-9}$$

式中 $U_{1\mathrm{e}}$——电动机相电压额定值（V）；

r——线路电阻（Ω）。

受电变压器的降损量：

$$\Delta P_{\mathrm{r}}=\frac{P_1^2}{S_{\mathrm{T}}}\times\left(\frac{1}{\cos^2\varphi_1}-\frac{1}{\cos^2\varphi_1'}\right)\times\left(\frac{100}{\eta_{\mathrm{e}}}-1\right)\times\frac{K'}{1+K'} \tag{6-10}$$

式中 S_{T}——变压器容量（VA）；

K'——额定负载时铜耗与铁耗之比。

异步电动机采用无功就地补偿后，所需要的无功电流由并联电力电容器供给，从而减少了线路电流，节约了电能，减少了企业的电费支出。例如，某厂对35台总功率为2605kW的异步电动机采用无功补偿器进行无功就地补偿后，一年可节电351 100 kW·h，仅此一项即可节约电费19.3万元，仅用6个月就全部收回用于购置无功就地补偿器的总费用。

2. 提高功率因数及相应减少电费

国家为减少供电线路的损耗，改善电能质量，鼓励用户提高功率因数，我国规定企业的功率因数标准一般为0.90，如超过此值，供电部门将给予奖励，否则给予罚款。异步电动机进行无功就地补偿，可将电动机的功率因数提高至供电部门的要求值以上，而可获得供电部门奖励，因此可减少电费支出。

3. 减轻供电线路、控制开关的负荷，延长其使用寿命

由于采取异步电动机无功就地补偿后，供电线路的负荷电流下降，发热减少，而控制开关的故障率也随之降低了，使用寿命增加，同时日常维修费用也减少了。

从上述分析可以看出，企业采用异步电动机无功就地补偿后，经济效益显著，是值得大力推广的节电技术之一。

对于绕线转子异步电动机可以采用转子进相器补偿，或者进行同步化改造，也可以采用电容器就地补偿方式。

6.7　绕线转子异步电动机的转子进相器

1. 概述

一种是带换向器的旋转式进相器，一种是智能化转子静止进相器，两者工作原理是一样的，但后者是用于取代前者感应式旋转进相器的新型进相装置。它克服了旋转进相器“换向器”结构特别怕尘埃、使用寿命短、维修频繁、费用高、规格少、难以与电动机达到最佳匹配等缺点，是一种用于提高大中型绕线转子异步电动机功率因数的新型无功功率补偿设备。它可使异步电动机的功率因数提高到接近于1，使电动机定子电流减少20%左右。其性能优于传统的电容补偿和旋转式进相器。

电动机定子侧并联电容器补偿，只是在电动机之外的电网上对电动机的无功功率进行补偿，无法改善电动机本身的运行状态。而在电动机转子侧串接进相器进相之后，电动机定子侧的电流可大幅度下降，功率因数显著提高，电动机温升降低，效率和过载能力也相应提高。因此进相器补偿与电动机定子侧并联电容器就地补偿有本质的区别。

静止式进相器是20世纪90年代机电一体化的产物，采用交流变频和微机控制技术开发而成，具有参数调节容易、使用寿命长、维护方便、费用低、没有转动的部件、没有换向器、不会产生火花、不怕灰尘、带有自诊断和自修复等智能化技术、安全可靠等特点。

同时还具有效率高、使用寿命长、维护方便、能适用于恶劣环境等一系列优点。可适配所有高低压三相绕线转子异步电动机，适用于水泥、冶金、轧钢、造纸、制药、化工和矿山等行业，能显著降低电动机和电力线路上损耗，节约电能，改善电网供电质量，降低电动机温升，具有明显经济效益和社会效益。

2. 工作原理

本装置的接线如图6-9所示。

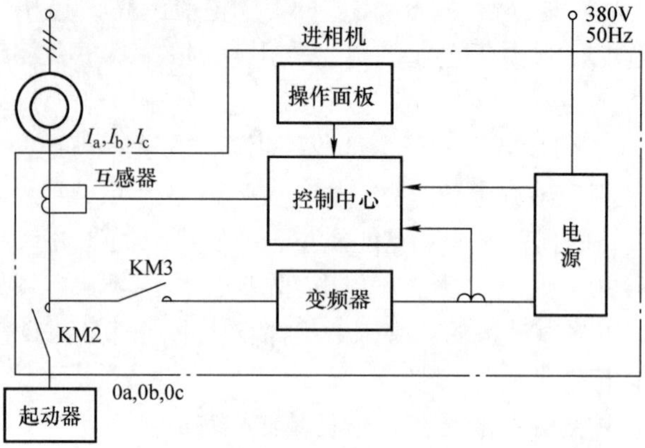

图 6-9　智能化静止进相器系统图

智能化静止进相器通过检测电动机转子回路电流的变化，经过控制器的智能化处理，能自动跟踪电动机转速的变化，控制变频器把 50Hz 的交流市电转变成与异步电动机的转子电流频率相同的电动势 E_f，施加到绕线转子异步电动机的转子绕组上，以改变电动机的转子和定子电流的相位。使异步电动机的功率因数 $\cos\varphi$ 明显提高（见图 6-10），从电网吸取的无功功率大大减少，定子电流大幅度降低。

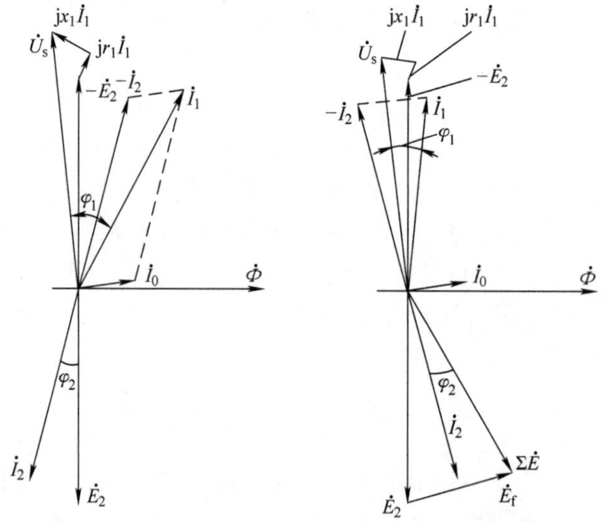

图 6-10　异步电动机电流相量图

3. 补偿特性

智能化静止进相器的补偿特性如图 6-11 所示。

随着补偿电压的逐步升高，定子侧的无功功率逐渐减小，功率因数逐步上升，定子电流逐渐减小。当补偿电压高到一定值后，定子侧的无功功率减小到接近于零，功率因数上升到近似于 1，而电动机的输出功率维持不变。

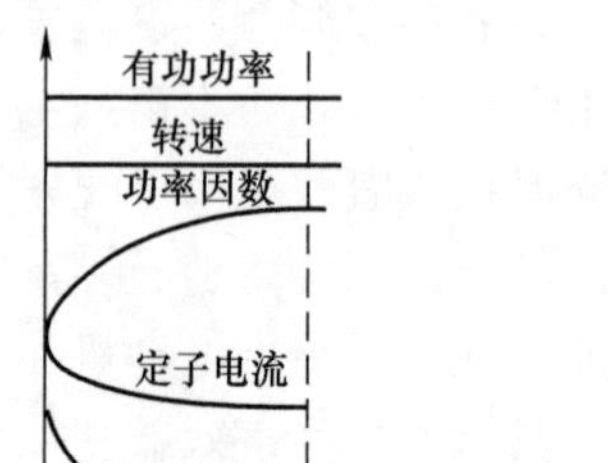

图 6-11　智能化静止进相器补偿特性

4. 技术特点

智能化静止进相机是机电一体化的产物，它采用交流变频和微机控制技术。具有以下特点：

1）结构形式为无触点，参数容易调节，因而不怕灰尘，很容易与电动机达到最佳配合，克服了旋转式进相器的两大缺点；

2）没有转动的部件，没有换向器，不会产生火花，环境要求较低，参数调节方便，易与电动机达到最佳配合；

3）能使电动机功率因数提高到0.95以上，降低定子电流15%~20%，即能有效地减少电动机供电线路的电压损失及电力损耗，节约有功功率；

4）采用交—交变频与微机控制技术真正做到无环流系统，使设备本身的能耗降低到最小；

5）采用智能化技术，能自动进相与自动退相，具有故障自动诊断与自动修复功能；

6）全部采用电子元器件，使用寿命长，安全可靠，维护费用极低；

7）采用的接线方式可以保证安装与调试或者维护过程中不会影响到生产过程的正常运行。

5. 性能特点

1）进相后，可使交流绕线式异步电动机的自然功率因数提高到0.98以上，根据异步电动机实际运行的功率因数，调整进相器的补偿电势与转子相位达到最佳功率因数。一般异步电动机轻载时的功率因数很低，不到0.8，若采用电力电容器进行电容无功功率补偿，异步电动机的自然功率因数没有得到提高，电动机的效率没有得到充分发挥，不能根本解决大马拉小车的运行状态，而静止式进相器能根据电动机负载率自动调整，使该电动机的自然功率因数达到0.98以上。此外，如果异步电动机转子在过励磁的状态下，进相器还能使异步电动机同步化运行，使电动机运行在超前功率因数状态，来补偿电网的感性无功功率，以达到进一步提高电网功率因数的目的。

2）进相后，可减小异步电动机的定子电流达15%，从而减小了电动机定子侧的铜耗与铁损，即降低电动机的有功损耗，并降低了定子温升，延长了电动机的使用寿命，减轻了控制开关的负荷。若采用电力电容器进行电网无功功率的补偿，由于异步电动机的自然功率因数不能提高，电动机定子侧的无功电流不会下降，电动机的输入电功率不会下降，相反，还增加电容器的有功损耗达1%。

3）进相后，可提高异步电动机的过载能力。随着电动机的定子电流的降低可增加电动机的负载，如在球磨机中加研磨体，可提高磨机的台时产量。

4）提高供电设备的带负荷能力。随着异步电动机的自然功率因数的提高，降低了供电变压器的载功负荷，从而可挖掘出变压器的视在功率，增加变压器的有功负荷，充分发挥变压器的供电能力。

5）静止式进相器不但能提高异步电动机的自然功率因数，还能调速。在一些特殊场合，由于电网电压偏低，从而减小了异步电动机的电磁转矩，降低了电动机的转速，使用静止式进相器后，根据用户的特殊要求，进相器既能提高电动机的自然功率因数，又能提高电动机的转速，达到双重效果。

6）静止式进相器由于采用了变频技术，运用了电子功率器件，无旋转部分。因此不怕尘埃，使用寿命长，适用于200~4 500kW的高低压绕线转子异步电动机。

6. 应用及效果

1）某水泥厂一期日产2 500t熟料水泥生产线工程的水泥磨主电机无功就地补偿装置就采用SPM5—1200智能化静止进相机。电动机的铭牌参数为：额定功率2 800kW、额定电压为10kV、额定转速为993r/min。安装调试结束后，水泥磨在带负荷运行节能效果明显：进相前，主电机的定子三相电流为：$I_a=179A$，$I_b=180A$、$I_c=177A$。功率因数$\cos\varphi$为0.88。进相后，主电机的三相定子电流为：$I_a=158A$，$I_b=160A$，$I_c=154A$，功率因数$\cos\varphi$为0.99。从测试数据可以得知：智能化静止进相机投入后，主电机的定子电流平均降低21.34A，功率因数$\cos\varphi$提高0.11。据估算，水泥磨主电机采用智能化静止进相机后，平均每天节电635kW·h。每吨水泥节电2.04kW·h。而且，通过这2个月的运行，该装置故障率低，运行稳定，无特殊环境要求，给企业带来了显著的社会效益和经济效益。

2）某水泥厂，生料磨一台JRQ—158—8，380kW异步电动机有功功率表与有功电能表安装在远离磨机200m处的配电房，选用$3\times35mm^2$铝芯电缆线。使用静止式进相器改造投资37 000元。

① 投入进相机前，$U_1=6\ 140V$，$I_1=40.5A$，$\cos\varphi=0.87$，$P_1=370kW$

② 投入进相机后，$U_1=6\ 170V$，$I_1=34A$，$\cos\varphi=0.98$，$P'_1=350kW$

使用了静止式进相器后，电网输入电功率下降$(P_1-P'_1)=20kW$

理论计算分析：

① 不投入进相器：$P_1=\sqrt{3}U_1I_1\cos\varphi_1=\sqrt{3}\times6140\times40.5\times0.87kW=374.7kW$

② 投入进相器后：$P'_1=\sqrt{3}U'_1I'_1\cos\varphi'_1=\sqrt{3}\times6170\times34\times0.98kW=356.1kW$

由此可见，使用进相机后，可节省有功功率$P_1-P'_1=18.6kW$

以全年300天，三班制计算磨机和年运行6 000h，则可节电：0.7元/kW·h×18.6kW·h/h×6 000h=78 120元

投资回收期37 000÷78 120×12=5.68个月。

第 7 章　电动机节能控制技术

7.1　异步电动机的轻载调压节能

1. 调压节能原理及条件

大部分异步电动机运行点并不在额定工况，有些负载是变动的，运行点常偏离额定点，有些由于选择电动机容量偏大，长期运行于轻负荷工况。当负载小于额定值1/3 时，即俗称“大马拉小车”，这时电动机的效率和功率因数都很低，而一般系列异步电动机都是根据满载或3/4 负载的效率值作为设计的依据，并没有顾及轻载点，因而轻载节能问题近年来为广大电机技术工作者所重视。自1979 年美国工程师诺拉发明了功率因数控制节电器以来，国内外许多文献讨论了调压节能问题，并研制出一批节电器，国内研制成的有可调及不可调串接电感节电器、星三角转换开关等。有些已在生产部门推广，取得了一定的节能效果。清华大学研制的轻载节能电动机，在满载性能不变的情况下。通过优化设计，提高了轻载时效率和功率因数，其基本设计思想与调压节能有关，这种电机系列化生产以后，将对机床等负载的节电，提供了条件。

调压节能的基本原理是利用电动机轻载时效率很低这一点，降低输入电动机端的电压运行，来提高电动机效率。电压降低后，气隙主磁通大体上成正比下降，电动机定子电流中的励磁分量 I_σ 也随着下降，由于饱和程度的下降，使 J 的值随 E_1 下降的幂次大于1，但 Φ 下降，电动机负载转矩不变时，则转子电流 I'_2将上升，$I'_1 \propto \dfrac{1}{\Phi} \propto \dfrac{I}{E_1}$。这些变化对电动机损耗影响如下：转子铝耗 $P_{\mathrm{A1}} \propto I'_2 \propto \dfrac{I}{E}$，定子铁耗 $P_{\mathrm{PC}} \propto \Phi^2 \propto E_1^2$，电压下降合适时电流 I_1可以减小铜耗也相应减少。当下降不合适也会使定子电流增大，机械损耗则一般变化不大，杂耗随定转子电流大小而变。因而总损耗 $\sum P$ 是否能减少，取决于铁耗、定子铜耗与转子铝耗三者的关系，很重要的取决于定子电流是否减少。从这个定性分析可以得到调压节能的条件：

1）电动机的励磁电流 I_0较大，功率因数较低；

2）铁耗较大；

3）轻载运行。

根据这三个条件可见，中小型电动机中多数电动机比较符合前两条，而大型电动机一般不符合，对于分马力单相电动机轻载调压节能效果更显著。

图 7-1 为电压降低对电动机性能的影响。表 7-1 为小型电动机空载电流情况。

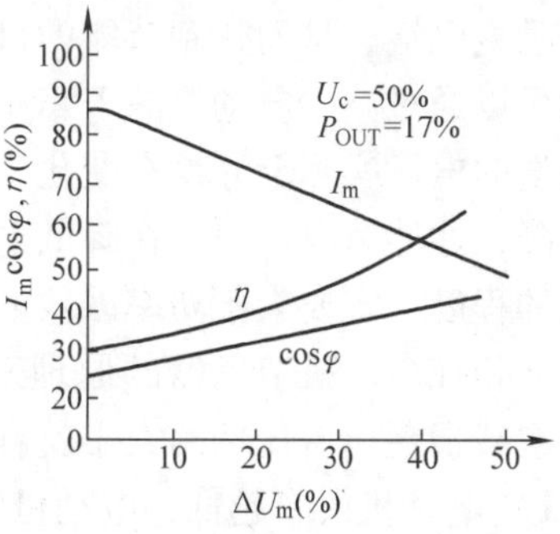

图 7-1　电压降低对电动机性能的影响

表 7-1 小型电动机空载电流情况

功率/kW	极数				
	2	4	6	8	10
	I_0/I_N				
0.6		0.584			
0.8	0.46	0.555	0.694		
1.1	0.427	0.536	0.664		
1.5	0.375	0.466	0.594		
2.2	0.374	0.499	0.602	0.701	
3	0.377	0.427	0.485	0.593	
4	0.343	0.420	0.448	0.499	
5.5	0.326	0.385	0.411	0.468	
7.5	0.320	0.301	0.408	0.537	
10	0.318	0.299	0.488	0.491	
13	0.267	0.339	0.443	0.451	
17	0.227	0.369	0.294	0.468	0.505
22	0.189	0.231	0.296	0.407	0.548
30	0.169	0.21	0.263	0.376	0.284
40	0.195	0.205	0.325	0.197	0.269
55	0.098	0.11	0.155	0.18	
75	0.097	0.107	0.164		
100	0.099	0.101			

2. 相控电动机节电器

相控电动机节电器，实际上就是根据电动机负载率通过相控晶闸管来实现减压运行节能的装置。

由于电动机在轻载或空载运行时，电动机电流主要是励磁电流，这时功率因数比额定负载时低。相控电动机节电器就是通过测量负载的功率因数，在电动机轻载时通过降低电压，减少励磁电流，从而达到节能的目的。根据三相电动机功率公式 $P=\sqrt{3}UI\cos\varphi$，要降低功率消耗可以通过减少电动机的 U 和 $\cos\varphi$ 来实现。实际上由于电能表安装在节电器的前端，因此测量的电压实际上并没有变化，因此要减少功率消耗，电动机电流和功率因数的乘积一定要下降，才能节电。由于在降低电压，减少励磁电流的同时，功率因数会上升，因此，电流降低的程度一定要大于功率因数上升的幅度，才能实现节能。

从相控电动机节电器的原理来说，节电主要是降低电动机在低负载时的空载损耗，因此，空载损耗所占比例的大小就直接影响节电率的高低。因此：

1）电动机效率越低，电动机的损耗就越大，则电动机的节电空间越大。电动机铭牌上的额定功率 P_e 为轴功率，效率 η 为额定输出功率时的电动机效率，而额定工况小，电动机从电网吸收的功率 P 等于电动机的轴功率与总损耗之和：

$$P_e = P_{总} \times \eta \tag{7-1}$$

$$P_{总} = P_e + \sum P_{损} \tag{7-2}$$

电动机的总损耗与额定功率和效率的关系

$$\sum P_{损} = P_{总} - P_e = (1/\eta - 1)P_e \tag{7-3}$$

2）电动机功率与效率的关系。以 Y 系列电动机为例，电动机越小，效率越低，电动机越大，效率越高。同样功率的电动机转速越低，效率越低，转速越高，效率越高。图 7-2 显示的是 Y 系列电动机功率与效率的关系曲线（电动机效率是将同功率不同极数的效率平均得到）。

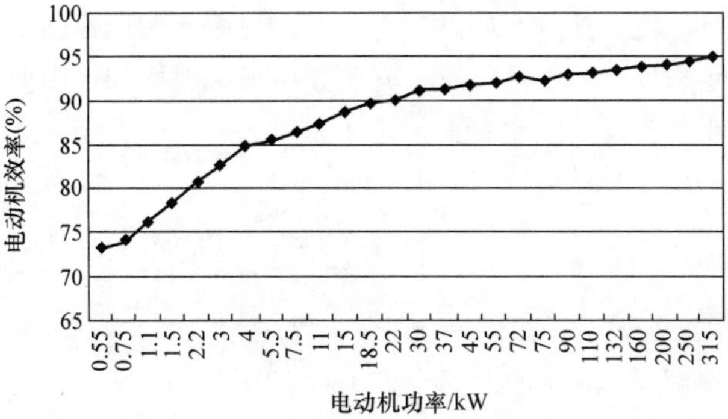

图 7-2　Y 系列电动机功率与效率的关系

3）电动机节电量与效率之间的关系。电动机功率越小，效率越低，损耗越大。电动机运行时的损耗，主要由以下几方面的损耗组成：铁损、铜损、机械损耗、杂散损耗（包括风损）等。由于采取轻载调压节电主要是减少电动机在轻载时的功率损耗，从而提高电动机效率。由此可见，效率越低，空载损耗越大的电动机，采取调压节电的空间就越大。

4）效率与负载率之间的关系。异步电动机的运行特性用曲线表示，如图 7-3 所示。电动机运行特性定义 $\beta = P_2/P_e$，即电动机负载与额定功率的比值，横坐标为 β。从图 7-3 中可以看出：①转速只是随负荷增加略有下降。②电流和转矩随负荷增加以指数曲线上升。③效率和功率因数随负荷变化呈抛物曲线变化，有一个最大值点。

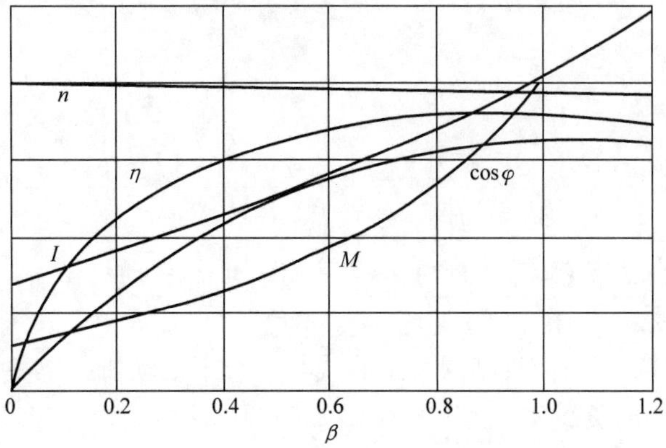

图　7-3

由图 7-3 的效率曲线可以看出，当 $\beta<0.5$ 时效率随负载的降低急剧下降。这是因为空载损耗在总损耗中所占比例较大造成的。空载损耗的主要成分是铁损和机械损耗，二者几乎不随 β 变化，称为不变损耗。因为铜损和杂散损耗随电流的增加按二次方关系增加，故称为可变损耗。增加电动机输出功率，即 β 上升，效率最初明显呈上升趋势。当 β 达到一定值后，效率达到最大值，若进一步增加输出功率，效率反而从最大值开始下降，这是因为此时可变损耗的增加速度超过了输出功率的增加速度。从理论上讲，可变损耗与不变损耗相等时效率达到最大值。

5）节电率与负载率之间的关系。一般来说，负载率越低，空载损耗所占的比例就越大，调压节电率就越高。但要达到最好的节电率，还取决于调压幅度。虽然减压可以降低铁耗，而当电压降到一定程度之后，若继续下降，则电流又要增加，因而又增加了铜耗，因此要取得最好的节能效果，必须有一个合理的调压系数。

不同负载率 β 下的调压系数由式（7-4）可以确定：

$$K_{\mathrm{um}} = 4\sqrt{\frac{\beta^2(\sum P_{损} - P_0)}{K\sum P_{损}}} \tag{7-4}$$

式中 $\sum P_{损}$——电动机额定负载时的有功损耗（kW）；

P_0——电动机的空载损耗（kW）；

K——计算系数，$K=(P_0-P_{\mathrm{m}})/\sum P_{损}$；

P_{m}——电动机的机械损耗（kW）；

β——电动机的负载系数；

P_2——电动机的输出功率（kW）；

P_{N}——电动机的额定功率（kW）。

轻载电动机在采用减压节电措施后，节约电能的计算公式为

$$\Delta P = \beta^2\times(1-1/K_{\mathrm{U}}^2)\times(\sum P_{损}-P_0)+K\times(1-K_{\mathrm{U}}^2)\times\sum P_{损} \tag{7-5}$$

电动机输入的总功率：

$$P = \beta P_{\mathrm{e}}+\beta^2\times(\sum P_{损}-P_0)+P_0 \tag{7-6}$$

节电率为

$$\begin{aligned} r &= \Delta P/P \\ &= \frac{[\beta^2\times(1-1/K_{\mathrm{U}}^2)\times(\sum P_{损}-P_0)+K\times(1-K_{\mathrm{U}}^2)\times\sum P_{损}]}{\beta P_{\mathrm{N}}+\beta^2\times(\sum P_{损}-P_0)+P_0} \\ &= \frac{\beta^2(1-1/K_{\mathrm{U}}^2)(1/\eta-1)+K(1-K_{\mathrm{U}}^2)(1/\eta-1)}{\beta+\beta^2(1/\eta-1-k_{\mathrm{o}})+k_{\mathrm{o}}} \end{aligned} \tag{7-7}$$

图 7-4 为以 Y160L—4 为例绘制的一组曲线，反应了电动机节电率与负载率和调压系数之间的关系。对应不同的负载率，都有一个最好的调压系数，而且如果减压太多，非但不能节能，而且还会使能耗增加，图 7-4 中节电率为负就是很好的说明。

在实际应用中，由于电压降低，电动机负载不变，转差率增大，电动机输出功率也会有所减少，因此在实际测量过程中，节约的有功会比理论计算的要偏大。由于电动机的转矩与

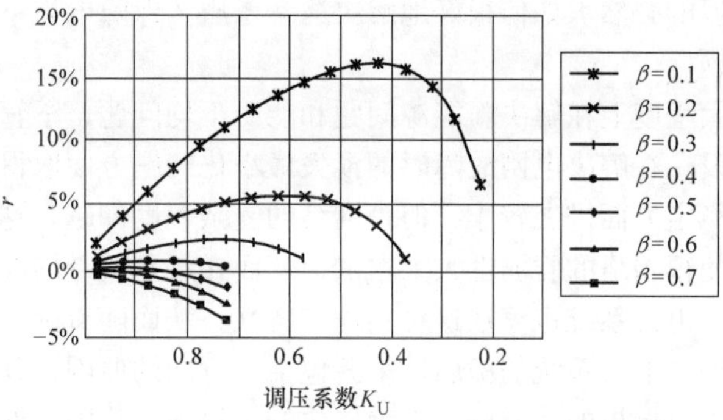

图 7-4　节电率与负载率和调压系数之间的关系

电压二次方成正比，若电动机的转矩不变，则转差率近似地与电压的二次方成正比。在采取降压节电时，只要转差率不超过电动机的临界转差率，将不会对电动机运行产生影响。

从以上分析可以看出，电动机轻载时采取减压节电是可行的，而节电率的高低取决于电动机的效率、负载率以及负载特性，因此在对电动机进行减压节电改造时，认真分析电动机的运行特性有利于估算节电率，并将有利于成本的控制和回收。

3. 星—三角转换节能技术

电动机绕组联结适当改变，即相当于输入电压变化，由△联结改为Y联结，相当于定子绕组相电压减到$1/\sqrt{3}$多支路绕组的并改串接，例如从两个并联支路改成一个串联支路，相当于每个支路电压减一半，最常用的是△—Y联结转换，这个方案的优点是转换器简单，不消耗功率，对电流波形无影响，但这一方案的电压变动值是一定的，不能适应各种负载的需要。这一方案主要缺点为转换时，电动机处于过渡过程状态，这时由瞬变电势及剩磁产生的电势往往与电源电压有相位差，严重时，产生电压相加，使电机处于高于额定电压，引起冲击电流，这个电流可大于正常起动电流。有时可达 20 倍额定电流。使转换器中触头烧坏，如加装限流装置，则影响成本并产生损耗，因此一般不宜用于频繁变动负载。

7.2　大型电动机的起动与电力系统稳定

7.2.1　现代电力系统的特征

简单地说，电力系统由发电、输变电和用电三部分组成。发电是电力生产单位，如分布在全国各地的火电厂、水电站、核电站、风力发电站和太阳能电站等；所有的电力消费者都是电力的用户，如行政机关、工矿企业、事业单位、家庭等等；输变电是一个庞大而又复杂的网络，将发电和用电联在一起。

电力供求市场化有力地促进了电力供应向高度网络化方向的发展进程。这一发展方便了千家万户的同时，也带来了两个方面的问题值得认真思考并慎重对待。首先是电力系统的安全涉及到区域经济安全乃至于国家安全，网络化的深入发展更加重了这一命题的重要性与紧迫性；第二是我国电力管理从保障供给机制转换到利益驱动机制之后，电力系统网络化的发展程度越来越高的同时也变得越来越脆弱。这实际上是相互矛盾的两个问题，但又的的确确是电力系统网络化发展的必然。如何很好地解决这一矛盾，保障电力系统安全运行是关系到国计民生的战略性问题。

智能电网建设很大程度上在解决新能源问题和能源不均问题，不管是坚强智能电网建设还是微型智能电网建设，在解决电网故障时的损失最小化问题方面取得了更多的进展，而在抗击冲击性负荷保持稳定方面进展较小，但是网络的复杂程度却越来越高。研究表明，复杂网络的不均匀特性，使得网络的脆弱性大大增加，从而在某些关键局部发生故障时，容易引起大范围的连锁反应。电力系统也存在这种不均匀特性，从而随着网络互联规模的扩大，电网的脆弱性也大大增加。电力系统的脆弱性来源包括多方面的原因，其中有些是外部的，有些是内部的，有些是不可抗拒的，有些是人为造成的。目前，我国正处于智能电网建设的高峰期，新老电网结构交错分布，认真研究电力系统特征的变化，对工程建设、中长期规划都有重要意义。

当然，电动机作为电力供应系统最为重要的负荷也是重要的组成部分，它的特征也在随着工业生产规模化的进程发生重大变化，单机容量一天天地变大，因而电动机的起动、堵转及其他故障状态对电网造成的冲击越来越不能忽视。回想 20 年前 2 000kW 的电动机就算大型电动机，而如今万千瓦级的电动机才叫大电机，20 年前人们对电动机软起动还是那样的陌生，而如今的软起动已经发展成为一个产业。这一比较一方面说明了宏观系统中的电动机特征发生了巨大的变化，另一方面也说明了电力系统在一天天变得脆弱。本书主要以大型电动机负荷为研究对象，研究其在宏观电力系统中的特征变化及形成的电网脆弱性因素，并根据具体情况提出合理的解决方案。

7.2.2 宏观系统中的电动机

1）大型电动机控制技术地发展对电动机向大容量方向发展起到了推波助澜地作用。比如高压热变电阻减压软起动装置等各种减压软起动技术地产生和应用，高压变频软起动软停车技术的产生与发展，大型电动机的交—交变频传动技术的产生与发展等等，都有力地促使工矿企业采用大型电动机代替汽轮机等作为重型工业装备的原动机。相对于汽轮机拖动系统而言，电力拖动系统是一套能源供应方便、控制系统简单成熟、环保指数高的传动方案。

随着工业产业规模化步伐的加快，工业装备单机生产能力日益提高，而作为工业装备的原动力的单机容量也日益扩大。在国外，主要以 ABB、西门子、西屋及 ALSTOM 为代表。目前 ABB 和西门子电动机在国内已有较多的使用，在国内使用的最大功率 60MW。美国西屋公司在中国电力行业应用较多，宣称功率有 100 000Hp 等等。国内的电机制造厂也不甘落后，先后有 40 000kW 的同步电动机（兰电）和上电 33 500kW 的异步电动机问世并成功使用。沈阳电机厂及南阳防爆电机厂等电机制造企业也相继拥有大型电动机设计、制造能力。工业生产规模化，强有力地带动着电动机制造业向大容量方向高速发展。

尽管大型电动机向大容量方向发展地同时也伴随着各种性能参数的优化，比如起动电流倍数从 7 倍降到 4 倍左右，作为最简单也是被最广泛使用的异步式交流电动机，在起动瞬间的低功率因数问题和低堵转力矩问题却无法得到很好的解决。一般情况下，堵转时的功率因数可能低到 0.1 以下。可以想象 4 倍于额定电流的纯感性无功电流突然接入一个容量有限的电网，结果会是什么样的。但是这种特性又是异步电动机的结构决定的，在这方面目前还没有取得重大突破。

2）异步电动机的直接起动与堵转。众所周知，在额定电压下直接起动三相交流异步电动机，由于最初起动瞬间，主磁通 Φ 减少到额定值的一半以下，功率因数也低到0.1左右，造成的结果是电动机起动电流相当大，而起动转矩又相当低。一般情况下，对于大型或超大型电动机而言，起动电流在4～5.5倍额定电流，而起动转矩在0.3～0.8倍额定转矩之间，对于要拖动的机械而言，这个转矩确实相当的小。

非常大的起动电流和起动过程中非常低的功率因数是电动机起动时对电网造成严重影响的根源。非正常情况下电动机的堵转与电动机起动瞬间情况完全相同，而且有过之而无不及。大型电动机的起动可能把电网电压拉低很多，以至于影响相邻的电动机的正常运行，使其停转或堵转，进一步加重这种不良影响，严重时，可能会把电网拉垮。因此，大型电动机一般是不允许直接起动的，总是要采取一些措施以减少或全部消除起动对电网的冲击。

3）同步电动机的失步。同步电动在运行中，若励磁电压降低或供电电压降低，使得同步电动机的过负荷能力（即输出转矩）最大值小于机械负荷力矩时，同步电动机就会失步。由于此时同步电动机励磁电压并未消失，所以实际上是同步电动机的感应电动势 E_q 与电源电动势 E_s 发生振荡，即两个电动势的夹角在0～360°之间周期性变化。图7-5为同步电动机失步时的等效电路和相量关系。

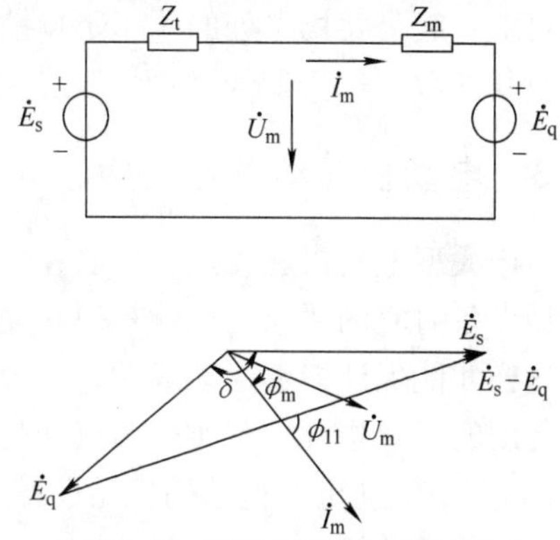

图7-5　同步电动机失步时的等效电路和相量关系

同步电动机失步后，转速下降，在起动绕组和励磁绕组中产生感应交变电流，并产生异步转矩，进入异步运行状态。又因为励磁电压并没有退出，在异步运行期间，产生交变转矩，转子转速和定子电流发生振荡，严重时可能引起电气共振甚至电网崩溃。

4）同步电动机群。在化工、石油等工业领域，尤其是氮化工企业，非常多见同步电动机群运转。同步电动机群运转有很多优点：①工厂用电功率因数很高，甚至可以超前；②可以根据电网的波动情况很方便地调整局域的电网电压，使企业用电效率达到最高。另一方面，同步电动机群运转存在较大的起动和运转风险，尤其是在电网处于用电高峰时期，电网比较脆弱，同步电动机的高起动电流和很低的功率因数可能造成网电压进一步降低，进而过负荷能力较差的同步电动机进入失步状态，进一步加聚电网的恶化程度，其他电动机相继失步，造成局部电网电压崩溃。这一现象在中型或大型化工企业尤其是电力供应系统容量配置余量较小的氮化工企业，时有发生。发生上述事故，还有一个重要原因就是，现有的同步电动机励磁电源都只是参与本电动机的运行管理，而不参与电网电压调节和无功管理，电动机与电动机之间没有协同联动功能，这一块有很多工作可以开展，是工程技术人员需要关注的一个方向。

5）大型电动机的起动对电网影响程度的评估。电动机单机容量越来越大，而电动机起动时的冲击电流对电网来说也是很大的安全风险。很多文献针对电动机的起动对电网产生的影响问题进行过详细的阐述，《冶金企业电气设备手册》针对这一问题也有明确的论述。

如图7-6是一典型的用户配用电网络图：该网络由供电变压器、固定负荷和电动机三个基本要素组成。我们要研究的课题就是如何成功起动该电动机又有效地避免对固定负荷的正常运行造成影响。

图7-6中的 X_s 为系统短路阻抗，反映了系统供电能力的大小；固定负荷的阻抗可以通过有关运行参数计算出来；电动机的起动阻抗应该由电动机堵转时的参数计算出来；Z_o 是上述两个阻抗的并联阻抗模值；Z 则是系统的总阻抗。U_s 是系统供电电压，一般取1.05，则电动机为

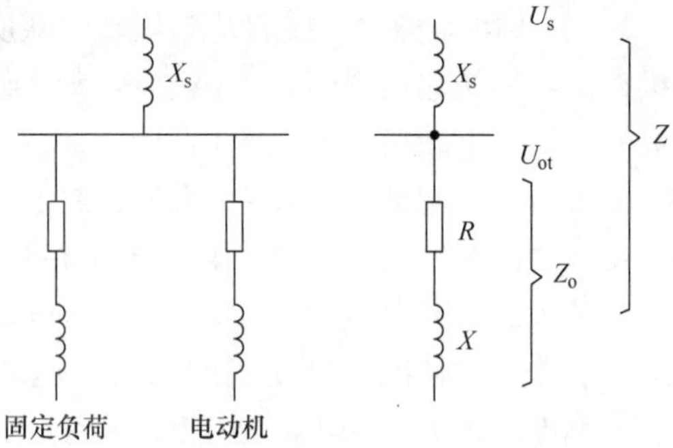

图　7-6

$$U_o t = U_s Z_o / Z$$

我们可以根据具体情况计算出电动机起动时现场母线电压降情况，还可以计算出电动机起动对上一级公共接点处的电压影响情况，通过比较选择最合理的起动方式，配置合理的变压器及其参数，选择最低风险的系统配置方案。

7.2.3　电动机起动过程

对于大型电动机起动过程的研究主要从两个方面着手，一个是电动机的机械特性能够满足机械设备对它的要求，也就是说起动过程中电动机的输出转矩必须大于机械设备的起动转矩，这样才能保证能够起动成功；另一个方面是电动机起动所产生的冲击电流对电网电压的影响程度的量化指标。其实这两点才是大型电动机起动过程的研究的核心内容。

1）大型电动机所拖动的机械设备阻力矩特性。近十年来，工业产业规模化步伐越来越快，工业装备单机生产能力日益提高，为之配套的风机、压缩机等通用机械的单机容量也越来越大。这些设备是主机，大型电动机只是主机的辅机，拖动机械。因此讲大型电动机的起动问题，从机械角度来说，最终就是主机的起动问题。只是要解决这些问题，得先从电动机着手。

2）大型离心式风机的机械特性。在钢铁企业，有很多大型离心式风机应用，如高炉鼓风机、烧结主抽风机等等。离心式风机的主要特点是：

从结构上讲，一般在风机的进风口配有挡风门，用于在运行时调节风量，在起动时关闭以降低起动阻力。进风口挡风门的结构多种多样，有蝶型，也有百叶窗型。为了避免风机起动过程的喘振，实际工程中的风门是不完全关闭的，一般开10%～20%。在风机关闭风门时的全速阻力矩约为风门全开是额定阻力矩的20%～30%。

风机的轴功率与转速的三次方成正比关系，风机的轴转矩与转速的二次方成正比关系。根据这一点，可以对风机起动过程进行阻力矩进行粗略估算，实际经验表明总的趋势上是相符的。

风机的静阻力矩也是研究起动问题需要考虑的一个重要参数，电动机起动第一个要克服的就是静阻力矩。但风机的静阻力矩是一个离散的数据，一般只需要知道它的最大值也就行了，在设计电动机的起动力矩时，还要适当放一些余量。

风机的起动阻力矩曲线及最大起动阻力矩，一般风机制造厂都会提供该曲线，作为选择电动机以及起动方式的依据。如图7-7是典型的风机起动阻力矩曲线。

风机的机组转动惯量决定起动时间的长短，转动惯量越大，起动时间越长。机组转动惯量是一个重要数据，它会涉及到电动机起动方式的选择，以及采用减压起动方式时的电动机

端电压的选择。因为会影响到电动机转子的温升。

3）大型机械起动时的特殊条件。大型机械起动时是有许多特殊的技术要求及技术条件的。考虑到电动机起动时的技术难度，尤其是异步式电动机的起动力矩较低等技术特点，风机类机械在起动时一般会将进口挡风门只打开10%～20%；往复式压缩机起动时会将放风阀门打开。

为了减少机械的喘振，起动过程的加速转矩应该足够大。

4）大型电动机的起动特性。电动机的自然机械特性的参数表达式：

起动过程转矩函数表达式：

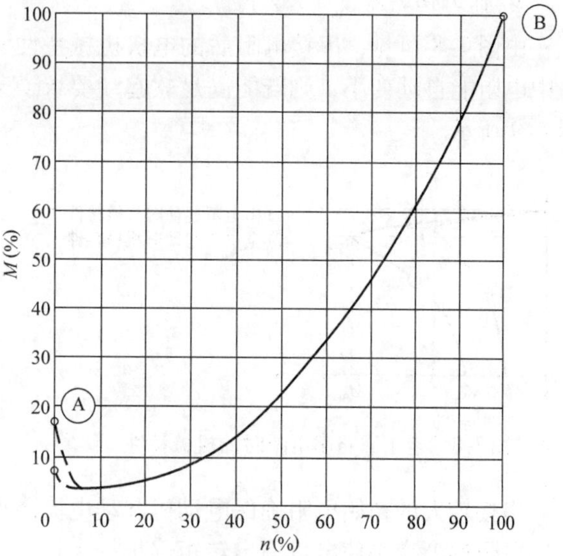

图7-7　典型的风机起动阻力矩曲线

$$T = \frac{3pU_1^2 \dfrac{R_2'}{S}}{2\pi f_1\left[\left(R_1 + \dfrac{R_2'}{s}\right)^2 + (X_1 + X_2')^2\right]} \tag{7-8}$$

起动过程电流函数表达式：

$$I_2' = \frac{U_1}{\sqrt{\left(R_1 + \dfrac{R_2'}{s}\right)^2 + (X_1 + X_2')^2}} \tag{7-9}$$

堵转转矩（$s=1$ 时）表达式：

$$T_0 = \frac{3pU_1^2 R_2'}{2\pi f_1[(R_1 + R_2')^2 + (X_1 + X_2')^2]} \tag{7-10}$$

在电动机定子回路串接三相对称电阻时，等效于定子边电阻较大，根据式（7-8）、式（7-9）、式（7-10），将其中的 R_1 变为（$R_q + R_1$），

$$T_q = \frac{3pU_1^2 \dfrac{R_2'}{s}}{2\pi f_1\left[\left(R_1 + R_q + \dfrac{R_2'}{s}\right)^2 + (X_1 + X_2')^2\right]} \tag{7-11}$$

$$I_{2q}' = \frac{U_1}{\sqrt{\left(R_1 + R_q + \dfrac{R_2'}{s}\right)^2 + (X_1 + X_2')^2}} \tag{7-12}$$

$$T_{0q} = \frac{3pU_1^2 R_2'}{2\pi f_1[(R_1 + R_q + R_2')^2 + (X_1 + X_2')^2]} \tag{7-13}$$

其机械特性有如下变化：

① 最大转矩和起动转矩变小，且与串接电阻大小有关；

② 临界转差率 s_m 也变小。

由图 7-8 可见，串接电阻后的电机机械特性明显变软，起动转矩明显变小。若在起动过程中电阻能自动变小，则既能满足软起动要求，又能满足一次起动成功的要求，机械特性如图 7-9 所示。

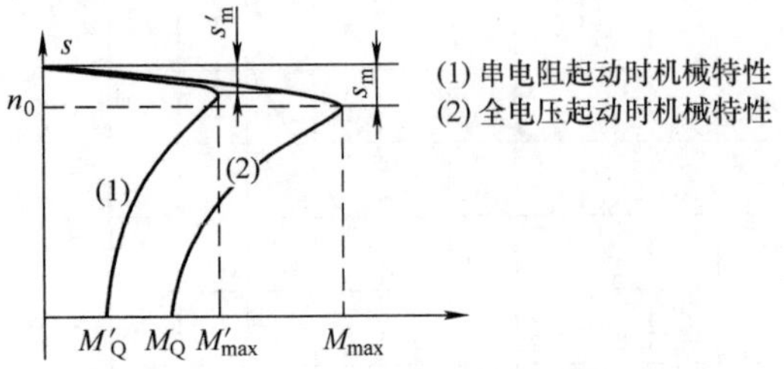

图 7-8　定子回路串电阻时的机械特性

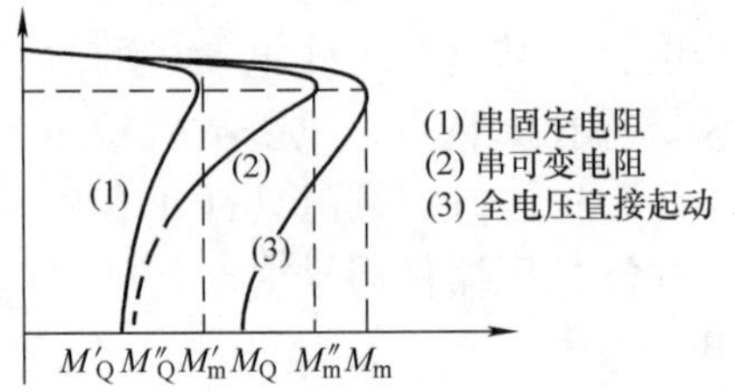

图 7-9　定子回路串可变电阻时的机械特性

串接较大的初始电阻确保电动机起动电流降得足够小；

电阻逐渐变小使电机输出转矩逐步加大且最大转矩接近于全电压起动时的最大转矩，确保一次起动成功。

5）串电阻起动时的电气特性。电动机起动时，其等效电路可简化为图 7-10 电路。

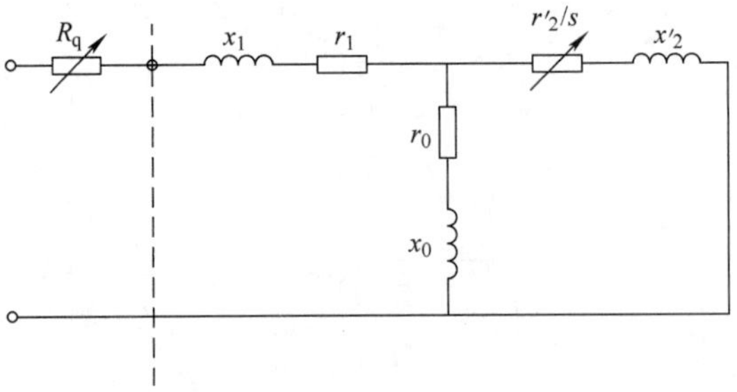

图 7-10　定子回路串电阻时的等效电路

理论上讲，电动机的转子等效电阻是与转差率成反比关系，从起动到全速的数值差异近 100 倍，而转子等效电抗是固定不变的。实际的电动机起动过程中因为转子集肤效应等因素的存在，对等效电阻和转子等效电抗是有一定影响的，一般情况下从起动到全速的等效电阻数值差异只有 5 ~ 10 倍，而转子等效电抗也有 50% 左右的变化。这两个方面的变化目前尚不太容易用数学公式进行描述，在工程中也还没有特别的必要性，往往设计者通过电动机制造商提供的起动电流曲线进行必要的简易估算，如图 7-11 所示。

在该电路阻抗由感抗和电阻两部分组成，其中，电抗 X 在电动机起动过程中是不变的，而电阻则是变化的，它随电动机转速的增高而加大，且变化趋势如图 7-12 所示。

当串接电阻随着转速升高而变小时，且起动电阻与等效电阻之和接近于恒定，因为总阻抗恒定，则可实现恒电流起动。

6）软起动过程描述与装置评价。大型电动机软起动技术的目的是在保证对电网、机械及电动机最小的负面影响的前提下完成电动机的起动任务。对于软起动装置的评价一般是从起动过程的性能参数的比较开始的。

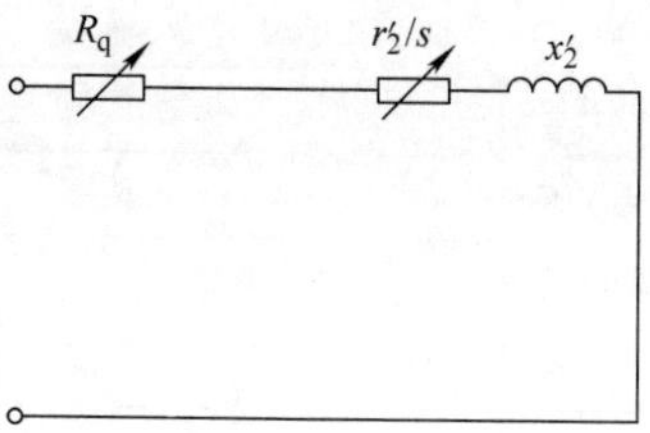

图 7-11　定子回路串电阻时的简易等效电路

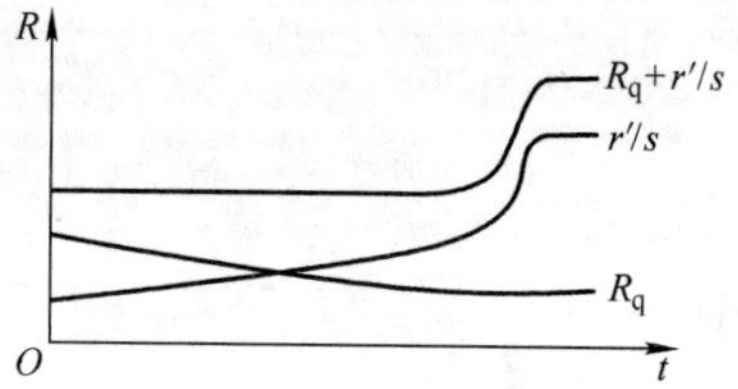

图 7-12　电动机等效电阻与热变电阻的叠加效果

① 起动（完成）时间；
② 起动过程电动机最大电流；
③ 起动过程中电网的最大电压降（或电压波动）；
④ 起动过程中电动机有否机电共振等异常现象；
⑤ 起动过程中电流的高次谐波含量（%）；
⑥ 软起动装置允许的连续起动次数及起动重复性；
⑦ 软起动装置对于使用环境的特殊要求；
⑧ 起动装置所提供的起动和停止方式的多样性；
⑨ 起动装置所具备的对于装置本身以及电动机保护功能的完备性；
⑩ 软起动装置在起动过程中的噪声大小；
⑪ 软起动装置的性能价格比。

7.2.4　大型电动机起动方式

作为电动机起动问题的研究，在过去多数着眼于电动机的保护，与此不同的是，如今大型电动机从本体设计与制造而言，大多是允许全电压直接起动的，因此对大型电动机起动的研究着眼点放在电动机起动对电力系统的影响方面。表 7-2 列出了目前常用的一些大型电动机软起动技术方案。

表 7-2　常用大型电动机软起动技术方案

分类		起动方式
全电压起动		全电压起动
		变压器电动机组
减压起动	自耦变压器	自耦变压器减压起动
	电阻减压	热变电阻减压起动
		水电阻减压起动
	电抗减压	电抗减压
		磁控饱和电抗器
	相控移相调压	电子固态软起动
		开关变压器

（续）

分类	起动方式
降补软起动	带无功全电压起动
	带无功电阻减压起动
	降补固态软起动
变频起动	高—高直变
	高—低—高
	串联多电平变频技术
机械起动方式	小拖大加超越离合器
	液力偶合器

目前还有些行业因特殊原因必须采用全电压直接起动，这种情况一般都会配置非常大的电力供电系统或者是高阻抗的变压器电机机组。

（1）全电压起动　大容量电动机直接起动的必要条件：

① 具有足够大的供电电网容量；

② 电动机的起动功率必须大于被拖动机械；

③ 所拖动的机械可以容忍电动机起动冲击力矩；

④ 电动机起动时间常数要小于电动机自身允许的时间常数，使电动机正常、安全可靠运行。

这 4 个方面的内容应该得到核算与确认。目前有中小容量的轻负荷电动机及采用机械偶合器的电动机，在电网容量容许的情况下，采用该起动方式，大容量的电动机很少采用。

（2）变压器电动机组　变压器电动机组拖动方式（即一台变压器专供拖一台电动机）在石油化工领域的大型催化裂化装置的压缩机拖动中常有应用，一般情况，变压器采用高短路阻抗变压器。在电动机起动时，输出电压自然降低较多，等效于减压起动。因为变压器下端没有其他负荷，因此在起动过程中，电压降低不会造成邻近负荷反应；又因为是高阻抗变压器再加上电压降低后电动机起动电流也有所减少，因此电动机起动冲击电流对上一级电网的影响也会有所降低。如果公共电网足够大，或者公共接点的短路容量较大，就可以忽略它的影响。但是随着机组容量的逐渐增大和电力系统网络化程度的逐步提高，这一起动方式对电力系统的影响问题已经不能再被忽略了。

另一方面，采用这一起动方式的机组大多是长期不间断运行工况，有时一年也不会起动一回，这样一来，高阻抗变压器的长期低效率运行会造成巨大的电力浪费。一般情况下，变压器电动机组容量对比为 1.5∶1 左右，机组配电负荷率在 60% 左右，而实际工程中，电动机总是降容使用，一般按照机械负荷功率选择电动机时，总是乘于 1.1 的负荷系数，这样一来变压器电动机组的运行负荷率比较低，机组功率因数当然也很低，长期不间断运行必然造成大量的电力浪费。这是变压器电动机组起动方式的一大缺陷。比如一台 20 000kW 机组，一般选配变压器容量为 31 500kV · A，机组综合效率每降低 1%，运行有功损耗将增加 200kW，年损将增加 173 万 kW · h。这是一笔可观的数字。

实际工作中，电动机起动电流对电网公共接点电压的影响是不可能忽略的，一般情况为了减少或者降低这种风险，要求尽量的减少起动次数，维持电动机的空负荷运行，这样一来也会造成巨大的电力浪费。

（3）自耦变压器减压起动　自耦变压器减压起动是一种成熟的电动机减压起动技术，通过自耦变压器将母线电压降到合适的电动机起动电压。当电动机转速接近于额定转速时，再将开关切换至电网，电动机被加速至额定转速运行。自耦变压器一般都有几个抽头，起动电流和起动转矩可以靠改变抽头来调节。

当用自耦变压器减压起动时，电动机的起动电流和网侧的电流是不一致的。当自耦变压器的电压比为 k 倍（$k<1$），那么电动机的起动电流是直接起动时的 k 倍，网侧的电流是直接起动时 k 的二次方倍。由于电动机转矩和端电压的二次方成正比，那么起动转矩也只有直接起动的 k 的二次方倍。与串联阻抗减压起动方式相比，在获得同样起动转矩的情况下，自耦变压器减压起动的电流较小。

自耦变压器减压起动的主要缺点是在开关切换的过程中，电动机有短时断电的情况，这会造成瞬间的大电流冲击和转矩突变。开关的转换时间即为电动机的断电时间。在电动机断电时，其定子电流消失，在转子将产生一个感应电流来维持其磁通不变。这个磁通随着转子的转动而旋转，随电流的衰减而减小，它在定子绕组中感应出电势。当开关切换再次接通电源时，如果此时感应电势的相位与外加工电源的相位相反，将会产生一个很大的冲击电流，而转矩也会发生瞬变且可能是负的峰值，这对电动机和拖动机械是极其不利的。

（4）电抗器减压起动　电动机定子回路串电抗器减压起动方式是一种传统的减压起动技术。当电动机转速接近于额定转速时，再将开关切换至电网，电动机被加速至额定转速运行。

串接电抗器起动的电抗值是固定的，在起动过程中电动机电流会随着转速增高而减少，这使起动后劲不足，较易产生起动失败和器件损坏，起动结束时电抗器的短接还会引起二次电流冲击。

（5）磁控软起动　磁控软起动是从定子串电抗器起动衍生出来的，主要不同点是其等效电抗值可控，通过调节饱和电抗器的直流励磁电流，可以连续改变其电抗值。饱和电抗器在软起动中的作用是：在起动开始时，具有较大的电抗值，以限制电动机电流，以后通过反馈减小其电抗值以维持电流恒定，软起动完成时，由于电抗值相当小，旁路饱和电抗器不产生二次电流冲击，所以磁控软起动克服了定子串电抗器起动的缺点。磁控软起动装置可以实现电流闭环控制。

磁饱和电抗器具有秒量级的惯性，对于异步电动机构成的机电系统大惯性来说，磁控软起动的惯性应该是不足为虑的。磁控软起动装置会产生一定的高次谐波。高压磁控软起动与高压晶闸管串联软起动相比，其缺点是控制快速性比较差，噪声较大，饱和电抗器等效电抗值的变化范围较小，饱和电抗器周围存在一定的漏磁，需要一定的辅助电源。

（6）半导体晶闸管减压软起动　半导体晶闸管减压软起动器是将反向并联的晶闸管串联在交流异步电动机的定子回路，通过控制晶闸管的触发角来改变电动机端电压的大小。在电动机起动过程中，按照预定的起动曲线来调整电动机的端电压使电动机平滑加速，从而减少了电动机起动时对电网、电动机和机械设备的冲击。当电动机达到正常转速后，旁路接触器接通，软起动器退出。在需要软停机时，首先控制半导体晶闸管减压软起动按照预先设定好的停机曲线平滑地降低电动机的端电压直到电动机停机。软停可以解决突然停机引起的水泵水锤现象及机械冲击等相关问题。

中高电动机的半导体晶闸管减压软起动一般是采用多组反向并联的晶闸管串联来解决耐压问题。

（7）开关变压器式中压电动机软起动装置　开关变压器式中压电动机软起动装置是用开关变压器来隔离高压和低压，开关变压器的低压绕组与晶闸管和控制系统相连，通过改变其低压绕组上电压来改变高压绕组上的电压，从而达到改变电动机端电压的目的，以实现电动机的软起动。在起动过程中，开关变压器始终处于开和关两种状态，开关变压器损耗很小。开关变压器低压侧的电压很低，不必采用晶闸管的串联技术。晶闸管的控制技术当今已十分成熟，开关变压器也是一种高可靠性设备。因此，由此技术构成的软起动装置具有很高的可靠性。

（8）热变电阻减压起动方式　热变电阻软起动器是一种新型的高压大功率电动机软起动装置。其主要技术特性是：电阻器是由具有负温度系数的电阻材料制成。电阻器串于电动机定子回路，当电动机起动，电阻体通过起动电流时，电阻体温度升高而阻值随之减小，从而使电动机端电压逐步升高，起动转矩逐步增加，以实现电动机的平稳起动。起动电阻值，可以根据电动机参数和负载要求的起动转矩，能方便地配制到最佳的起动参数。即在较小的起动电流下，获得足够大的起动转矩。

采用高压热变电阻器减压起动的电动机有以下显著的起动特性：

1）恒电流软起动特性：在电动机起动过程中，电流基本保持不变，数值在$2.5I_e$以下，且有显著的软起动特性。

2）起动过程中系统功率因数高且接近恒定：一般采用热变电阻减压起动的电动机系统功率因数都在0.8以上，且整个起动过程接近于恒定不变的。

3）母线压降低：由于上述1、2特性，使电动机起动对电力系统的影响降到最低，母线压降在5%左右。

4）起动平稳无冲击：起动过程接近于恒加速特性，电动机的起动转矩逐步增高，因而使机械设备起动平稳，无冲击、无啸叫声，且机械能平稳越过谐振转速，使设备免受伤害。

经过近十年的发展，该技术已可以满足10kV、25 000kW电动机的减压起动要求。对于大型超大型电动机的软起动而言，该种起动方式最大的优异性能在于其起动电流对电力供电网络的冲击降到了最低，从而大大地减少了电动机起动对电网的影响。该技术的产品本身结构简单，安全可靠，安装和使用成本也很低。

（9）降补固态软起动　降补固态软起动新理念的出现，抓住了大型电动机起动问题的核心，从问题的本质着手，巧妙地将电动机起动电流和因之引起的电网冲击电流进行分开设计，考虑网侧承受冲击能力时，不必担心电动机的转矩不够，在考虑提高电动机的转矩的同时也不必担心对电网的冲击过大，因为可以通过调整无功功率容量来合理解决这一矛盾。

主要特点如下：

1）起动时回路电流小于1.5倍电动机额定电流，最小可达到额定电流；

2）可以显著降低主变压器的安装容量，使变压器按照最高效最科学的原则选用，节约投资，节约能源，节约使用费用；

3）起动和转切过程无冲击。

（10）高压变频软起动装置　在石化、冶金、电力等工业领域的大型电动机或抽水蓄能的大型电动发电机常采用变压变频软起动方式。高压变频软起动方式主要还是针对风机、压缩机及泵类设备的电动机起动而研制的，起动过程中这些机械阻力矩较低，或者可以通过调节风门、阀门来改变降低起动阻力矩，从而可以降低对电动机起动力矩的要求，一般情况下，要求电动机起动力矩为额定的50%左右就足够了。

高压变频软起动装置实际上是一个直接转矩控制的交直交电流型VVVF变频器。当输出频率从0Hz（同步起动）或5Hz（异步起动）逐步升高到50Hz，电动机转速从0转速逐步升高到额定转速，实现电动机的软起动。一般情况，起动电流控制在额定电流的50%以内。

7.3　高压热变电阻减压软起动装置

随着冶金、化工、石油、石化等产业规模和单机容量的不断增加，大型高压电动机的应用也越来越多，而电力系统容量并未同比增加，这样大型高压电动机的软起动问题就作为一个重要的课题被提出，各种各样的软起动技术应时而生。高压热变电阻减压软起动技术是其中最重要的也最成功的技术之一，已逐步为市场所接受。以下介绍高压热变电阻技术及其在大型高压电动机软起动上的应用。

1. 电解质溶液的导电机理

在我们目前所能掌握和使用的电阻材料中，不管是靠自由电子导电的金属材料，靠游动离子（团）导电的气体或液体材料，还是靠自由子或空穴作为载流子导电的半导体材料，它们的导电特性均受温度变化的影响。金属电阻材料的电阻特性一般呈正温度系数特性变化，而半导体材料的电阻温度特性是负温度特性。今天在要谈到的热变电阻，它是一种液体材料，一种电解质的水溶液。

众所周知，电解质溶入水后，发生水解和电离，形成自由可游动的阴、阳离子，这些阴、阳离子在电场的作用下，作为载流子定向移动形成电流，在外加电场强度恒定的情况下，电流的强弱取决于载流子（阴、阳离子）的多少。所以，在电解液导电能力强弱与其浓度和电解度有关。浓度是溶液最基本的表征，电解质溶液的导电能力与溶液浓度的关系是人们关心的第一个问题。同一种溶液，其浓度不同，电导率就不同。

图7-13是几种常见的典型电解质水溶液的电导率与浓度的关系。

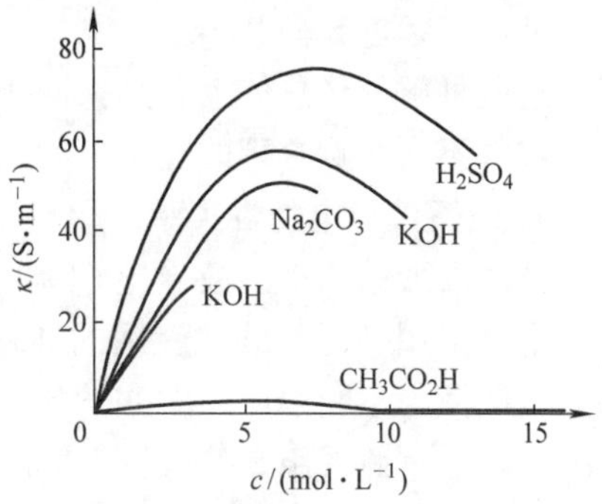

图7-13　电导率随溶液浓度的变化

图7-13中的曲线有一极值点，即函数的增减性非单调，说明有矛盾的因素起作用。（凡是曲线如图者，均为有对立的矛盾在起作用，这一对矛盾中的主要矛盾方面决定着曲线的升降，在最高点或最低点的前后，这一对矛盾的主要矛盾方面发生逆转）。

电解质溶液中，决定导电能力强弱的因素有两个，即电荷的多寡和电荷移动的快慢。对（强）电解质来说，浓度增大，一方面单位体积中的导电离子增多，电导率随溶液浓度的变化多，导电能力增强；另一方面，离子间的间距随浓度增大而减小，离子间相互作用力增大，离子迁移速率下降，导电能力减弱。浓度较低时，前者为矛盾的主要方面，曲线上升；而浓度较高时，后者起主要作用，曲线下降。故曲线出现转折。

2. 电解质溶液负温度系数的导电特性分析

电解质在水中的电离是比较复杂的，离子存在的形式也多种多样，有单个阴、阳离子存在，也有多个阴、阳离子与水分子等吸附在一起形成离子团。离子团的存在是影响电解液导电的一个重要因素，它使很多单体离子失去独立的载流作用。

离子团的存在受温度的影响，当温度逐步升高时，离子团破裂，释放出单体自由离子和小离子团，液体导电能力增强，电阻率逐步降低，呈现明显的负温度特性。当温度达到一定值时，离子团完全变成自由离子，电解质完全电离，此时液体电阻率降到最低。在一定温度范围内，电解质的溶液的这一变化是可逆的，即当温度逐步降低，自由离子逐步相互吸附成团，则液体电阻率逐步升高。由此可见，液体电阻表现出明显的负温度特性，其导电机理分析如图 7-14 所示，电阻温度特性曲线如图 7-15 所示。

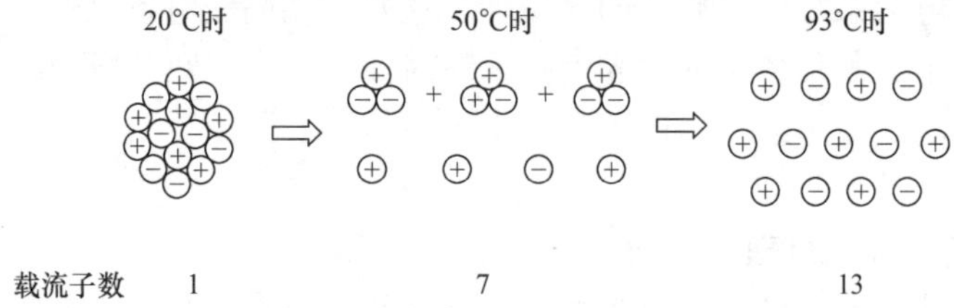

图 7-14 离子团导电机理示意图

对于电解质溶液的负温度系数的电阻特性，还有一种代表性的解释，就是各种电解质溶液的电导率均随温度降低而减小，其原因是温度降低使溶剂分子趋于有序，从而内部结构的松弛度减少，致使离子在电场中发生电迁移的活化能增加，又因随着温度降低溶剂的介电常数减小，致使离子之间的静电相互作用产生的阻滞效应（表现为电泳力和松弛力等）增大，甚至使正负离子之间形成相当数量不导电的离子对。此外，温度的降低还会增加溶剂的黏度，以上等等都使得离子在运动中受到的摩擦阻力增大，从而引起电导率减小。

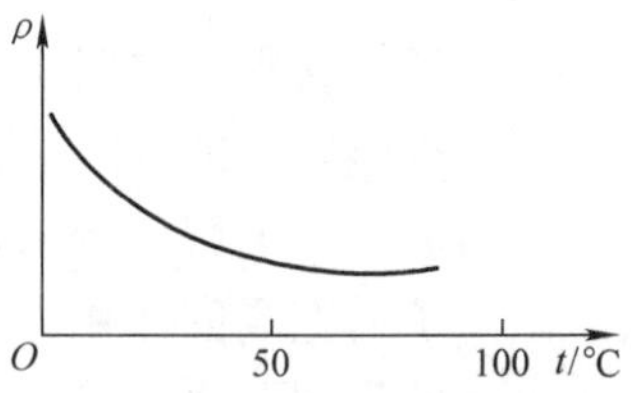

图 7-15 电阻温度特性曲线

这两种解释从总体上看是大同小异，没有本质的区别。只要这种特性存在并且可逆，怎么解释都不会影响合理的应用。

3. 电解液导电特性实验

针对碳酸钠的水溶液导电性能与浓度、温度的关系问题，作者设计并做了一系列的实验。电极采用工程中最常使用的纯铜板做成一定面积的极板，两块极板平行放置于电解液中；电解液为不同浓度的碳酸钠的水溶液，浓度分别为 0.5%、0.75%、1%、1.5%、2%、3%、6%；电源采用 50Hz 的交流电源。实验方法是在两极板通以 50Hz 的交流电，同时对溶液进行搅拌使其温度保持均匀，测量溶液温度、极板间的电压和流过溶液的电流。溶液通电过程也就是电加热过程，因此不必考虑专门的加热手段。图 7-16 是在 10～90℃范围内测定了各种浓度的碳酸钠水溶液的电阻率。

这种电解液体有以下明显的特点，可以利用：

1）导电体为液体材料，可以流动，可以自循环，可以根据需要制成各种导电结构形状，可大可小；

2）水溶液比热率大，因而可以根据需要制成各种大容量电阻器；

3）具有明显的负温度电阻特性；

4）物理—化学性质稳定，重复性强，耐久性好，性能稳定；

5）成本低廉，不消耗贵重金属；

6）属绿色环保产品，无三废排放。

因为有上述显著特点，使得电解液体有广泛的应用，襄阳大力工业控制有限责任公司开发的用于高压大型电动机减压起动的高压热变电阻器就是其重要应用之一。

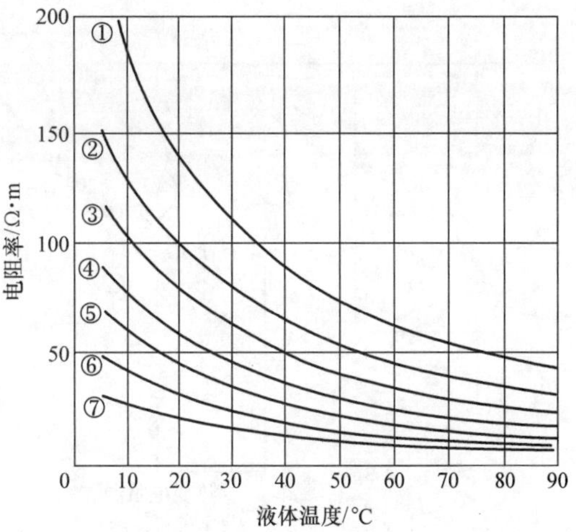

曲线编号	①	②	③	④	⑤	⑥	⑦
液体浓度	0.5%	0.75%	1%	1.5%	2%	3%	6%

图7-16　碳酸钠水溶液的电阻率与温度曲线

4. 高压热变电阻器

高压热变电阻器由具有负温度特性的三相平衡电阻组成。将该电阻器串入电动机的三相定子回路中，起动时电动机的定子电流流过热变电阻器从而使电阻体发热，温度逐步升高，电阻逐步降低，在电动机起动电流基本恒定的情况下，电动机端电压逐步升高，从而使电动机起动转矩逐步增大，实现电动机的平滑起动。

高压起动热变电阻器由液箱、热敏电解液、电极及导流机构组成。热变电阻的温度变化特性，附加导流机构对电阻变化曲线的修正，使得电阻的变化过程与电动机起动过程的等效端电阻变化过程相互补充，使电动机在起动过程中，回路总阻抗接近不变，从而使得电动机的起动过程电流小且恒定，$\cos\varphi$ 高且恒定。

热变电阻的导流机构的另一个作用就是当电动机起动完毕，该机构快速将高温导电液体导出，使有效电阻区域内的液体温度快速降到常温，以迎接下次起动，以保证连续起动时的性能重复性。

1）如前所述，采用热变电阻起动方案，大大降低电动机起动对电力系统的要求，从而可保护电力变压器选用、运行始终在经济运行区，从而降低电力变压器运行损耗，节约运行费用。

2）由于传统的电动机起动方案存在许多技术问题，比如在起动时，易烧电动机，易造成电网压降大，影响邻里运行，或谐波严重等等，从而使电动机起动成为一个难于克服的难题，因而很多企业在停机检修期间，宁愿让电动机空转，浪费大量电能，也不愿面对电动机起动难题。

采用热变电阻减压起动方案，使电动机起动变成一件非常普通的事，电动机可随时起随时停，从而可以从技术保障方面节约大量电能。如果年使用电动机容量100万kW以上，平均节电率为3%，则年节电量为2.2亿kWh，效益非常可观。

采用电阻减压起动的系统技术方案如图7-17、图7-18所示。

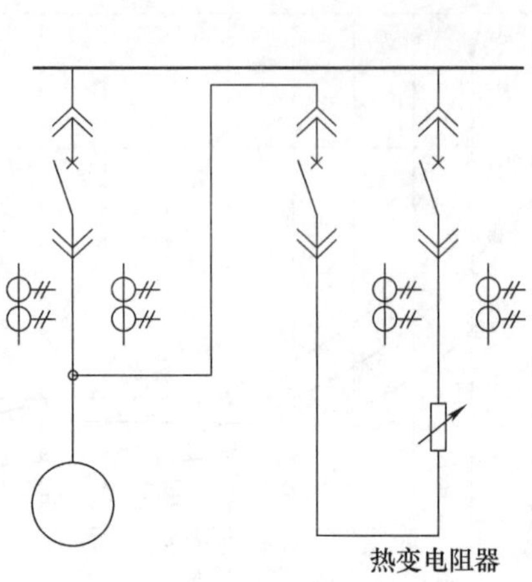

图 7-17　电阻器接在电动机进线侧

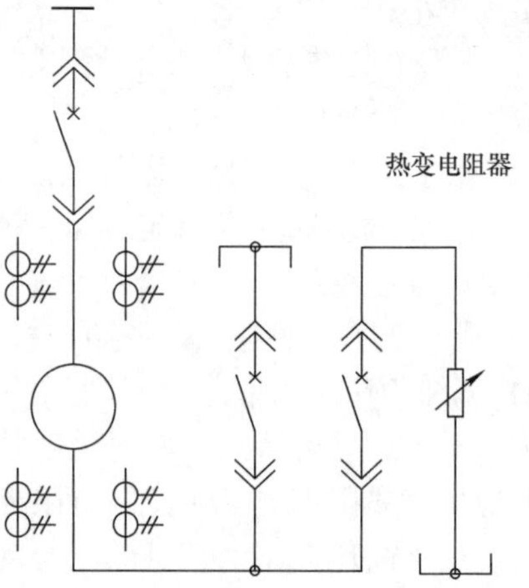

图 7-18　电阻器接在电动机中性点侧

根据客户提供的系统电网参数设置情况及机械系统的技术参数，我们在对系统进行了周密计算、分析的基础上，提出了本方案：

起动回路采用图 7-17 所示的软起动系统方案，即电阻器接在电动机进线侧。电动机起动前，电动机运行断路器处于分闸位置，同时热变电阻出线断路器合闸，热变电阻接入电动机定子回路。合电动机起动柜断路器，电动机经过热变电阻的电并开始起动。起动完毕后，电动机运行断路器合闸，电动机全速运行，然后将热变电阻的进、出线断路器分闸，热变电阻切除。电动机起动过程完毕。

图 7-18 所示为系统的另一种接线方案，电阻器接在电动机中性点侧。该方案的运行时的高电压携带点较少，安全性更高。

将完全一样的三个电阻器分别串入电动机的三相定子回路中，实现电动机减压起动。当电动机起动时，电动机的定子电流流过热变电阻器从而使电阻体发热，温度逐步升高，电阻逐步降低，在电动机起动电流基本恒定的情况下，电动机端电压逐步升高，从而使电动机起动转矩逐步增大，实现电动机的平滑起动。

热变电阻的温度变化特性，附加导流机构对电阻变化曲线的修正，使得电阻的变化过程与电动机起动过程的等效端电阻变化过程相互补充，使电动机在起动过程中，回路总阻抗接近不变，从而使得电动机的起动过程电流小且恒定，$\cos\varphi$ 高且恒定。

热变电阻的导流机构的另一个作用就是当电动机起动完毕，该机构快速将高温导电液体导出，使有效电阻区域内的液体温度快速降到常温，以迎接下次起动，以保证连续起动时的性能重复性。

图 7-19 是高压热变电阻器结构示意图。

图 7-20 是热变电阻结构示意图。

5. 应用介绍

采用高压热变电阻减压起动装置有广泛的应用前景，市场遍及冶金、化工、化肥、石油、市政、轻工等有大电动机应用的工业领域。在冶金工业领域，应用尤其广泛，如高炉风机、高炉泵、烧结主抽风机、烧结除尘风机、焦化煤气压缩机、空压机、制氧用空压机、氧压机、转炉用除尘抽风机等等。

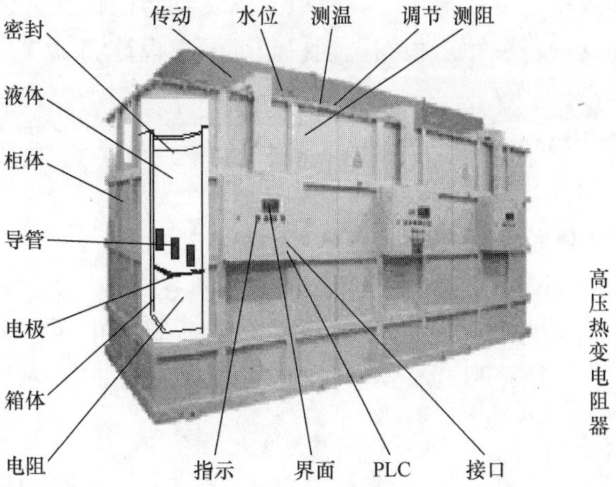

图7-19　高压热变电阻器结构示意图

随着工业产业规模的不断扩大，单机容量也在不断增加，10MW以上的电动机应用越来越多，而这些电动机若采用传统起动方式，必然带来电力增容的巨额投资压力。

案例1：

某化肥厂，由于生产规模逐年扩大，设备单机容量也在逐步扩大，而电力配电的增容相对迟缓，曾发生过起动一台2 600kW电动机，因母线压降过大，造成另一母线的11台低压同步电动机同时保护停机。其原因主要是因为低压同步机在网压降过大时，少数电动机先失步，从而加剧电网的负担，使电网进一步恶化，使运行中的所有电动机失步，电网彻底崩溃。同年，该厂采用高压热变电阻器对该电动机的起动进行改造，使电动机起动电流控制在2.3倍额定电流，起动时母压压降控制在7%以内，从此该厂电动机起动再也未发生过类似的问题，过去开大电动机时必须先停一部分小电动机的历史结束了，大电动机转起来后不敢停的历史结束了。电动机随时起停，直接节约了大量电动机空转能耗。

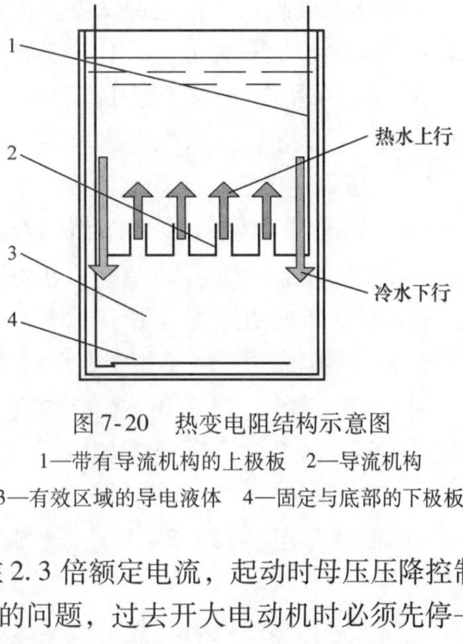

图7-20　热变电阻结构示意图

1—带有导流机构的上极板　2—导流机构

3—有效区域的导电液体　4—固定与底部的下极板

案例2：

13 500kW、10kV高压电动机用高压热变电阻器在某钢铁厂高炉风机上一次起动成功。这一成果在中国大型特大型电动机的软起动领域中取得重大突破。

该厂13 500kW高压电机软起动项目最终确定主方案为以小拖大起动方案，即用一台2 000kW绕线转子异步电动机拖动13 500kW主电动机到亚同步时给主电动机投全电压并投励磁拖入同步。高压热变电阻作为一种备用起动方案，串接于电机定子回路作减压软起动，当主风机转速达到90%～93%时，切除高压热变电阻给电动机投全压，当电动机转速达到95%时，投入励磁拖入同步。

在取得充分的原始数据之后，对该方案进行了认真细致的计算，建立电动机拖动系统的数学模型，对电动机起动进行模拟。根据电动机起动要求设计和试制。

电动机的基本数据：

$P=13\ 500\text{kW}$，$U=10\ 000\text{V}$，$I=888\text{A}$

$K_i=5.96$，$K_m=2.35$

风机参数：$GD=23\ 100\text{kgm}^2$，$M_z=22\ 000\text{NM}$

电网参数：$S=240\text{MVA}$

采用热变电阻软起动试验情况：起动电流为 $2.5I_e$，母线电压由 10 000V 降至 9 000V，起动时间：23.12s，电阻温升：9℃。起动过程电流恒定，无冲击，风机无啸叫声，性能完全达到设计要求。

6. 社会效益

高压热变电阻器的研制成功，尤其是超大容量产品的成功研制和产业化的实施，为我国大型电动机的起动提供了一种既经济又可靠的起动方式选择方案。

高压热变电阻器本身造价低廉，控制系统简单，总体直接投资在高压大型电动机各起动方案中是最经济的一种方式，比进口的变频起动器更显价格优势，只是同性能进口设备的1/10～1/8。采用高压热变电阻器起动方式，可以大大降低电动机起动时电力系统的要求，从而可以节约大量的一次性电力增容方面的固定投资。节约一次性投资和维护费用。

7. 高压热变电阻技术现状及发展展望

1）高压热变电阻器用于电动机起动，始于 1997 年 7 月；

2）1999 年成功地在 2 000kW 电动机上使用成功；

3）2000 年成功开发出用于 4 500kW 电动机起动的产品；

4）2001 年成功开发出用于 5 600kW 电动机起动的产品；

5）2002 年用于 13 500kW 电动机起动的高压热变电阻器在山西海鑫钢铁公司 5#高炉试车成功。这一成功为高压热变电阻器向超大容量方向发展垫定了基础，提供了理论和实践依据；

6）2004 年用于 22 000kW 电动机起动的高压热变电阻器在山东晨鸣集团纸浆磨机上试车成功。

当前，高压热变电阻软起动技术已经作为一种成熟的软起动技术被广泛使用。

7.4 半导体晶闸管减压软起动装置

1. 概述

半导体晶闸管降压软起动装置是以半导体晶闸管为控制元件，通过移相导通的相控调压来实现降低电动机端电压，从而降低电动机的起动电流的。电动机起动时，以电动机的负载电流作为电动机的恒流软起动控制、电动机过载保护、缺相保护的控制信号。而电动机起动电流和电动机运行使得过载保护设定的电流值相差甚大，甚至可达 4～5 倍。为此必须在控制时对电动机的起动和起动完毕的正常运行加以区别，分别以上述不同的电流值在不同需要时进行分别控制。

2. 半导体晶闸管降压软起动装置的工作原理

如图 7-21 所示。

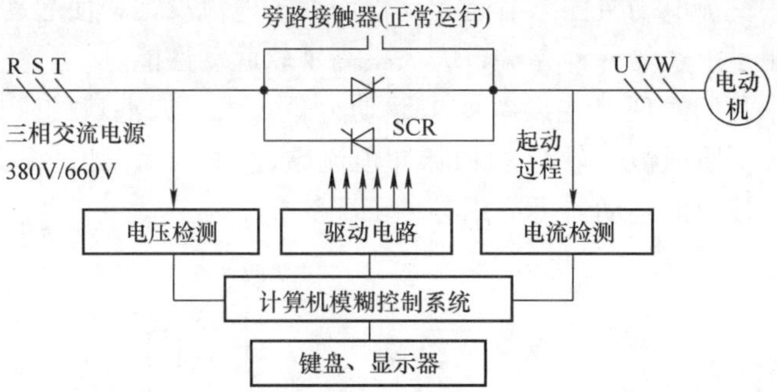

图 7-21　固态软起动原理图

随着功率半导体器件在我国的应用越来越普遍，交流电动机固态节能起动器中采用了大功率晶闸管，从而使电动机起动时的起动电流可根据工况的需要而预先设定并连续可调，并使电动机在起动时的起动电流始终维持在所设定的电流值，避免了起动冲击电流，这就是恒流软起动。

此处采用的技术为起动开始后逐渐升压，起动电流平稳地增加然后进入恒流软起动，如图 7-22 所示。

由图 7-22 可见全电压直接起动的起动电流为额定值的 6 倍。该电流在电动机接近 50% 转速前几乎不变，这样大的起动冲击电流会给配电系统带来不良影响，如当配电电网容量不足或缺少足够调节设备时，大功率电动机起动会引起过量的线路压降。同时我们还可见一般自耦变压器减压起动器在起动时（主要在起动过程即将结束时）有二次冲击电流，该冲击电流当然也同样会给配电系统带来不良影响。但恒流软起动则可根据工况需要将起动电流设定在所需要的起动电流值上，起动时该电流基本恒定。

我国目前已有较多单位开始研制固态软起动器，但是这些起动器软起动功能大多采用了电动机电压以预先设定的速率增加一斜坡电压控制方法起动，如图 7-23 所示。

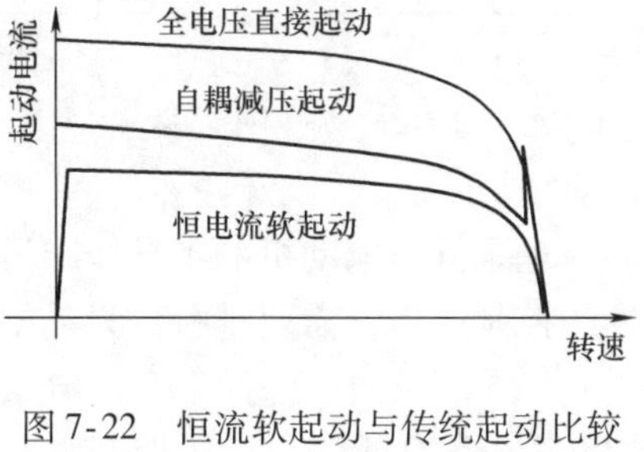

图 7-22　恒流软起动与传统起动比较

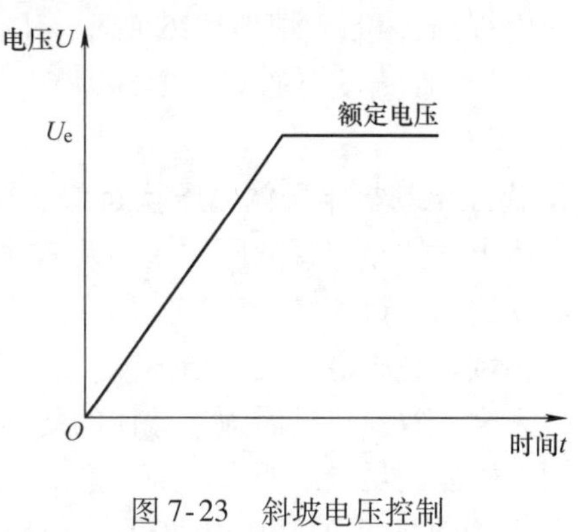

图 7-23　斜坡电压控制

这种起动方法较之传统的全电压起动和自耦变压器减压起动已有了较大进步：如减小了起动冲击电流，起动电压、电流可根据需要连续可调，采用了晶闸管取代了接触器可避免了更换接触器触头的维修费用。但这种斜坡电压控制方法的起动器在一些工况应用还会出现较大的二次冲击电流，不仅给配电系统带来不良影响，而且十分容易损坏晶闸管。

目前这种新颖的交流电动机固态节能起动器增加了电流反馈，使起动电流恒定，起动性能平滑与灵活，克服了上述的种种弊端，大大提高了软起动性能。

但在一些工况中我们发现有些设备要求起动力矩很大，如港口的带式输送机的重载起动，因此又派生设计了阶跃恒流软起动和脉冲恒流软起动系列，如图 7-24、图 7-25 所示。这样就较好地解决了该节能起动器可适用各种工况的要求。

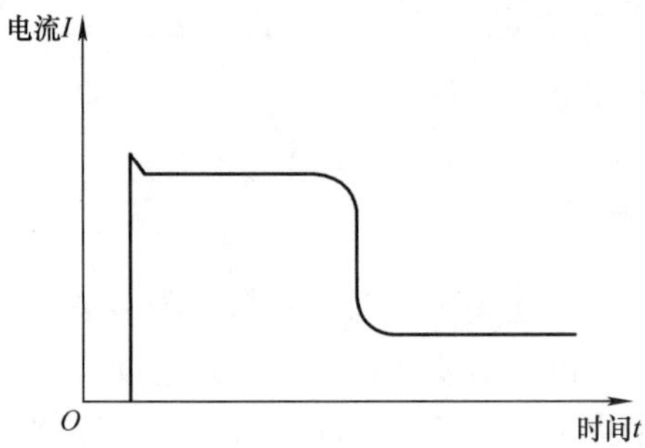

图 7-24　阶跃恒流软起动

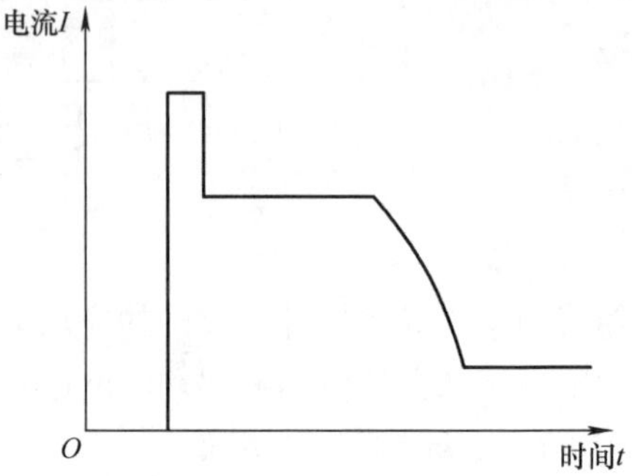

图 7-25　脉冲恒流软起动

3. 软停车

一般电动机控制器在电动机停机时往往采用切断电动机电源的方法让电动机停止工作，这种控制方法简便，但在一些工况中也会出现一些缺点。如在水泵系统高速运转的水泵电动机突然断电而停止工作，但由于水流的巨大惯量将产生水击十分容易造成水泵的损坏，类似这种工况在现在工矿企业中是很多的。

因此在节能起动器中设计了软停车功能，即在电动机停机时使电动机的转速以预先设定的速率逐渐减速。这种减速的速率可根据负载的大小和工况的需要而连续可调，使电动机在任意设定的时间内逐渐停机，如图 7-26 所示。图中曲线 1、2、3 均为任意设定的减速度，即有不同的制动时间。

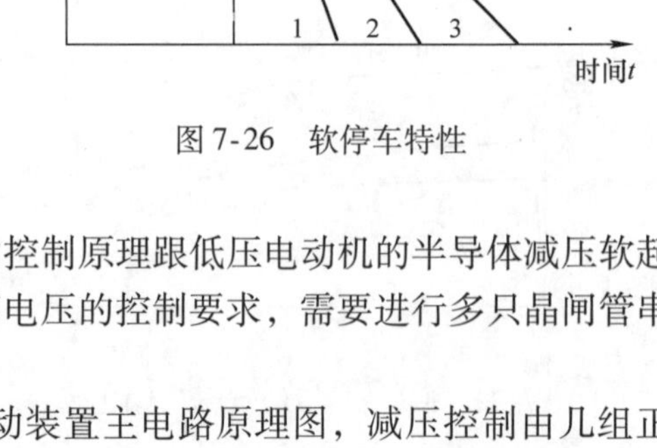

图 7-26　软停车特性

4. 高压电动机半导体减压软起动装置

上述半导体晶闸管减压软起动装置是低压电动机的软起动，目前已经广泛使用在工农业经济的各个领域。高压电动机半导体减压软起动装置的控制原理跟低压电动机的半导体减压软起动装置完全一致，只是因为半导体的耐压达不到高电压的控制要求，需要进行多只晶闸管串联使用，才能满足电压要求。

图 7-27 为典型的高压电动机半导体减压软起动装置主电路原理图，减压控制由几组正反并联的晶闸管组串联而成。

高压电动机半导体减压软起动装置主要适用于 10 000kW 以下各种大中型高压电动机的减压软起动。其应用原理框图如图 7-28 所示。同其他减压软起动技术一样，半导体减压软

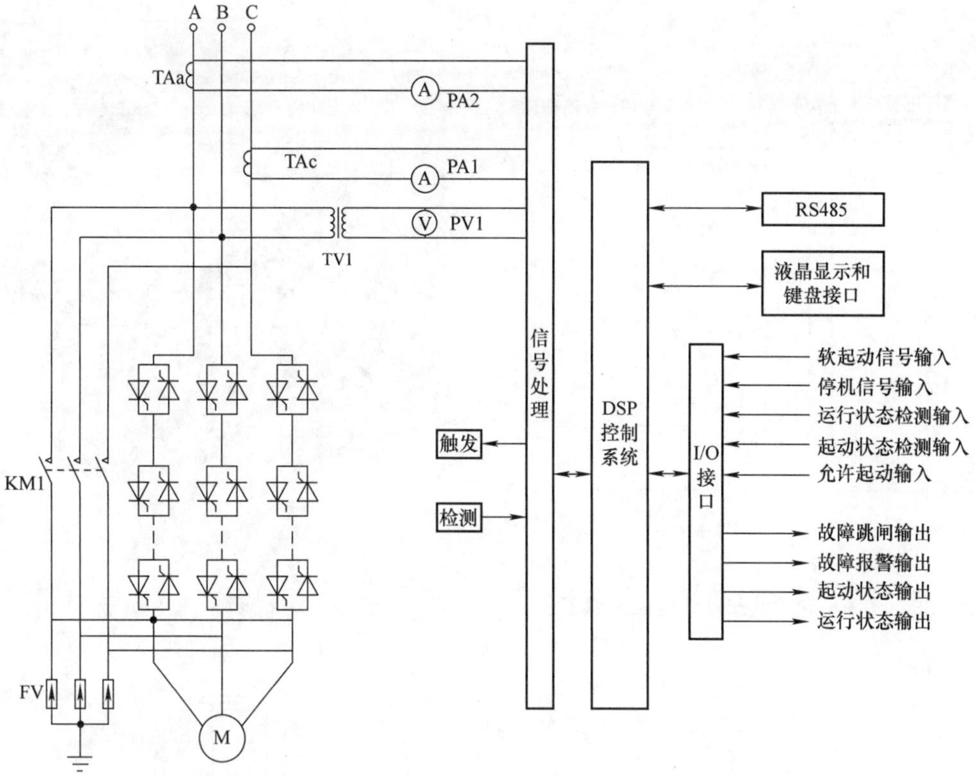

图 7-27　高压电动机半导体减压软起动装置主电路原理图

起动装置不适用重型机械的起动，最典型的应用为风机、水泵、压缩机。

高压电动机半导体减压软起动装置相比于其他减压软起动装置，具有体积小、成本低、可控性好等优点，技术成熟，一定会在中小容量的高压电动机应用中，逐步取代其他减压软起动技术。大力电工襄阳股份有限公司把该产品进行了深入的小体积、标准化和国产化设计，推出了更小、更方便客户使用的产品。绝缘结构方面，采用固体绝缘结构代替原来的空气绝缘结构，使得绝缘强度更稳定且体积更小；把短接高压真空开关与半导体软起动装置集成到一个绝缘体内部，整个装置高度集成为一个模块，进一步缩小了装置体积；外形设计方面，严格配合广泛使用的标准柜体 KYN28 - 12 金属铠装柜体，严格按照断路器的结构和接口进行标准化；整个模块做成可移动手车结构，方便生产和使用。图 7-29 为 MSS 高压固态软起动装置就是该产品外观结构图。

图 7-30 为 MSS 高压半导体软起动装置典型应用主电路原理图。图 7-31 为 MSS 高压半导体软起动装置典型应用结构图。这样，一面 800mm 宽的标准化 KYN28 - 12 金属铠装柜体，集成了电动机的起动、运行和保护功能，取代了原来几面柜才能完成的功能。

MSS 高压半导体软起动装置目前可以解决 3200kW 及以下的高压电动机的减压软起动，既节约空间，节约投资，又降低了选用和使用成本，相信该产品一定能够得到广泛应用。

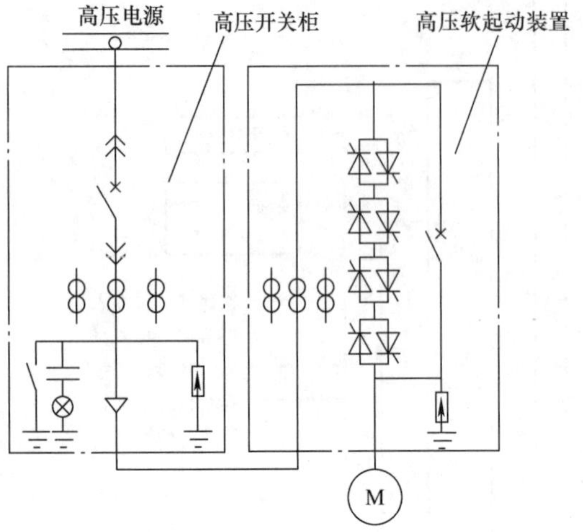

图 7-28　高压半导体软起动装置原理框图

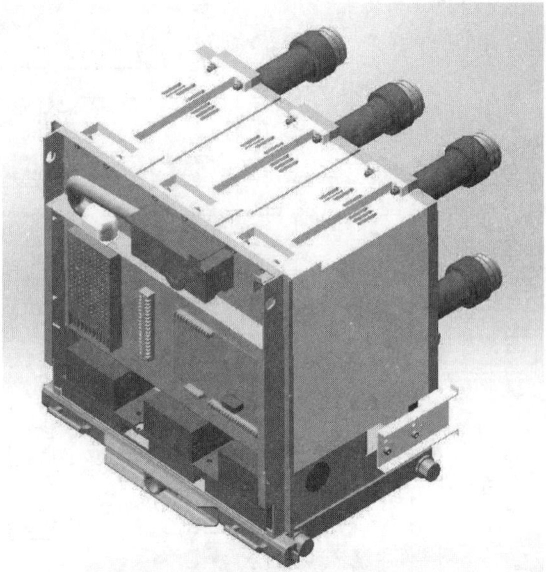

图 7-29　MSS 高压半导体软起动装置

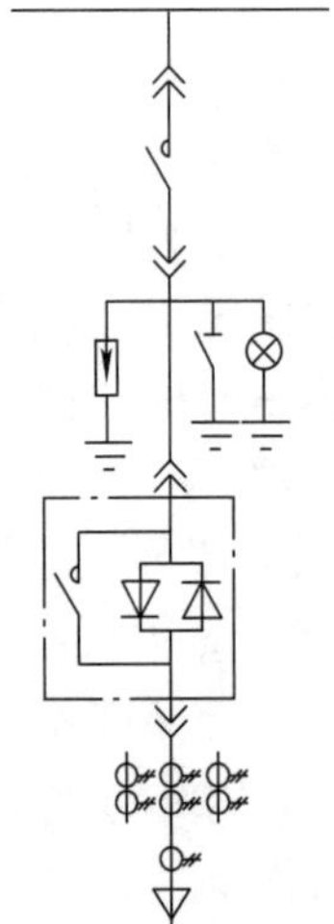

图 7-30　MSS 高压半导体软起动装置典型应用主电路原理图

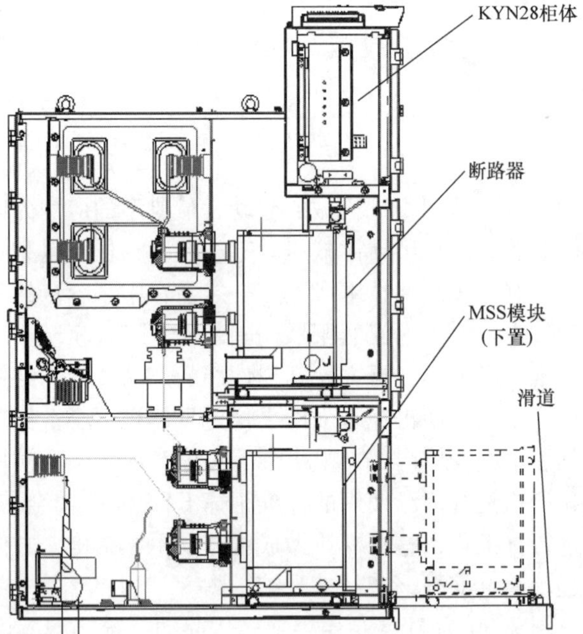

图 7-31　MSS 高压半导体软起动装置典型应用结构图

5. 高压电动机半导体减压软起动装置存在的问题

由于高压电动机半导体减压软起动装置的非线性调节电压的控制原理，决定了该软起动技术有天生的高次谐波问题。图 7-32 为半导体减压软起动装置的相控调压波形图和高次谐波流向示意图，从电网侧的效果（外特性）来看，它等效于串联电抗减压起动同时并联一个短时运行的大功率高次谐波发生器。

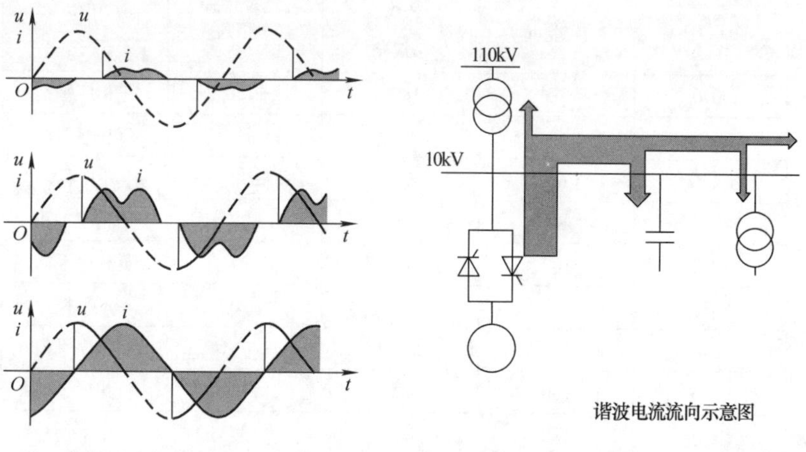

图 7-32　相控调压波形图和高次谐波流向示意图

软起动都是短时不频繁工作的，如果电网和电动机能够容忍，可以忽略这一问题，如果电网中的这类非线性装置用量较多，应有对应的防范措施。

7.5　晶闸管分级交—交变频软起动装置

1. 概述

为了提高移相调压固态软起动装置的起动转矩，降低起动电流，采用了分级交—交变频的方法，利用固态软起动器的硬件结构，通过巧妙地控制三相晶闸管的触发顺序，在改变电压的同时也改变交流电的频率，实现了高转矩的 V/f 控制软起动。频率分级提升：由 $f/13$—$f/7$—$f/4$—$f/3$—$f/2$—f（50Hz）—并网运行。实现了真正的分级升频软起动，并且提高了起动转矩，减小了起动电流，更适合于重载起动的电动机。

2. 交—交变频软起动原理

要将三相正弦交流电进行交—交变频，只能实现 $1/n$ 分频，如 $f/2$、$f/3$……f/n。方法是通过晶闸管控制交流电的通断，将 n 周期的交流电合并为一个周期，其正半周时只让正向半波导通，负半周时则让反向半波导通。图 7-33 为 25Hz 和 10Hz 时的一相电压波形图（黑色区域对应的晶闸管导通）。表 7-3 为分级交－交变频参数表。

由于频率降低了，周期增大了，原来 50Hz 正弦波半个周期的时间为 10ms，相位角为 180°，在分频后的新的频率（周期）中，原半周期的相位角仅为 180°/n。如二分频时为 90°，三分频时为 60°，五分频时为 36°。

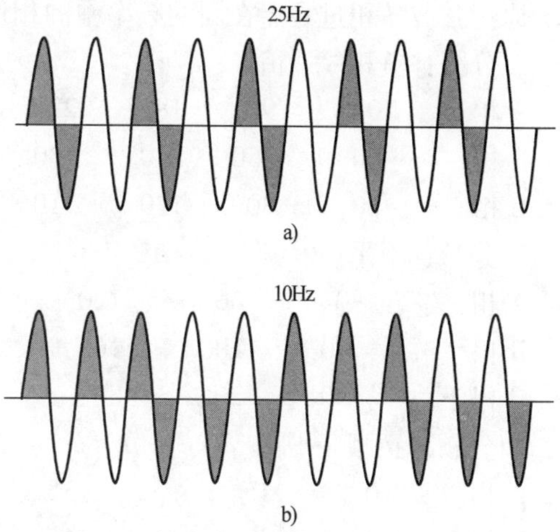

图 7-33　产生单相 25Hz 和 10Hz 电压波形图

表 7-3　分级交—交变频参数表

分频数	频率/Hz	周期/ms	半波相位角	初相角	相位平衡	幅度平衡
1	50.0	20	180°	±120°	正相序平衡	1:1:1
2	25.0	40	90°	±60°	负相序平衡	1:1:1
3	16.67	60	60°	±40°	不平衡	2:1:1
4	12.5	80	45°	±30°	正相序平衡	☆
5	10.0	100	36°	±24°	负相序平衡	△
6	8.33	120	30°	±20°	不平衡	
7	7.14	140	25.71	±17.14	正相序平衡	☆
8	6.25	160	22.5	±15°	负相序平衡	
9	5.55	180	20°	±13.33	不平衡	
10	5.0	200	18°	±12°	正相序平衡	
11	4.54	220	16.36	±10.9	负相序平衡	△
12	4.16	240	15°	±10°	不平衡	
13	3.846	260	13.846	±9.23	正相序平衡	☆
14	3.57	280	12.857	±8.57	负相序平衡	
15	3.33	300	12°	±8°	不平衡	
16	3.125	320	11.25	±7.5	正相序平衡	
17	2.94	340	10.588	±7.058	负相序平衡	
18	2.77	360	10°	±6.67	不平衡	
19	2.63	380	9.47	±6.31	正相序平衡	
20	2.5	400	9°	±6	负相序平衡	

注：△为可选的负相序分频，☆为可选的正相序分频。

原正弦波各相过零点在新的频率中的相位角分别为：

二分频：负相序平衡

A 相	0	90	180	270	360
B 相	60	150	240	330	60
C 相	-60	30	120	210	300

三分频：不平衡

A 相	0	60	120	180	240	300	360
B 相	40	100	160	220	280	340	40
C 相	-40	20	80	140	200	260	320

四分频：正相序平衡

A 相	0	45	90	135	180	225	270	315	360
B 相	30	75	120	165	210	255	300	345	30
C 相	-30	15	60	105	150	195	240	285	330

五分频：负相序平衡

A相	0	36	72	108	144	180	216	252	288	324	360
B相	24	60	96	132	168	204	240	276	312	348	24
C相	-24	12	48	84	120	156	192	228	264	300	336

从以上可以看出，分频后的波形随着分频次数呈周期性的变化：

1、4、7、10、13、16、19……分频，正相序平衡；

2、4、8、11、14、17、20……分频，负相序平衡；

3、6、9、12、15、18……分频时相位和幅值均不平衡。

另外，对于正、负相序平衡的分频中，奇数次分频时不仅能做到相位和幅值的平衡，其波形在时间轴上也是平衡的，而偶数次分频则其波形在时间轴上不平衡。图7-34为四分频和五分频时的电压波形图，清楚地显示了这一点。

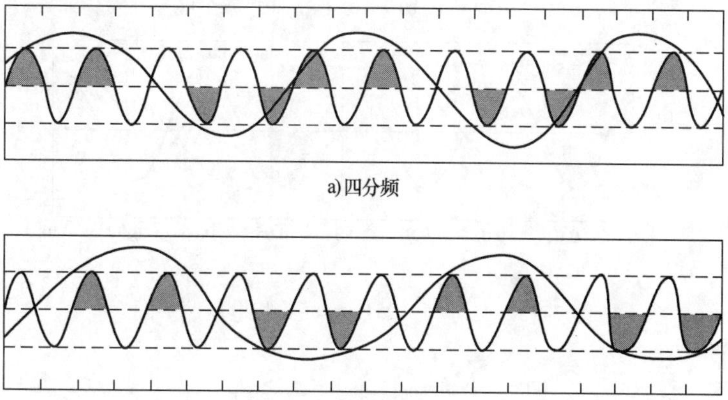

a)四分频

b)五分频

图7-34 四分频和五分频时的相电压波形图

所以在选择分频台阶时应尽量选择相位、幅值及时间轴上波形均平衡的分频次数，这在低频段容易实现，如正相序平衡的13分频（3.846Hz）和7分频（7.14Hz），以及反相序平衡的11分频（4.54Hz）和5分频（10Hz）。但在高频段，由于处于关键频段，则不可避免地要采用不能完全平衡的分频，如4分频（12.5Hz），或完全不平衡的分频，如3分频（16.67Hz）和正相序2分频（25Hz）就无法避免。这时只能在所有的相位组合中，选出产生正转矩最大的一组来实现分频。二分频共有4:64种相位组合。其中0、60、210组和0、150、210组的正转矩阵最大，波形如图7-35（黑色区域对应的晶闸管导通）所示，电压矢量如图7-36所示。

三分频时共有63:216种相位组合。其中0、100、260组和0、160、260组的正转矩最大，其三相电压波形如图7-37（黑色区域对应的晶闸管导通）所示，电压矢量如图7-38所示。

3. 分频台阶的选择和转矩的控制

（1）频级选择　根据上述正弦波分频的特点，经综合考虑，在低频段尽量选择正相序平衡的奇数次分频，整个软起动过程分为6级完成：

$f/13—f/7—f/4—f/3—f/2—50\text{Hz}$（斜坡升压）。

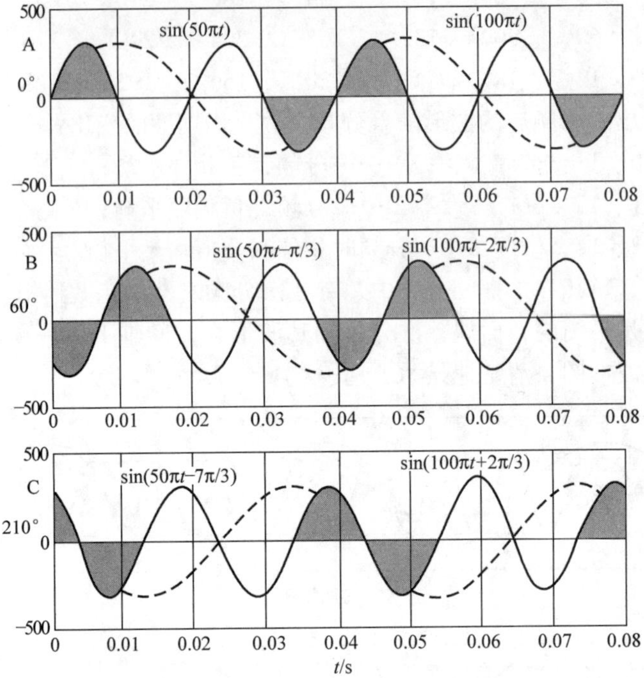

图 7-35　二分频（25Hz）——相电压波形图

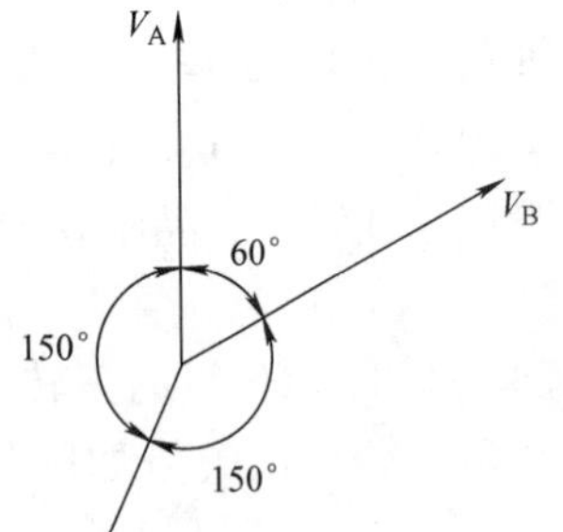

图 7-36　二分频电压矢量

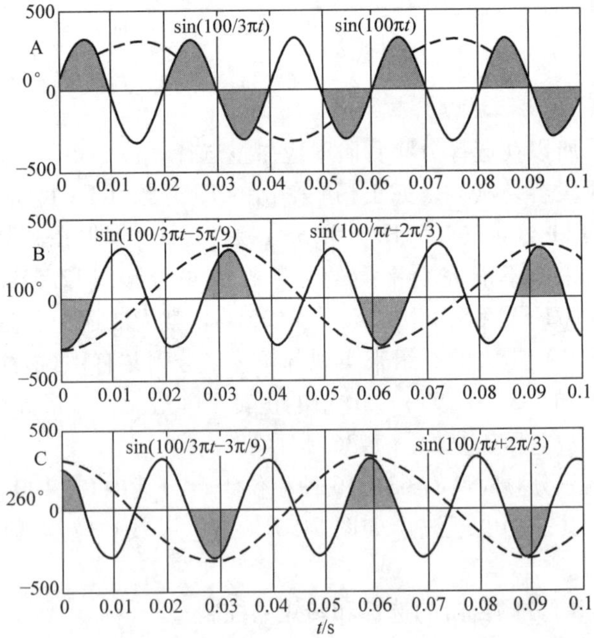

图 7-37　三分频（16. 67Hz）——相电压波形图

软停车时可按相反的顺序进行。而 $f/11$、$f/5$、$f/2$ 可作为反相低速运行或电磁制动的频率使用，但不能完成反向软起动过程，因为其相序相反，最后不能从 $f/2$ 过渡到 50Hz 正相序运行，否则将是比正相序分频更为理想的软起动分频等级。

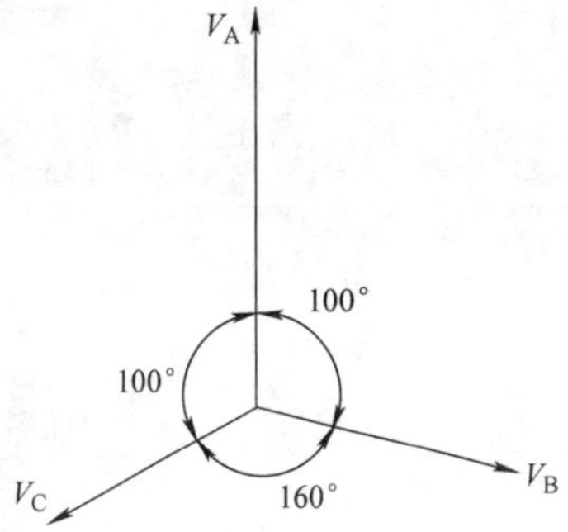

图 7-38　三分频电压矢量

（2）转矩控制　交流异步电动机在降频运行时，既要考虑有足够的低频转矩，又不能使电动机过励磁，引起振动与发热，一般应按 U/f 成比例的原则来控制，适当提高其低频转矩，让电动机以高起动转矩顺利起动，故作如下安排：

$f/13$ 一半周期中有 2 个波头导通，200% 额定转矩；

$f/7$ 一半周期中有 2 个波头导通，200% 额定转矩；

$f/4$ 一半周期中有 1 个波头导通，100% 额定转矩；

$f/3$ 一半周期中有 1 个波头导通，100% 额定转矩；

$f/2$ 一半周期中有 1 个波头导通，100% 额定转矩。

由于电压、电流不连续，因而转矩是脉动的，考虑到这个因素，实际转矩要小于上述的值，但已比减压软起动提高很多了。

若采用过大的 U/f 比，则会增加电动机的振动与发热。

（3）分级交—交变频软起动　由于分级交—交变频属于单相半波控制，由图 7-36、图 7-38 的电压波形可以看出，定子电压是不连续的，所以定子电流也是不连续的，转矩也是不连续的、是脉动的。因此电动机在运行时会有振动和噪声（低频），不像变频软起动那样只有调制脉冲的高频噪声，这是有区别的。所以采用分级交—交变频时，电动机不宜在低频状态下长期运行，否则电动机将产生振动和发热。

分级交—交变频软起动器保留了晶闸管移相减压固态软起动器的所有功能，具有限流起动、双斜坡电压起动，分级交—交变频高转矩起动三种方式，可由用户根据拖动负载的要求通过键盘进行设定。分级交—交变频软起动器具有起动电流小，起动转矩大，起动平滑，运行稳定，控制功能强的特点。

在起动过程中，6 级频率依次自动切换，每级持续时间为 5 ~ 10s，可视拖动负载的需要而定。每次频率切换时，由于同步转速突然增加，使转差率增加，因而电流增大；随着转速的上升，转差率减小，电流也随之减小。由于每个台阶频率增加有限，因而因转差率增大而引起的电流增加是有限的，比起直接起动及减压软起动来，是不可同日而语的。图 7-39 为分级变频软起动时的电流、转矩和转速曲线。

从图 7-39 可以看出，定子电流曲线分为 6 段，在每一段中，当频率刚刚切换时，由于同步转速突然增大，转差率增大，所以电流立即增大。之后随着转速的增加，转差率逐渐减小，电流也随之减小，最终达到与该段频率相应的稳态。转矩是脉动的，而转速却上升得很平稳。

图 7-40 为三种起动方式的起动转矩比较。其中传统软起动的电磁转矩最小，低速时，分级变频起动比软起动的电磁转矩大很多，中速时也比软起动时大。因此，采用分级变频可以明显提高起动转矩。

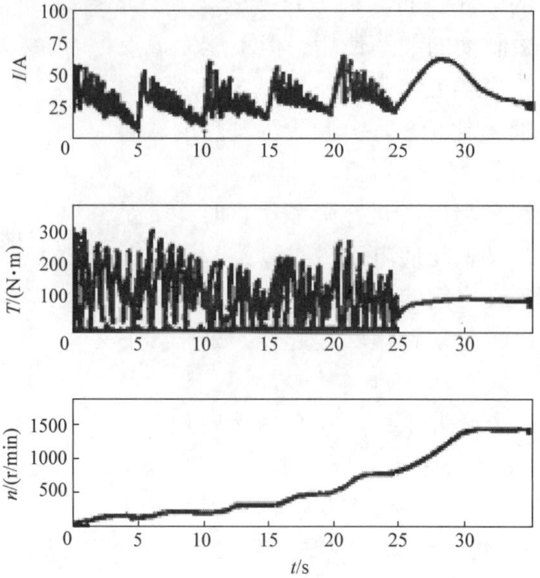

图 7-39 分级变频软起动时的电流、转矩和转速曲线

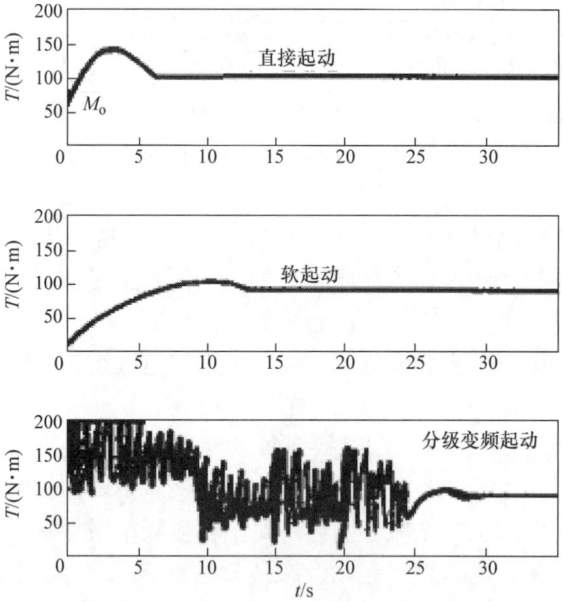

图 7-40 三种起动方式的起动转矩比较

图 7-41 为直接起动、传统软起动和分级变频起动方式的定子电流比较，图中直接起动的电流很大，软起动次之，分级变频起动的电流较小。

采用分级交—交变频方法的软起动器，实现了真正的分级升频软起动，减小了起动冲击和起动电流，提高了起动转矩，可使电动机在满负载下平滑起动。由于保留了传统电子式软起动器的硬件结构，只是改变了晶闸管触发脉冲的产生顺序和控制方法，因而不会增加成本支出；而在起动性能上却可大大优于传统的减压软起动器，可实现近似于变频器的软起动性能。

采用分级交—交变频方法的软起动器还可以方便地实现短时低速运行和低速反转制动功能，以便实现准确停车。尤其是对于泵类负载，可以完美地实现如同变频器一样的软停车控制功能，以消除水锤冲击。

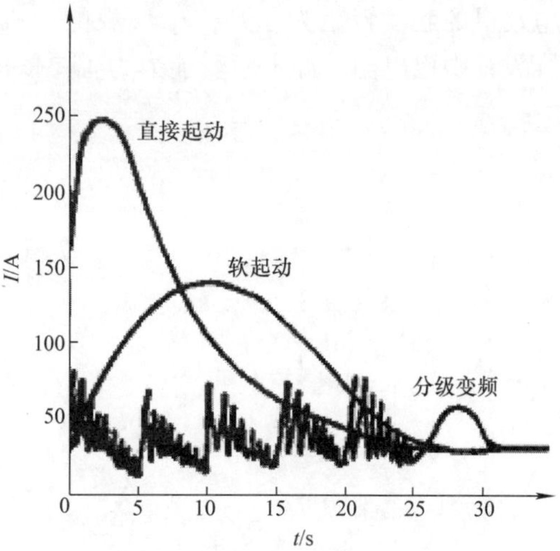

图7-41　三种起动方式的起动电流比较

7.6　降补固态软起动装置

1. 概述

作为电动机起动技术的发展，不仅仅是起动方式本身的问题，也不仅仅是电动机的问题，还涉及电力系统与供电条件，涉及机械系统传动条件与环境，因此有很多问题需要解决，比如起动要求的综合性能指标优化、对电动机的保护、对电力系统电压的影响程度、对电机机械特性的影响、积极的或消极的效果评估、实现方式本身的稳定性、可靠性等相关内容。行业内的工程技术人员为此做出了不懈的努力，也取得了丰硕的成果。比如电阻、电抗、自耦变压器及非线性开关为减压元件的各种减压软起动技术的产生和应用等等。但是这些技术大多只是解决了表象问题，比如降低了起动电流、延长了起动时间等。

2. 降补固态软起动原理

大型电动机在起动过程中将消耗大量的无功，引起电网电压的波动。本技术在电动机端并联一个无功发生器，由它提供电动机起动过程中所需要足够的无功功率。为了进一步降低母线电流，本装置还采用降压器，降低电动机的端电压，从而降低电动机的起动电流。此时降压器的输出电流为电动机全电压直接起动时电流的 k 倍，输入电流为 k 的二次方倍（k 为降压器变比，$k<1$）。

图7-42为降补固态软起动原理图，采用降压器降低电动机的端电压，从而降低电动机的起动电流；在电动机端并联一定容量的无功发生器，由它提供一部分电动机起动过程中所需要的无功功率。当起动合闸后，电动机在接近恒定的端电压下起动。当电动机达到额定转速时，运行柜合闸，同时起动控制柜分闸，切除降压补偿软起动装置，起动完毕。

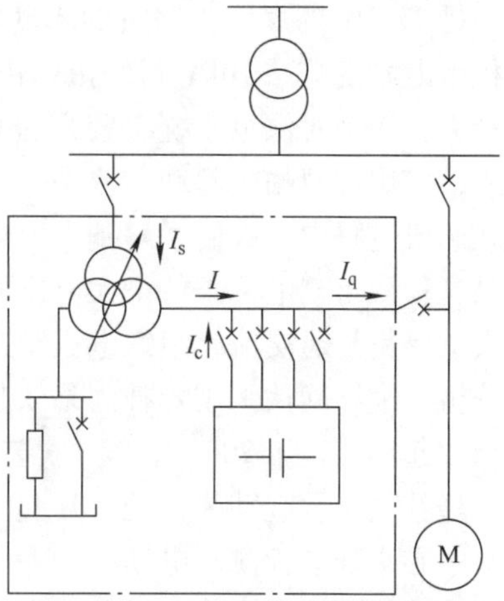

图7-42　降补固态软起动原理图

图7-43为降补固态软起动等效电路图，R 和 jX_1 分别代表电动机起动时的等效电阻和电抗。图7-44为降补固态软起动矢量分析图，如图中所示，I_d 代表电动机实际起动电流，它的大小以保

证电动机的起动转矩为原则；I_1 代表电动机起动时对电网的冲击电流，原则上越小越好，实际设计中以电网的冲击耐受能力为主要依据。

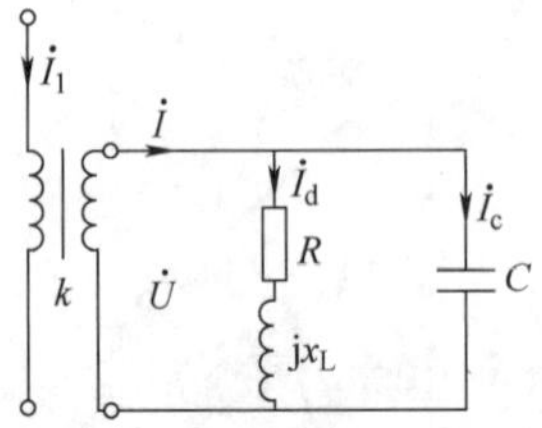

图 7-43　降补固态软起动等效电路图

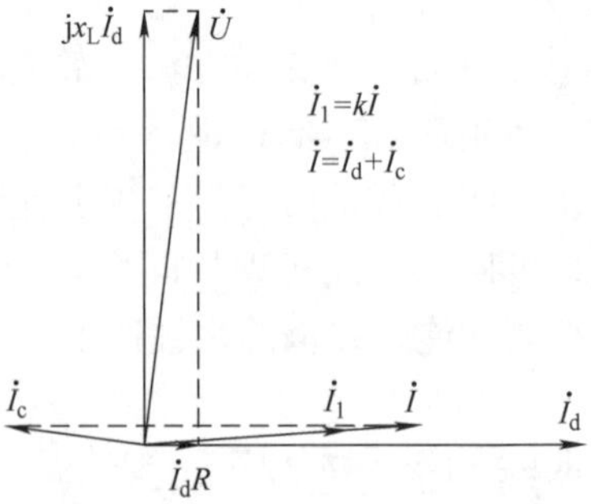

图 7-44　降补固态软起动矢量分析图

降补软起动装置将电动机电流和电网电流分开考虑，彻底解决了减压起动的电流和转矩的矛盾。电动机端电压被控制在需要的范围内，电动机起动时所需要的无功功率主要由降补装置的无功发生器提供，最大限度地降低对系统的无功功率需求，降低电动机起动对电网电压的影响。网侧电流小于 1.5 倍额定电流，最小可达到额定电流；电网的压降可很低；可以显著降低变压器安装容量；起动转矩大，可满足不同负载的要求；不受环境限制，安全可靠，寿命长，基本免维护；体积较小，安装使用方便。

为了消除降压器在转切过程中的操作过电压，在降压器本体附有一组阻抗，也叫过渡阻抗。在起动过程中，该阻抗被短接，不发生作用；在转接过渡过程中，该阻抗被无间断接入，等效于无间断过渡到串接电阻减压起动状态。无间断接入或切除降压阻抗可以使转切冲击电流限制在很小几乎可以忽略的范围，操作过电压也接近完全消除。

3. 使用案例

出于节能减排的需要，重庆钢铁股份公司新建一套 50MW 燃气轮发电机组，利用富余高炉煤气发电。项目采用 17MW、10kV 电压的三相交流异步电动机带动煤气压缩机将煤气管网里的高、焦炉煤气送入 50MW 燃气轮机，带动发电机进行发电。在设备选型阶段问题较大的是 17MW 的煤气压缩机的起动方式。该大电机由厂原有供电系统供电，接在燃气轮发电机组电站变电站 10kV 母线上。由于该段母线最小短路容量仅仅只有 146MVA，而电动机容量大，起动对供电系统有较大的冲击，要想在这么小的电网容量下，起动这么大功率的电动机，采用常规的软起动方法是行不通的。如果采用高压变频软起动，则需要 1200 多万元。在调研过程中，我们了解到大力电工襄阳股份有限公司开发了一种新型软起动装置，可以满足这种最苛刻电网条件下大电机的起动。随即我们就该技术积极组织人员考察，经双方技术人员反复沟通交流，组织电机制造厂、压缩机制造厂方及设计院对该起动方案进行深入计算分析，最终确认采用降补固态软起动装置来起动煤气压缩机电动机。

该软起动装置于 2007 年 9 月安装调试，于 10 月 24 日进行电动机的正式起动试车。为了检测降补固态软起动装置的实际起动性能，我们特地邀请了天津国家电控配电设备质量监督检验中心来现场检测。电动机第一次起动取得了圆满成功。现场检测报告显示，电动机的各项起动性能指标完全符合设计技术要求，全部合格。电动机起动电流如图 7-45 所示。电动机起动时母线电压曲线如图 7-46 所示。实地检测的各项具体起动性能指标如下：

1）电动机起动时网侧电流：实测值 1.39I_e（1536A），设计容许值 < 1.5I_e（I_e = 1 108A）；

2）10kV 母线压降 ΔU（%）：实测值为 9.19，设计容许值 < 10；

3）电动机起动电流：实测值 2.5I_e（2768A），设计容许值 < 2.8I_e（I_e = 1 108A）；

4）电动机端电压：实测值 5.77 ~ 8.10kV，设计容许值 5 ~ 10.5kV。

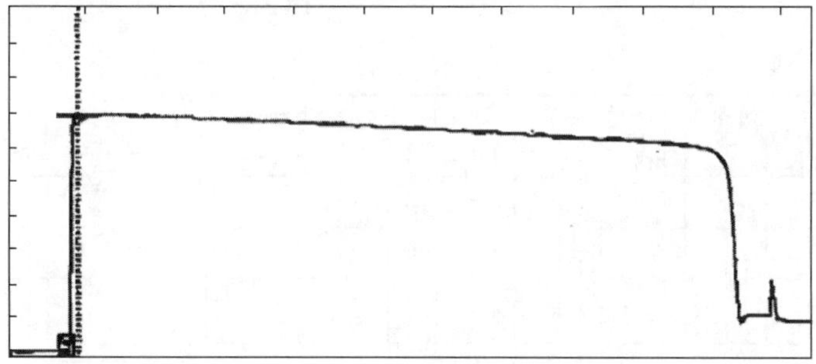

图 7-45　电动机起动电流

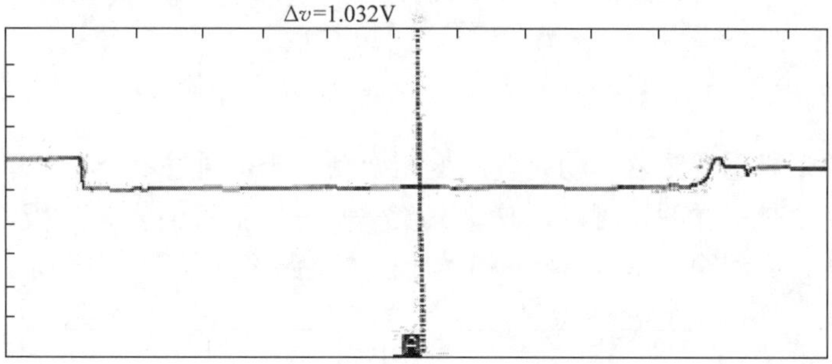

图 7-46　电动机起动时母线电压曲线

通过以上数据以及电流曲线可以看出，电动机起动性能非常好，起动过程电动机电流稳定，网侧电流仅仅只有 1.39I_e，转接时冲击较小，在电动机及系统能承受的范围以内，电网电压波动也很小，不到 10%。

目前，降补固态软起动技术已经得到广泛使用，市场上有上千台的大型电动机正在使用该装置，最大容量为 10kV、35 000kW 的大型煤制气压缩机。

7.7　异步电动机的变频软起动技术

1. 高压变频软起动装置概述及原理

电压源型高压变频软起动装置，是在功率单元串联多电压电压源型高压变频调速器基础上，专为大中型电动机的软起动而设计的。根据负载的不同，电网侧起动电流可以控制在额定电流的 30% ~50% 之间，特别适用于高压大功率异步电动机起动和同步电动机的异步起动，起动功率范围从 3 000 ~ 50 000kW 之间。

10kV 电动机软起动用的高压变频软起动装置一般配置有 24 个功率单元，每 8 个功率单元串联构成一相，串联方式采用星形联结，中性线浮空。每个功率单元由一个隔离变压器的隔离二次绕组供电，二次绕组各自的额定电压均为 $690V_{AC}$，每相 8 个 $690V_{AC}$ 功率单元串联的高压变频器可产生 AC 10kV 线电压。为防止同步切换并网时产生较大的环流，变频输起动装置输出侧加装有电抗器，系统结构如图 7-47 所示。

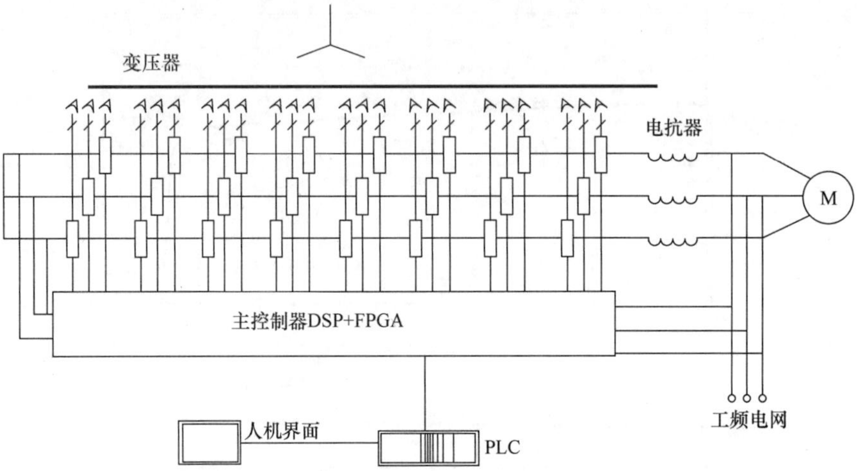

图 7-47　10kV 高压变频软起动装置拓扑结构图

多电压电压源型高压变频软起动装置的变压变频功能是通过单个功率单元实现的，每个功率单元结构上完全是一样的，可以互换，其交—直—交整流输入是二极管三相整流全桥，经过直流电容滤波，交流输出是 IGBT 单相逆变桥，电路形式如图 7-48 所示。

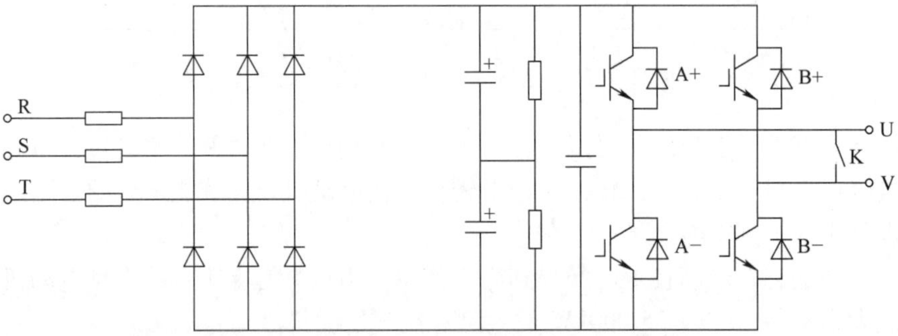

图 7-48　高压变频软起动装置功率单元拓扑结构图

功率单元输出电压波形为单极性 PWM 波形，PWM 波形的基波频率和幅值大小受控于来自主控系统下传的波形数据。功率单元控制系统就是通过光纤通信接收来自主控系统的波形数据，控制 IGBT 的导通、封锁、软旁路，同时通过光纤通信将 IGBT 的故障信息传递给主控系统。多电压电压源型高压变频软起动装置输出侧是将同一相功率单元输出端串联起来，形成星形联结结构，实现多电平叠加波形，其输出电压波形近似正弦波，如图 7-49

所示。

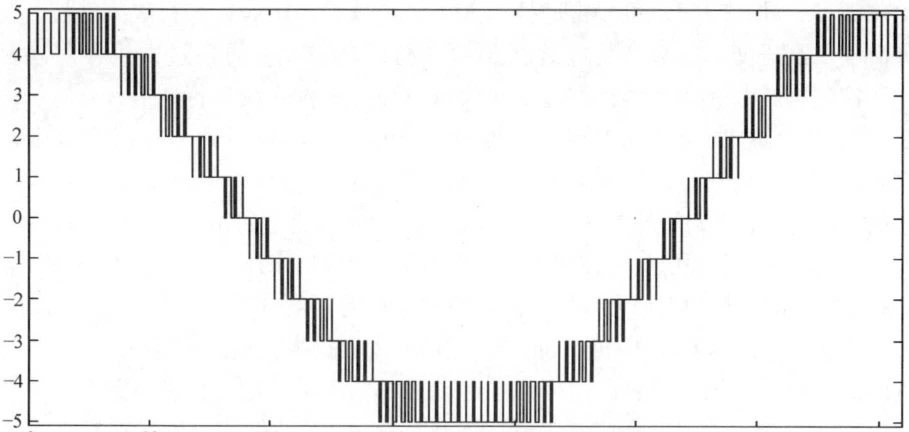

图 7-49　高压变频软起动装置输出电压波形

2. 高压变频软起动装置结构

单元串联型高压变频软起动装置主体结构包括移相变压器柜、功率单元柜、控制柜，不包括旁路开关柜。单元串联型高压变频软起动装置内部如图 7-50 所示。

图 7-50　高压变频软起动装置实物图

3. 高压变频软起动装置性能特点

软起动功能：起动电流小于 0. 5 倍额定电流，可以多次连续起动；

无谐波输入：高压变频软起动装置输入使用了移相多重化整流技术，电压电流谐波小，输入无需增加谐波治理装置，不对电网产生污染；

无谐波输出：高压变频软起动装置输出标准正弦波电流，电压电流谐波小，输出无需增加谐波补偿装置，不增加电动机的运转噪声、不产生附加应力；

高安全性：高压变频软起动装置设计上遵循高压国家强制规范，高压主电路与控制电路之间光纤连接，安全可靠；

完善的保护和故障报警设计：高压变频软起动装置设置有完备的系统保护功能和功率单

元保护功能，各种保护动作后，能实现故障自动记录、事故记忆，故障记录能自动记录各种保护的动作类型、动作时间，可以帮助技术人员分析故障原因，并进行故障定位；

高灵活性：高压变频软起动装置通过 PLC 进行现场控制，可通过人机界面修改参数设置灵活改变控制方式，具有多种标准通信协议可方便与中控系统进行通信；

安装、调试、维护方便：功率单元按抽屉形式设计，功率单元与外接线采用接插件方式，无需人工接线，具有良好的互换性，方便更换。

波形数字化直接合成自适应技术：高压变频软起动波形产生部分是用单片 FPGA 经过一定算法得到离散化的频率和幅值均可控的三相波形数据，再和不同相位的三角载波相比较，产生波形数据信号控制同一相功率单元输出相同幅值和相位的基波电压，但串联各单元的载波之间互相错开一定电角度，实现多电平叠加波形，这样就大大提高了整体控制系统的可靠性。

先进的故障自动检测技术：高压变频软起动在每次起动之前会自动对整个系统及每个功率单元进行在线检测，功率单元检测可以具体到每只 IGBT 的性能检测，这样就可以保证起动前整个装置处于完好状态，使各项准备工作更加有序。

功率单元采用抽屉式结构，便于更换、维护。高压变频软起动功率柜上的功率单元与主电路之间的连接都是通过动静触头连接的，装拆时只需要将两根光纤取下即可操作，不用花大力气来拆装主电路的螺栓，并且所有主电路连接都在柜后，相对保证了人身安全。

功率单元直流电压在线检测功能：高压变频软起动在高压带电的情况下会在线检测每个功率单元的直流母线电压并将测量值显示在人机界面上，这样操作者能很直观地掌握每个功率单元主电路的工作状态，为进一步分析提供了有力的保证。

变频软起动控制技术：变频起动的起动电流小，对起动次数没有要求，起动完毕可无扰动切换到工频状态运行，起动过程无电流冲击。

4. 高压变频软起动装置控制系统及工频切换

工频切换装置用于在高压变频软起动装置起动完毕后实现变频到工频运行的切换，切换装置由高压接触器组成，变频软起动完毕后，变频软起动先转入到工频，然后变频器才退出。

当变频软起动装置将电动机起动至接近工频状态时，同期装置开始检测输出侧的频率电压相位，当频率差表的指针在 0 点位置时，频率允许指示灯点亮，表示输入频率与输出频率的频差处于设定差值范围内，当相位差表指针在 0 点位置时，相位允许指示灯，表示输入电压相位与输出电压的相位差进入设定相位差范围内，当电压差表指针在 0 点位置时，幅值允许指示灯亮，表示输入电压幅值与输出电压的幅值差处于设定差值范围内，当三个指示灯都亮的时候，同期允许指示灯亮，表示允许变频软起动装置并网，同时给工频开关合闸联锁回路的允许合闸信号有效。

同期转接对于软起动异常重要，可以有效避免电动机起动的二次冲击。

7.8 大型同步电动机的变频软起动技术

1. 概述

目前，国内外可见公开报道的大型异步电动机，最大功率为 35 000kW，更大型的电动机都是采用同步电动机。比如在钢铁行业，使用的最大高炉风机电动机有 60 000kW 的报道；在抽水蓄能工程广泛使用的电动/发电机功率达到 400 000kW；在燃气轮机的发电机组功率达到 300 000kW；电网调相机组容量达到 300 000kvar。这些都是同步电动机。高压同步变频软起动装置，正是为了解决这些大型高压同步电动机或高压同步发电机的起动和并网问题，而研制的软起动装置。

同步电动机软起动原理是采用交—直—交变频技术，按照直流侧性质分类，该变频器属于电流型，即在直流环节有一个较大直流电抗器（所以该软起动有一个简写英文代号叫 LCI）；按照逆变器换流方式分类，该变频器是靠电动机定子绕组的感应电压反向实现逆变器的换相，因此也叫负荷换相变频软起动；整个装置的整流电路和逆变电路都是由半控的半导体晶闸管构成，没有可动部分，因此也叫高压同步电动机静止固态变频软起动（SFC）。

高压同步变频软起动装置适用于高压大功率同步电机的同步变频软起动，代表同步电机软起动技术的最高水平，目前国内的同步变频软起动装置基本依赖进口，国内厂家也只有大力电工襄阳股份有限公司一家具备这项技术能力。大力电工已经完成武钢股份有限公司二鼓风站 40 000kW 同步电机用变频软起动装置的改造，为已投入使用的国产最大功率高压同步变频软起动装置。高压同步变频软起动装置适用于电压等级为 6kV、10kV，功率范围为 5 000 ~ 500 000kW。

2. 高压同步变频软起动装置硬件组成

图 7-51 为同步电动机变频软起动原理图，该图为低压电动机的变频模型，三相工频电压经三相全控整流桥整成直流，经直流电抗器供给三相半导体晶闸管逆变器，逆变器再把直流变成三相不同频率的交流电流供给同步电动机。

实际工程中所面对的都是高压大容量，高电压和高次谐波等很多问题，都必须面对和解决，所以在实践中的高压大型同步电动机变频软起动主电路原理如图 7-52 所示，高电压问题需要由输入输出变压器来解决，高次谐波问题需要变压器移相和采用双变频回路来解决，就是所谓的采用 12 脉冲整流技术。

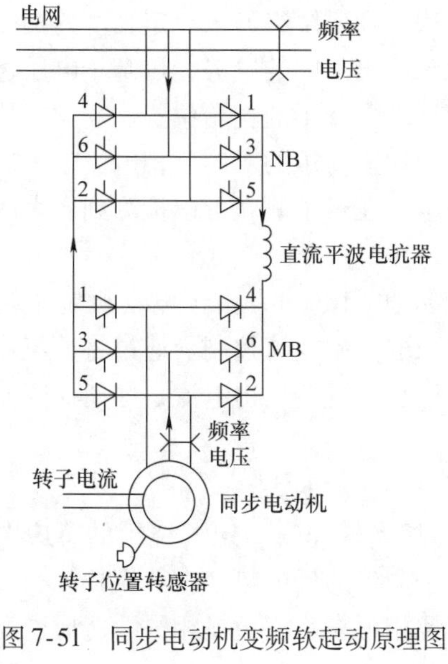

图 7-51 同步电动机变频软起动原理图

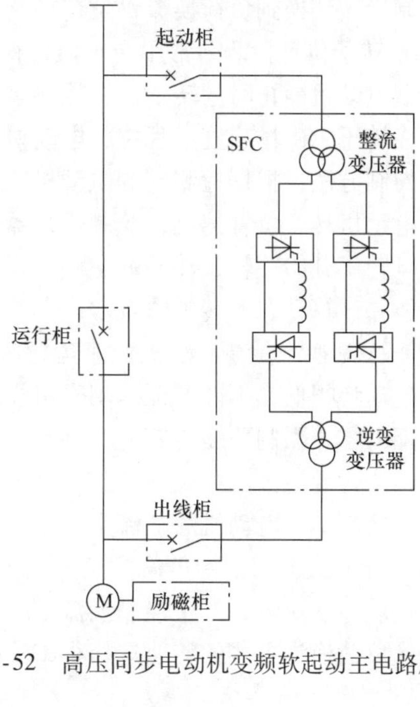

图 7-52 高压同步电动机变频软起动主电路原理

图7-52所示的主电路方案由一台起动柜、一台出线柜、一台运行柜、一套SFC装置和一台励磁柜组成。SFC装置又包括整流变压器（输入变压器）、功率柜（整流/逆变回路）、直流电抗器、逆变变压器（输出变压器）和控制柜。

（1）整流变压器：输入侧采用降压变压器，降低变频器的操作电压，减小了晶闸管串联数量，线路简单，易于均压和电压保护，提高了系统的可靠性，同时还具有隔离高次谐波的作用。

（2）逆变变压器：输出侧采用升压变压器，将逆变输出的电压幅值升高送给电动机，使逆变桥电压与电网和电动机定子侧相匹配。

（3）功率柜：本装置采用双电路系统，共有两个功率柜：每个功率柜包括一个整流桥和一个逆变桥，三相50Hz交流电经过整流桥整成直流，然后经逆变器将其变为一定频率的三相交流电输入待起动的同步电动机中。

（4）直流电抗器：直流电抗器将整流电路与逆变电路连接起来，限制直流电路的电流上升率，起着平波限流的作用。

（5）控制柜：控制柜实现整个装置的信号输入输出及控制和保护功能。它把检测到的信号加以处理分析，按照一定的控制策略产生输出信号，通过控制变频器输出三相电流的频率、幅值和相位大小，来实现电动机的变频软起动过程。

（6）起动柜、出线柜：起动完毕后，柜内的断路器分闸，从而将SFC装置与高压母线电源断开，起到安全隔离作用。

（7）运行柜：起动完毕后，运行柜合闸，电动机并网进入工频运行状态。

（8）励磁柜：为同步电机转子提供旋转磁场所需的励磁电源。

3. 高压同步变频软起动装置起动过程

同步电动机变频软起动过程比较复杂，需要经历静止转子位置检测、强制换流的脉动加速、强制换流切换到负荷换流、负荷换流的连续加速、同期调节、并网运行等6个过程。

（1）转子位置检测　常用转子位置检测的方法有编码器法、励磁感应法等。

大型电动机静止时的转子位置检测多采用励磁感应法，励磁绕组通入一定强度的励磁电流时，在转子主磁场建立过程中，电动机的定子绕组会感应出不同的电势，用基于电压过零检测的控制方法，根据检测到的电动机三相定子电压，计算出转子的初始位置。变频器从判定出的电动机转子位置信息，控制逆变器输出，产生正向加速力矩的对应三相电流。

一旦转子开始旋转，转子的主磁场就会切割定子绕组，在定子侧就可以检测到产生的感应电势，并计算动态的转子位置。

（2）强制换流　在电动机低速运行时（低于额定转速的10%），由于电动机定子绕组的感应电动势很低，不能保证晶闸管可靠换相，所以要采取强制换流控制。通过将整流器输出电流降为零，强制关断所有逆变器晶闸管，然后重新恢复整流器输出电流，并使逆变器新的晶闸管桥臂导通。

强制换流是，电动机的电流是不连续的，输出力矩也是脉动的。

（3）强制换流切换到负荷换流　当电动机转速达到切换转速时，定子绕组的感应电势足够实现反向换流时，停止强制换流，改利用电动机定子产生的反电势来自然换相。

切换负荷换流方式的转速选择很重要，要确保负荷换相可靠，避免换相失败造成逆变器短路事故。

（4）负荷换流　引入电流闭环控制，在电动机最大允许电流和转矩受限制的条件下，充分利用电动机的过载能力，电力拖动系统以最大的加速度起动，到达额定转速。加速过程中，电流在限幅范围内调节，并且具有较快的跟随性能。

（5）同期并网　电动机加速到接近同步转速时，开始追踪电动机定子端电压与工频电压的幅值、频率和相位差，并通过励磁调节和变频器的电流调节，调整电动机端电压频率幅值和相位，使三者逼近工频电网电压，当频率差小于 0.15Hz、电压幅值差小于 1%、相位小于 2°电角度时，同步器会发出同期并网信号，控制电动机并网运行。

（6）工频运行　电动机并网进入工频运行后，变频器封锁整流器和逆变器触发脉冲，断开起动开关，软起动退出工作。

在同步切换瞬间，由于电网压降原因造成电动机失步而切换失败，变频器有能力在任何转速情况下，再次“抓住”电动机，使之加速到同步，直至切换成功。

在正常运行期间，如果励磁存在，由于短时过载或高压丢失，造成电动机失步超 200ms，变频器在授权下，从励磁控制器得到信号再起动，并有能力在任何转速情况下“抓住”电动机转子使之加速并同步直至切换到电网。

4. 励磁系统

常见同步电动机采用有刷励磁和无刷励磁两种励磁方式。一般低速同步电动机多采用有刷励磁，直流励磁电源经电刷和集电环提供给励磁绕组；高转速同步电动机多采用无刷励磁。无刷励磁同步电动机的转子同轴装有一组发电机，励磁发电机的定子接可调节电源，转子感应的电压经固定于转子轴上的旋转整流器整流后，供给电动机主励磁绕组。励磁发电机的定子侧有两种形式，一种是直流励磁绕组，接直流可调节励磁电源，产生不旋转的磁场；另一种是三相对称绕组，接可调节的三相交流电源，产生旋转的磁场，一般励磁机旋转磁场的方向与主电动机定子旋转磁场方向相反。

如图 7-53 为直流无刷励磁电动机的电气原理图，其中虚线框内的部分为主机转子，包括主机励磁绕组、旋转灭磁回路、旋转整流器和励磁发电机转子。

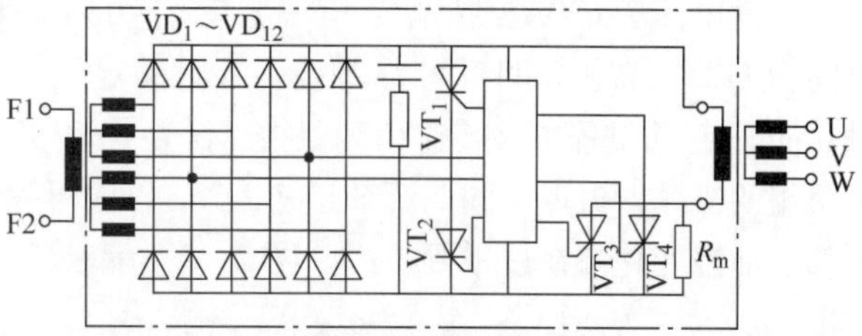

图 7-53　直流无刷励磁电动机的电气原理图

5. 案例

武钢是新中国成立后兴建的第一个特大型钢铁联合企业，于 1955 年开始建设，1958 年 9 月 13 日建成投产。本部厂区座落在湖北省武汉市东郊、长江南岸，占地面积 21.17 平方公里。为解决大型同步电动机变频软起动国产化和技术服务问题，武汉钢铁集团公司能源动力总厂联合大力电工襄阳股份有限公司共同立项，合作对 2 号鼓风机站现有机组进行国产化改造，采用的是大力公司新研发的 SFC 高压同步变频软起动装置。图 7-54 为武钢 2 号鼓风站一拖二变频软起动主电路方案。

该装置与 2014 年 10 月 17 号顺利完成现场调试。现场检测电流电压，电动机的各项起动性能指标都满足设计要求。具体如下：

同步电动机参数：

型号：1DM4035－8DE01－Z　　额定功率：40 000kW

额定电压：10kV　　额定电流：2 630A

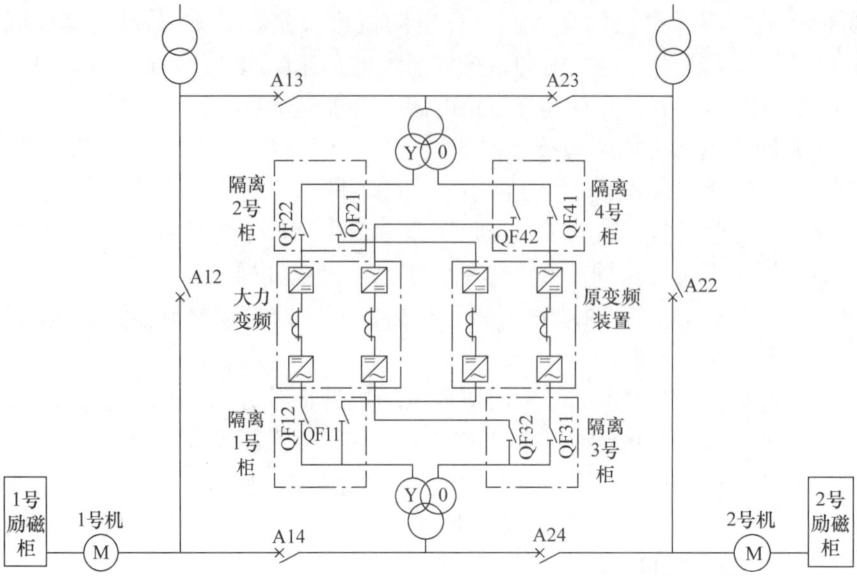

图 7-54 武钢 2 号鼓风站一拖二变频软起动主电路

功率因数：0.85 超前　　　　励磁参数：190V. 640A

额定转速：3 000r/min　　　　厂家：西门子

离心级式轴流鼓风机

型号：AG120－16RL6　　　　厂家：德国 MAN－GHH 公司

负荷换流电流型变频软起动器：

型号：SFC－50 000/10　　　　厂家：大力电工襄阳股份有限公司

实际起动参数如下：

起动电流为620A，技术要求为额定电流的 1/3 以内。起动时间为 133s（其中起动到高速时间为 112s，高速并网时间为 21s），并且满足电动机平滑起动要求，技术要求起动时间不超过 4min。起动过程中，转速精确可控，满足电动机平滑起动要求；起动加速快，可以快速越过机组的机械谐振点；同期调节迅速，25s 以内可完成并网；整个起动过程中，电动机的振动偏移、油温变化都在技术要求内。图 7-55 为武钢 2 号鼓风站改造后同期投切效果波形。

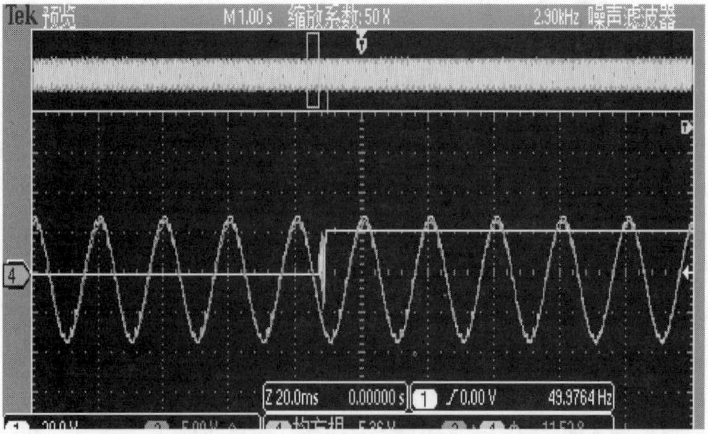

图 7-55 武钢 2 号鼓风站同期投切效果波形

7.9　绕线转子异步电动机的转子起动器

1. 概述

绕线转子异步电动机转子上的三相绕组一般接成星形，在正常运行时，三相绕组通过集电环彼此短接，如果在转子绕组短接的情况下起动电动机，定、转子绕组中会有很大的电流通过。另外，由于刚起动时转子电路的功率因数很低，最初起动转矩比较小，往往不能满足要求，为了改善起动特性，一般采用表7-4中的各种措施。

表7-4　各种措施

分类		起动方式
频敏变阻器	集电环电动机	频敏变阻器
		冲击负荷专用频敏变阻器
	无刷电动机	无刷频敏变阻器
金属电阻		油浸电阻起动器
		干式多极开关控制电阻器
		干式多极凸轮控制电阻器
液体电阻		液体电阻起动器
		液体电阻起动调速器

2. 在转子回路中串联起动电阻

对于绕线转子异步电动机来说，当电网电压及频率不变时，在转子回路中串入电阻后，可以改善电动机的起动转矩，它们的机械特性如图7-56所示。图中的曲线1为自然特性，串入的电阻 $R_1=0$。曲线2、3、4为人造特性，串入的电阻分别为 R_2、R_3、R_4，电阻值的大小为 $R_2<R_3<R_4$。从图中可看出，它们的最大转矩 T_m 和同步转速都不变，但临界转差处的值，随着转子电阻 R 的增大而增加、起动转矩 T_s 也随着 R 的增大而增加。当然起动转矩的增大也是有限的，当 $s_m=1$ 时，$T_s=T_m$，转子电阻再增加，s_m 大于1，起动转矩又开始减小。

转子回路串入了电阻，一方面可限制起动电流；另一方面可以提高转子功率因数。如果所串电阻值合适的话，既可以使最初起动转矩增大，又能够减小最初起动电流。当串入某一电阻时，还能使电动机在它的最大转矩下起动。当然，所串的电阻大于一定数值后，最初起动电流和最初起动转矩都会变小了。这种情况是我们所不希望出现的。当电动机转起来后，可以自动地把串入的起动电阻逐级切除，以便加速起动过程，直到把全部所串的电阻短路为止。图7-57是绕线转子异步电动机串电阻的示意图。

3. 转子回路中串入频敏电阻

将上图的电阻换成频敏电阻，在起动过程中反映铁损耗的电阻主要与转子电流的频率二次方成正比关系，理论上能实现电阻无级切换起动。但实际上频敏电阻起动过程的 $\cos\varphi_2$ 很低，虽电流很大（达额定电流的3.5~4.5倍），其起动转矩却不大，而起动时间很短而且很难控制，所以容易引起跳闸造成起动失败，也容易烧毁线圈。目前已经被由液体电阻构成的转子起动器取代而很少采用。

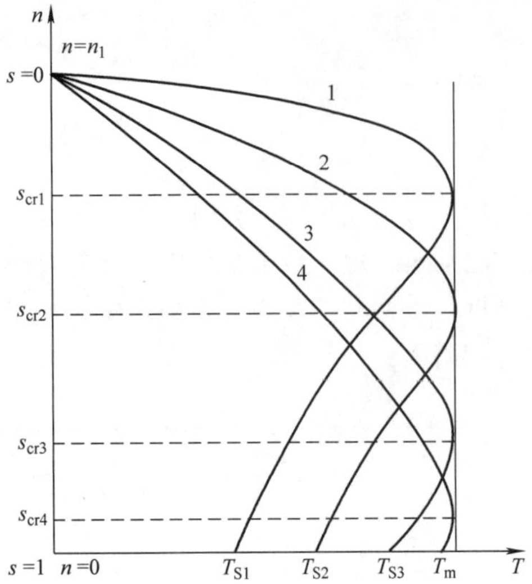

图 7-56　异步电动机转子回路串电阻后的机械特性

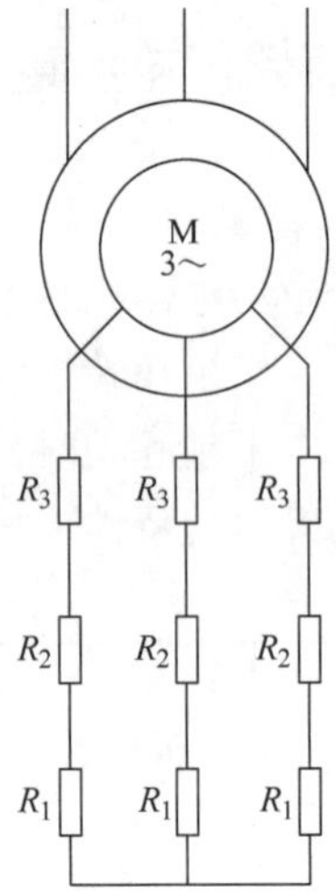

图 7-57　绕线转子异步电动机串电阻起动

4. 转子起动器

转子起动器是为改善大中型绕线转子交流异步电动机的起动性能而研制的新型起动器，克服了频敏变阻起动器冲击电流大、难起动和操作不便等问题，适用于建材、冶金、化工、矿山等工业部门的球磨机、空压机、破碎机、大型风机、大型水泵等电动机的重载起动，是频敏起动器和金属电阻起动器的理想替代产品。基本原理是通过机械传动装置使导电液体中两平行极板的距离逐渐减小直至为零，使串入电动机转子回路中的电阻值平滑减小，从而实现绕线转子大中型电动机的重载平滑起动。有以下显著技术特点：

1）起动电流小且恒定，对电网无冲击；起动电流不大于额定电流的 1.3 倍，因此可以降低电动机重载起动对变压器容量的要求，减少一次性投资；

2）平滑起动，减少对机械设备的冲击，可延长机械设备及电动机寿命 30% 左右；

3）热容量大，可连续起动 5 ~ 10 次；

4）低电压仍可起动，只要电网电压能保证电动机正常运行，就能保证顺利起动。

5）结构简单，维护方便，可靠性优于频敏、油浸式变阻器。

7.10　液体电阻转子起动器

1. 液体电阻转子起动器概述

液体电阻转子起动器是为改善大中型绕线转子交流异步电动机的重载起动性能而研制的起动器，它克服了频敏电阻起动器冲击电流大、难起动和操作不便等问题，适用于建材、冶金、化工、矿山等工业部门的球磨机、空压机、破碎机、大型风机、大型水泵等电动机的重载起动，是频敏起动器和金属电阻起动器的理想替代产品。

液体电阻转子起动器的基本原理是通过机械传动装置使导电液体中两平行极板的距离逐渐减小直至为零，使串入绕线电动机转子回路中的液体电阻阻值由最大逐渐平滑减小为零，使电动机转速逐渐增大并平滑达到额定转速，从而实现绕线转子大中型电动机的重载平滑起动。

2. 液体电阻转子起动器的正常工作条件

环境温度上限不超过50℃，下限不低于 -5℃；相对湿度不超过85%；海拔不超过2 000m；应放置室内无剧烈振动及冲击且垂直倾斜度不超过5°，没有火灾及爆炸危险的场合；不允许有导电尘埃及腐蚀性气体；电源采用三相四线380/220V 20A，且电压波动必须保证在额定电压的±15%范围内。

3. 液体电阻转子起动器系统简述

液体电阻起动器作为一种设备，必须要有完整的机械结构和电气控制系统，两者共同组成一台具备绕线电动机转子串电阻起动的电控设备。

液体电阻起动器要完成的工作是：在起动之初，检测自身的各种参数，在条件满足起动要求的情况下，向中控室发出允许起动信号。当电动机定子得电时，绕线电动机转子回路的液体电阻极板距离则由电动机驱动并匀速减小，使得电动机转子所串电阻均匀减小，电动机转速逐步上升，当电动机转速接近额定转速时，极板距离减小为零，则用接触器短接电动机的转子回路，电动机转子回路短路，电动机额定运行。液体电阻起动器结构简图如图7-58所示。

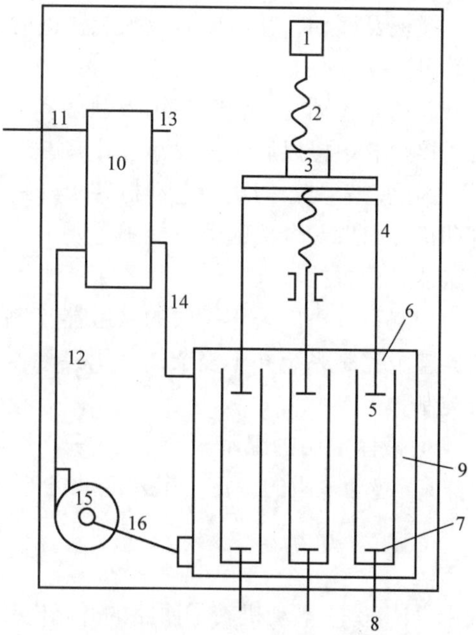

图7-58　液体电阻起动器结构简图

1—传动装置　2—丝杠　3—传动螺母　4—电极中心点　5—活动电极　6—电液箱　7—固定极板　8—电阻接线端　9—电解液　10—换热器　11—冷却水入口　12—电解液冷却入口　13—冷却水出口　14—电解液冷却出口　15—循环泵　16—电解液

从以上液体电阻起动器要完成的功能看，其主要包含以下几个部分，一个是极板传动组件，一个是水箱以及机箱部分，还有就是电控部分。

液体电阻转子起动器来说，在绕线电动机起动的过程中，要将液体电阻逐步地从最大值减小到最小值，因此必然要将极板的距离从最大减小到最小。一般采取的方法是一个极板固定不动（称为静极板），另外一个动极板向静极板移动，如此减小极板之间的距离。极板的布置方式有很多种，有上下布置的，也有左右布置的，因此极板有上下移动的，也有左右移动的，方式多种多样。因为极板上焊接有极杆，相对来说，上下移动极板的方式更为常见。

极板的移动由电动机驱动，驱动方式有丝杆螺母连接方式，也有链条连接方式。丝杆螺母驱动要产生扭矩，导致极板的扭转，因此要加导向装置，但所占空间要小一些。链条连接传动方式不会产生扭转的现象，但因链条没有刚性，对极板的固定有一定的困难。

4. 起动器电控系统

液体电阻起动器的控制系统主要包含液温、液位检测器件以及接触器控制系统（有的采用可编程逻辑控制器PLC组成整个控制系统）。在液体电阻起动器的整个运行阶段，要对液体的温度以及液位进行监控。液体温度升高后，液体会蒸发，导致液体液位下降。因此，在液体电阻起动器上要装有液体温度检测装置以及液体液位检测装置。

对于液温检测装置有很多种型号可以选择，有机械接触式的（比如电接点温度计），也有非接触式的（比如红外测温仪等），安装的数量也不一定，对于较小的液体电阻起动器，多采用一个测温装置，但对于比较大的液体电阻起动器，也可以采用每相一只测温装置。

对于液位检测，也有多种装置可以选择，有接触式的液位计，也有非接触式的液位检测装置，最简单的甚至就用两个铜片来组成液位检测装置，也是可以用的。

极板要移动，就需要对极板位置进行限位，现在一般采用行程开关，但采用接近开关可能效果更好一些。

起动器起动完毕，需要用接触器将电动机转子回路短接，短接接触器的选用是比较关键的。接触器短接以后，需要承受电动机转子回路的大电流，而在起动瞬间还需要承受高电压，因此，需要根据绕线电动机转子开路电压和转子短路电流来选用短接接触器。对于大型电动机，如果一个接触器不能满足要求，可以采用 2 个或 3 个接触器并联使用，或是用高压断路器进行短接。

控制系统可以采用一般的接触器控制系统，也可以采用 PLC 控制系统，一般地由于起动器整个控制系统并不复杂，采用接触器控制系统就可以满足要求，不一定要选用 PLC 进行控制。

5. 液体电阻的配制

1）起动电阻的确定。串入电动机转子回路每相电阻值 R_0 按下式确定：

$$R_0 = 0.577\frac{U_{2e}}{I_{2e}}K_F \tag{7-14}$$

式中 U_{2e}——电动机转子回路的开路电压（V）；

I_{2e}——电动机转子回路的额定电流（A）；

K_F——电动机功率容裕倍数，若已知电动机的定子电流的实际运行值 I_1，可取 $K_F=\frac{I_{1e}}{I_1}$，其中 I_{1e} 为电动机定子额定电流，若属新设备尚未投产，尚不知 I_1，则可按 $K_F=\frac{N_e}{N_1}$，其中 N_e 为电动机的额定功率，N_1 为负载的需要功率。

2）起动电阻的配置。配液用水的原则：配液用水最好是蒸馏水，也可用软化水，最低限度应是经过净置后去掉沉淀物的生活用水。

液体电阻的配制方法是：

① 先将动极板移到上限位。

② 将适量的电液粉用清水充分溶解后注入一相水箱内。另两相重复。

③ 三相电解液配好后，加水至离上盖板 6cm 左右。

④ 将活动极板升降数次（可接通柜内电源利用“实验”旋钮进行），将溶液搅拌均匀，即可。

3）起动电阻的测量。计算出的电阻值若超出表中范围，则需要用以下电路测量，如图 7-59 所示。

将液体电阻的活动极板移到上限位后，给每相两动静极板之间通以 50Hz、5A 交流电流 I（A）并测量两极之间压降 U（V），测液体电阻值为：

$$R_{(\Omega)} = \frac{U\ (\mathrm{V})}{I\ (\mathrm{A})} \tag{7-15}$$

测量电路如下：

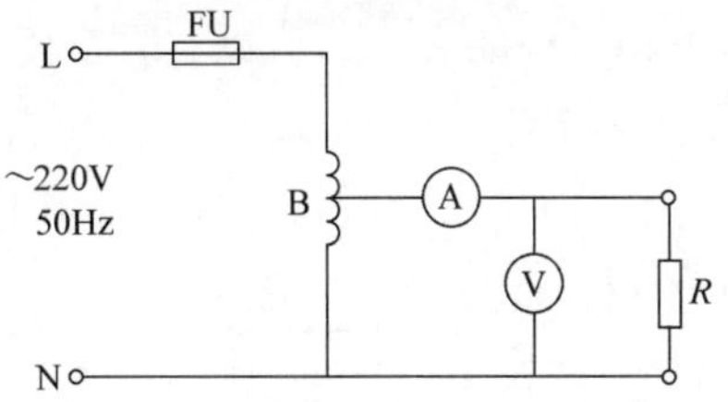

图7-59 液体电阻起动器测量电路

FU—熔断器2A B—调压器5kVA Ⓐ—交流电流表10A，0.5级 Ⓥ—交流电压表0.5级

注：电阻值过大应增大电阻液浓度，否则应降低其浓度。

7.11 大型电动机软起动技术分类方法及发展综述

1. 软起动的确切含义与意义

提高能源利用效率，减少污染排放，建设可持续发展的工业经济是时代的主题。工业生产高度规模化是实现节能减排目标的必然选择，软起动技术的产生及发展对解决工业生产高度规模化所面临的保护电网、电动机安全起动运转、拖动负载机械等一系列问题，提高社会生产能力，具有重大意义。

电动机软起动是通过采用减压、降补、变频及这些技术的集成等手段，实现电动机软起动，减少对电网的影响程度，使电网得以保护、电动机软起动运转、电动机拖动机械负载等整个动力系统稳定和谐，安全高效。其技术含义分三个方面阐述：一是使电动机的输出力矩满足大型机械系统对电动机起动力矩的要求，保证平滑加速，平滑过渡，避免破坏性力矩冲击；二是使起动电流满足高压大型电动机承受能力的要求，避免电动机起动发热造成绝缘破坏或烧毁，避免冲击性力矩对电动机组的破坏；三是使起动电流满足电网电能质量相关标准要求，减少电压暂降幅度，减少高次谐波含量等，方便动力系统、变压器、电动机合理匹配，实现间接节能的目的。

软起动技术对解决生产高度规模化和电力系统高度网络化的矛盾具有重要的现实意义。工业生产规模化的结果是工业装置单机功率越来越大，需要的电动机功率也越来越大。然而电网的功率不仅不可能与电动机等比例发展，而且随着网络化程度越来越高，电网还变得越来越“脆弱”，任何电动机起动过程中异常情况的发生，影响面不仅仅是需要起动的场合本身，还可能是整个电力接入端所在的系统，甚至系统所在的整个区域，保障电力系统安全运行，已成为关系到国计民生的战略性问题。因此，软起动技术的产生及发展，能较好地解决这一矛盾，进而保障电力系统安全运行，促进了现代工业的规模化进程。另一方面，软起动技术对促进电力系统的优化，实现电力系统高效稳定运行，具有重要作用。电动机是电网的重要组成部分，电动机消耗的电能占全部发电量的66%，而大型电动机消耗的电能占全部发电量的50%以上。电力系统中如果没有软起动，大型电动机起动不了，或起动造成系统电压崩溃，系统将不可能正常工作。软起动技术的产生及发展同时促进电网不断优化配置，确保始终运行于安全高效状态。软起动技术还有利于大功率高压电动机运行特性的优化，对电机制造技术的发展与应用起到极大地推动作用。传统电动机设计中，要兼顾起动与运行特性，实际上很难取得两个方面的完美配合，有了软起动技术，在电动机设计时，可以不考虑起动特性，一味追求高效运行特性，而起动特性交由软起动技术解决。软起动技术的应用，对于电动机的合理选用，保证拖动系统的高效运行也有着重要作用。

2. 软起动技术的分类、原理及特点

1）按照适用电动机种类分类：适用于绕线转子异步电动机的转子软起动器和适用于普通电动机的定子起动器，如图 7-60 所示。

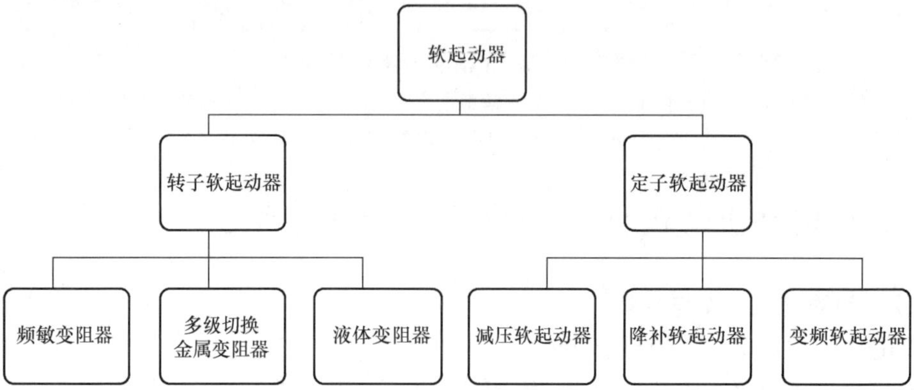

图 7-60　软起动器分类

转子起动器适用于拖动大型重载机械的绕线转子异步电动机的起动，起动器串接在电动机的转子回路，所以叫转子起动器。转子起动器多为三相对称电阻，根据所串联电阻形式的不同，可分为频敏变阻器、多级切换金属变阻器和液体变阻器，其中液体变阻器适用于大型重载机械绕线转子电动机的平滑起动，市场主要在于矿山、水泥、有色冶金等行业的重型机械，如球磨机、破碎机、起重机等，所配电动机功率从几百 kW 到几千 kW。多级金属电阻起动主要用于数十 kW 到几百 kW 的起重机、提升机等，在大中型电动机范围较少适用。频敏电阻起动器逐步淡出市场。图 7-61 是三种转子起动器的典型原理回路及机械特性。

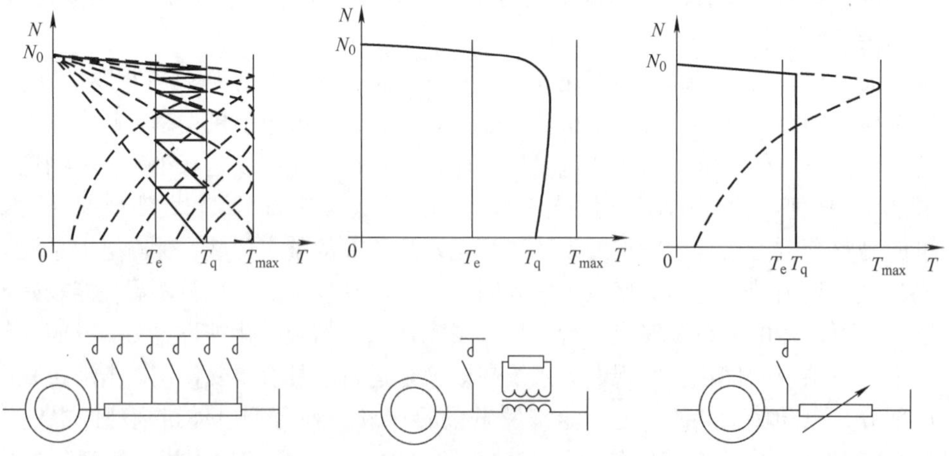

图 7-61　三种转子起动器

普通异步电动机或同步电动机，可以通过改变电动机定子电源的电压、频率或提供电动机起动所需的无功等方式，实现电动机的起动，按照起动原理的不同可以分为：减压软起动、降补软起动、变频软起动等。

2）减压软起动就是通过降低电动机定子端电压来降低电动机起动电流，从而减少电动机起动对电网的冲击。减压软起动最大的问题是电动机的起动力矩跟电压成二次方关系降低，所以在工程中必须反复进行电流和力矩校核，也正因为如此，减压软起动只能适用于轻载起动的风机、水泵、压缩机类负荷。减压的方式比较多，可分为：串联电阻减压、串联电抗减压、串联晶闸管移相斩波调压、自耦变压器减压等。分类方法如图 7-62 所示，原理如图 7-63 所示。

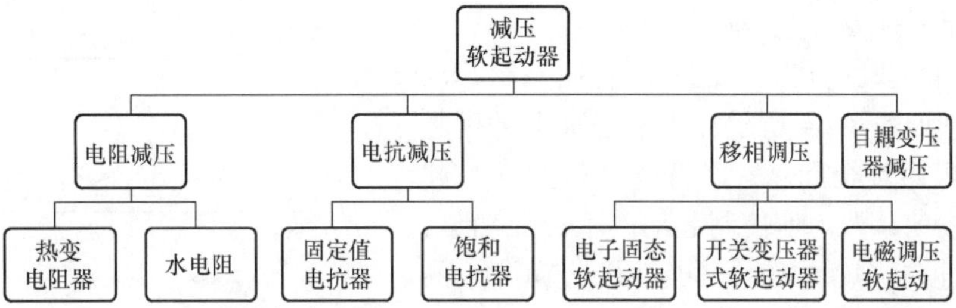

图　7-62

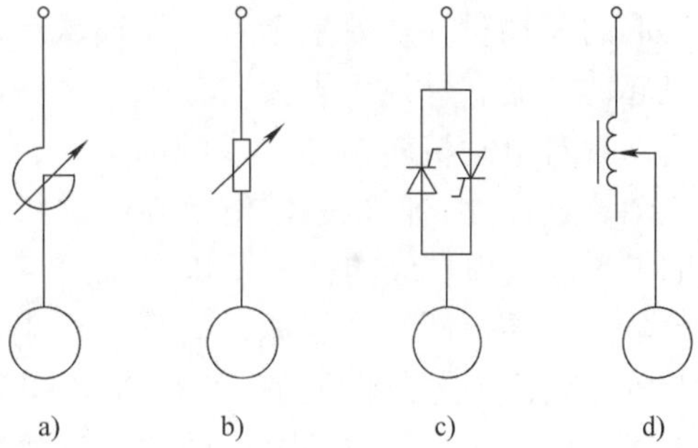

图　7-63

串联电阻减压代表产品是高压热变电阻和液态电减压起动装置。热变电阻是一种电解质的水溶液，由于电解度受温度的影响，当温度越高，电解度越高，电阻率越低，其电阻率呈现明显的负温度特性；在一定温度范围内，电解质的溶液的这一变化是可逆的。利用热变电阻实现电动机减压起动的原理是：热变电阻串接在电动机定子回路，电动机起动电流使电阻器发热，电阻液体温度逐步升高，电阻值逐步降低，电动机端电压逐步升高，实现电动机的平滑起动。主要优点：具有恒电流软起动特性；系统功率因数高且接近恒定，母线电压波动小。起动过程无冲击无振动，安全可靠，免维护。主要缺点：环境温度变化对起动特性的影响大，要求机械和电力系统能够容忍；体积大。可以适用到 15MW 电动机的起动。液态电阻软起动是通过改变电极间的相对距离而实现减压软起动。

串联电抗减压起动的主要代表产品是饱和电抗器（有直流励磁和自励磁两种形式），其原理是将饱和电抗器串接在电动机定子回路，通过调节励磁大小改变铁心饱和程度，从而调节电抗值，实现电动机的软起动。主要优点：在一定范围可以调节。主要缺点：系统功率因数低（小于 0.1）、起动转矩小（小于 0.2）、起动电流大（大于 2.5 倍额定电流）、有高次谐波、母线电压波动大。一般在 MW 级以下功率范围有条件使用。

串联晶闸管移相斩波调压起动的主要代表产品是电子固态软起动，将反向并联的晶闸管串联在异步电机定子回路，通过控制晶闸管的导通角来改变电动机端电压的大小，实现电动机减压软起动。电子固态软起动主要优点：在一定范围可以调节，体积小。主要缺点：系统功率因数低（小于0.1）、起动转矩小（小于0.2）、起动电流大（大于2.5倍额定电流）、有高次谐波、母线电压波动大。一般在MW级以下功率范围有条件使用。另外两个产品如开关变压器软起动、电磁调压软起动，实际上是电子固态软起动的变种，相对于电子固态软起动，优点减少，缺点增多。开关变压器式电动机软起动装置是用变压器来隔离高压和低压，变压器的高压绕组与电动机串联，低压绕组与晶闸管和控制系统相连，通过控制晶闸管的触发角来改变其低压绕组上电压从而改变高压绕组上的电压，达到改变电动机端电压，实现电动机软起动的目的。在起动过程中，开关变压器始终处于开和关两种状态。开关变压器低压侧的电压很低，不必采用晶闸管的串联技术。开关变压器式高压电动机软起动装置与电子固态软起动装置两种技术在电动机减压起动原理方面是完全一致的，两者有明显的理论传承关系，只是实现方式上不同。

3）降补软起动的代表产品是降补固态软起动装置，其原理如图7-64所示：为了解决电动机起动电流与转矩两难全问题，降低电动机起动引起的电网电压波动，人为地控制起动产生的无功量，从而降低其冲击强度。在保证电动机起动力矩的前提下，降低电动机起动电压。由软起动装置提供部分电动机起动过程所需要的无功，减少从电网吸取的无功量。从效果上看，降补软起动将电动机起动电流和母线侧电流有效分开，在满足负载起动时对电动机转矩的要求的前提下，通过调整起动装置参数，使得起动电流在电动机额定电流的1.5倍以内。成功解决了串联减压起动方式起动电流与转矩两难全问题，而且不产生高次谐波等电力危害。该成果目前已经在28 000kW电动机上成功使用，在大中型电机的软起动领域中属国内领先水平，在同类降补起动装置中，其主要技术指标达到国际领先水平。

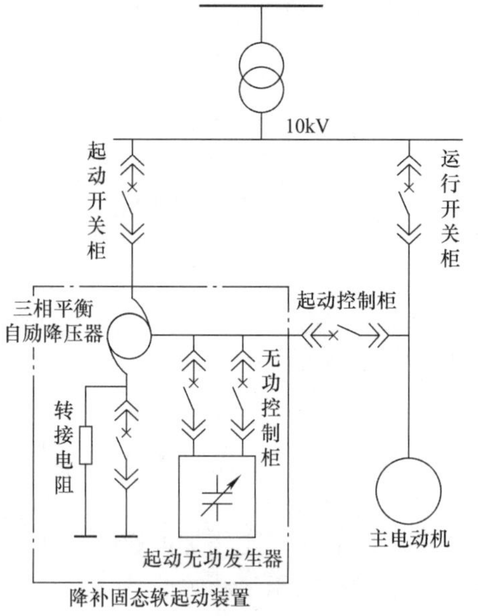

图7-64 降补固态软起动装置

4）变频软起动是应用电力电子技术实现电压和频率的调节，通过控制器输出电压频率从小到大，逐步达到工频频率，实现电动机的起动。高压变频软起动方案，代表着大型电动机软起动技术的发展方向。近年来取得了很大成就，相对于其他各种减压软起动方案而言，具有明显的技术先进性。变频软起动又可分为同步电动机SFC（如图7-65所示）和异步电动机HVFS变频软起动（如图7-66所示）。

图7-65所示同步电动机SFC变频软起动装置实际上是电流型变频器（也叫LCI），专门为高压大型或超大型同步电动机起动而设计的，适用功率从MW级到300MW的高压同步电动机。软起动装置主电路由整流变压器、晶闸管整流电路、直流电抗器、晶闸管逆变器、交流电抗器、励磁系统及同步电动机组成。从起动指令发出到起动完毕同步并网，经历了“断续—自然换流”切换、电流限制值切换、整步微调和同步并网等几个阶段。起步时转子位置检测和初始定位采用电气测角和测速方法；断续法换流期间采用电流断续换相法加速，使转速升到额定转速的5%～10%；自然换流期间，当反电动势的大小足以满足自然换流的

要求时，控制系统自动进入自然换流状态，在转速升至25%期间，SFC的输出电流由额定值的67%升至装置额定值，然后恒电流加速到95%～97%；整步阶段自动整步微调控制配合励磁系统调节，使电动机的频率和相位与电网的频率和相位完全相同；同步并网条件成立，起动装置自动将整流器触发控制角α后移，使之进入逆变状态，输出电流下降到零，然后封锁整流器和逆变器的全部触发脉冲，同时合上并网开关。一般情况，根据负载的不同，SFC的输出电流额定值可以控制在电动机额定电流的30%左右。

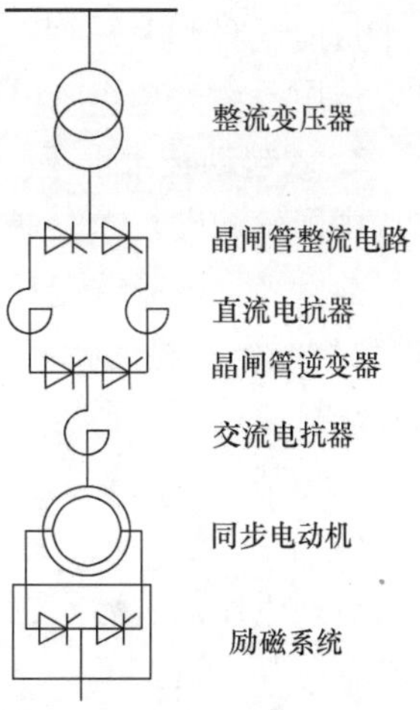

图7-65　同步电动机SFC变频软起动装置

图7-66所示异步电动机HVFS变频软起动装置是功率单元串联拓扑结构的高压变频器，功率单元如图7-67所示。当输出频率从设定频率逐步升高到电网频率，输出电压按照一定频压比的关系从起始电压逐步升高到电网电压，则电动机转速从开始设定的转速逐步升高到全速，并通过外部开关及一定的控制方式将电动机切换到工频电网上运行，实现电动机的软起动，一般情况，根据负载的不同，起动电流可以控制在额定电流的30%～50%之间。在电动机起动加速时，高压变频软起动装置中的逆变器输出频率呈线性增长，同时电压亦随之提高，这时可使电动机的起动电流限制在额定电流50%以下，这比减压起动方式下的起动电流要小得多。逆变器的起动频率和起始电压可根据负载情况在一定范围内调节设定，既可以应用在轻载起动的电动机上，也可以应用在重载起动的电动机上，起动转矩可以达到额定转矩，电动机起动过程中的加速时间可通过改变$v-f$曲线斜率来调整，可以和电动机起动转矩相配合，做到恒电流起动。

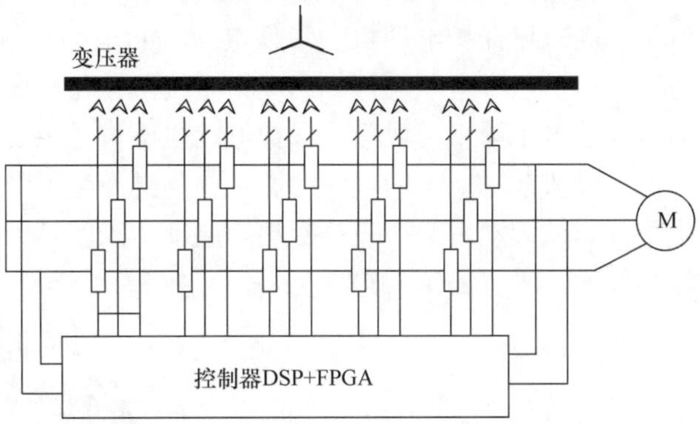

图7-66　异步电动机HVFS变频软起动装置

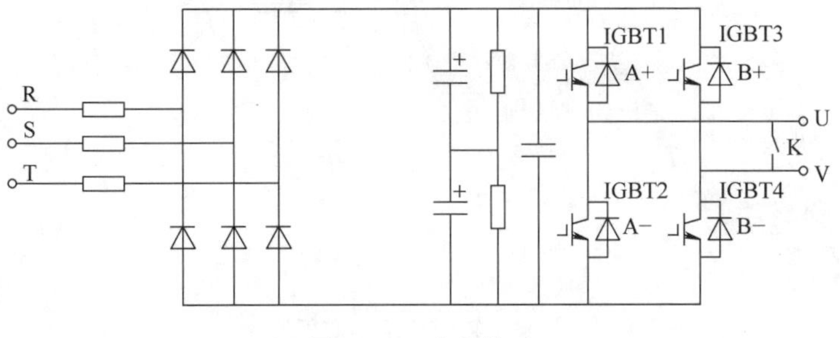

图7-67　功率单元

目前，对于上万kW级的电动机，一般就只有高压变频软起动、降补软起动等少数技术可以选用，更大功率的电动机目前只有高压变频软起动可以满足要求。

3. 软起动技术水平

中国软起动技术发展大体经历了减压软起动技术、降补软起动技术和变频软起动技术。从目前看来，变频软起动技术是软起动器特别是高压软起动器的发展方向。从最早用于千kW级绕线电动机的转子起动器，到现在用于大型风机设备的万kW级变频软起动器，我国软起动行业技术水平发生了翻天覆地的变化。梳理起来，可以发现有两条异曲同工的发展脉络：一是基于满足需求与技术进步的发展脉络，一是基于认知进步的软起动技术发展脉络。

1）软起动技术发展脉络。满足需求是技术进步的原动力。在没有软起动技术之前，要解决重型机械的起动问题，主要从机械或电动机方面着手。机械方面如液力耦合器、电磁力矩耦合器等，这些都是电动机直接起动到额定转速，然后经过耦合器带动机械起动到全速；电动机方面如高起动力矩电动机（双笼型电动机），起动力矩大，但运行效率低。

绕线电动机转子串电阻起动的应用是较早软起动技术的具体应用，后来的技术进步只是表现在变电阻的原理和方式上。经过长期市场选择，基本确立液体电阻转子起动器作为非频繁起动的重型机械绕线电动机的标准配置，多级金属电阻转子起动器作为频繁起动的重型机械绕线电动机的标准配置。频敏电阻转子起动器退出市场。

绕线电机因为结构复杂、可靠性低、效率不高，仅用于重型机械的拖动。对于大多数通用机械，如风机、水泵、压缩机等，用户和工程技术人员更倾心于普通异步电动机或同步电动机。因为普通异步电动机结构简单、可靠性高、效率高、控制简单，且功率可以做大。现在所说的软起动都是针对普通异步电动机或同步电动机而言，为满足普通异步电动机或同步电动机的起动要求而相继开发的各种软起动技术和产品。如图7-68所示基于满足需求的软起动技术发展脉络：最早的需求以保护电动机、降低电流为目的，相继产生各种减压起动，如自耦变压器、星三角、串电抗、串电阻等等；当电力系统网络化程度愈来愈高、电动机单机功率越来越大、电动机制造技术越来越成熟，保护电动机不再是主要目的，而保护电网变得愈来愈重要，为了降低电动机起动对电网电压的影响，相继产生了降压补偿相结合的起动技术和产品，这里以降补固态软起动最为代表；变频软起动本来就是为解决超大型电动机起动而产生的，代表着最高技术水平，如图7-68所示。

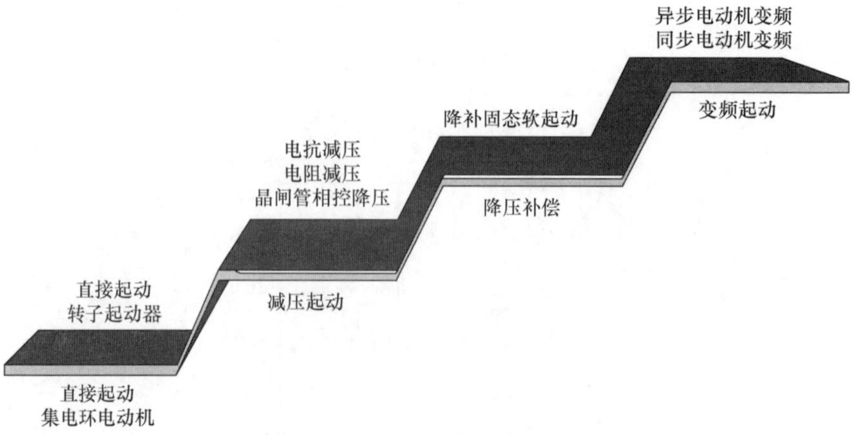

图7-68 软起动技术发展脉络

然而，在不同的历史时期，技术认知也是不同的，认知的进步也会主动推动软起动技术的发展，如图7-69所示。

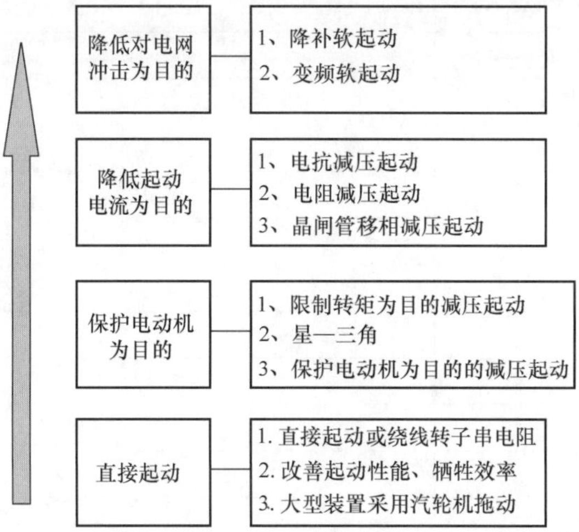

图7-69 软起动技术的发展

2）各种软起动技术所适用的电动机功率分布图。不同的软起动满足不同的电动机起动要求，为不同的市场服务。总体上，技术水平与功率大小是对应的，功率越大，技术水平越高，如图7-70所示。

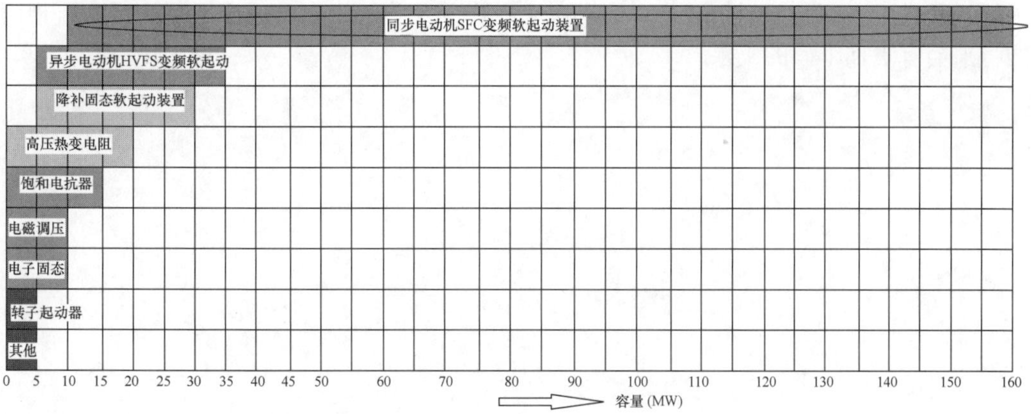

图7-70 各种软起动技术所适用的电动机功率

3）各种软起动技术性能对比表格。从技术先进性和起动性能方面来讲，高压变频软起动代表着软起动技术的发展方向，它具有很小的起动电流，可控的起动转矩，对电网几乎没有附加影响。对于电抗器而言，电抗大，则易造成起动不成功，中速爬行，电抗小则易造成电网压降大，起动电流大。电子固态软起动适用电动机功率亦有限。高压自耦变压器相对来说可把功率作得大一些。这些减压软起动装置对于电网功率均有一定的要求。相比起来，降补固态软起动装置技术性能优势明显，起动时电路电流小于1.5倍额定电流，功率范围5～30MW，结构简单，性能稳定，安全可靠，可很好地解决大中型电动机起动中的问题。

表7-5列举几种典型的软起动技术进行对比。

表 7-5

指标	电抗类	电阻类	电子固态	降补	变频
功率/MW	5	15	5	30	300
起动电流	2.5～4	2.5～4	2.5～4	1.5/2.5	0.3/0.5
电网压降	最大	较大	最大	较小	无
电网要求	最高	较高	最高	较低	最低
高次谐波	高	无	最高	无	较低
起动时间	不可调	不可调	可调	不可调	可调
连续起动	2次	2次	3次	5次	5次
二次冲击	有	无	无	无	无
环境适应	较强	较差	较差	最强	较差
重复性	较好	最差	好	好	好
辅助电源	大	无	微小	无	小
噪声	大	无	无	小	小
占用空间	较小	较大	最小	较小	最大
维护	免维护	加水	要求高	免维护	要求高
投资	较低	最低	较低	较高	最高

了解电动机软起动技术的分类方法，有助于深刻认识软起动问题的实质，有利于行业的技术创新和进步，有利于问题最终得到解决。业内的工程技术人员还在不懈的努力，相信不久的将来会有更加丰硕的成果。

第 8 章　大功率风机水泵调速节能运行的技术经济分析

8.1　前言

风机和水泵在国民经济各部门中应用的数量众多，分布面极广，耗电量巨大。据有关部门的统计，全国风机、水泵、电动机装机总容量约35 000MW，耗电量约占全国电力消耗总量的40%左右。目前，风机和水泵运行中还有很大的节能潜力，其挖掘的焦点是提高风机和水泵的运行效率。据估计，提高风机和水泵系统运行效率的节能潜力可达（300～500）亿 kWh/年，相当于6～10 个装机容量为1 000MW 级的大型火力发电厂的年发电总量。

对于发电厂来说，火力发电在我国依然占主导地位。据中国电力企业联合会提供的数据，截止到2013 年，全国发电装机总容量为 12.5 亿 kW，同比增长 9.3%，全国发电量 5.35 万亿 kWh，同比增长7.5%，发电装机容量首次超越美国，位居世界第一。其中，全国火力发电机组装机 8.62 亿 kW，占装机容量的 69.1%；火电发电量 4.23 万亿 kWh，占 78.4%。

在火力发电厂中，风机和水泵也是最主要的耗电设备。加上这些设备都是长期连续运行和常常处于低负荷及变负荷运行状态，其节能潜力巨大。据统计：全国火力发电厂 8 种风机和水泵（送风机、引风机、一次风机、排粉风机、锅炉给水泵、循环水泵、凝结水泵、灰浆泵）配套电动机的总容量为15 000MW，年总用电量为520 亿 kWh，占全国火电发电量的5.8%。发电厂辅机电动机的经济运行，直接关系到厂用电率的高低。随着电力行业改革的不断深化，厂网分家、竞价上网等政策的逐步实施，降低厂用电率，降低发电成本从而提高电价竞争力，已成为各发电厂努力追求的经济目标。最终这些指标会集中反映在煤耗指标上，我国火电机组的平均煤耗逼近 310g/kWh，比最低煤耗 280g/kWh 还有 30g/kWh 的节能空间，而厂用电率的高低是影响供电煤耗和发电成本的重要因素之一。

目前，国内的火电机组大都处于低负荷或变负荷运行状态，原因有三：近年来，由于装机容量的迅速增长，全国基本上摆脱了电力供应紧张的局面，电力供应有了盈余，火电机组不得不压低负荷运行；由于负荷结构的变化，电网负荷的峰谷差加大，其值一般达到电力最高负荷的30%，有的电网甚至高达50%；由于目前电网还缺少专门带尖峰负荷的机组（例如坝库式水电机组、抽水蓄能机组、燃气轮机组等），所以一般电网的尖峰负荷和低谷负荷都要求火电机组来承担，火电机组不得不作调峰变负荷运行。

在机组变负荷运行方式下，如果主要辅机采用高效可调速驱动系统取代常规的定速驱动系统，无疑可节约大量的节流损耗，节电效果显著，潜力巨大，这是不争的事实。目前我国火电厂中大部分风机和水泵都采用了变频调速等各种节能装置，大大减低了由于采用出口阀、入口风门凋节流量造成的能力损失。

8.2 风机水泵调速运行的必要性和优越性

8.2.1 风机

风机是火力发电厂重要的辅助设备之一，锅炉的4大风机（送风机、引风机、一次风机或排粉风机和烟气再循环风机）的总耗电量约占机组发电量的2%左右。随着火电机组容量的提高，电站锅炉风机的容量也在不断增大，如国产200MW机组，风机的总功率达6 440kW（其中，送风机2台2 500kW，引风机2台2 500kW，排粉风机总功率1 440kW），占机组容量的3%以上。实际上这些电机平均有效运行功率只有额定功率的60%左右，因此，提高风机的运行效率对降低厂用电率具有重要的作用。

我国电站风机已普遍采用了高效离心风机，但实际运行效率并不高，其主要原因之一是风机的调速性能差，二是运行点远离风机的最高效率点。我国现行的火电设计规程GB 50660—2011大中型火力发电厂设计规范规定，燃煤锅炉的送、引风机的风量裕度分别为5%和5%～10%，风压裕度分别为10%和10%～15%。这是因为在设计过程中，很难准确地计算出管网的阻力，并考虑到长期运行过程中可能发生的各种问题，通常是把系统的最大风量和风压富裕量作为选择风机型号的设计值。但风机的型号和系列是有限的，往往在选用不到合适的风机型号时，只好往大机号上靠。这样，电站锅炉送引风机的风量和风压裕度达20%～30%是比较常见的。

电站锅炉风机的风量与风压的富裕度以及机组的调峰运行导致风机的运行工况点与设计效点相偏离。从而使风机的运行效率大幅度下降。一般情况下，采用风门调节的风机，在两者偏离10%时，效率下降8%左右；偏离20%时，效率下降20%左右；而偏离30%时，效率则下降30%以上。对于采用风门挡板调节风量的风机，这是一个固有的不可避免的问题。可见，锅炉送、引风机的用电量中，很大一部分是因风机的型号与管网系统的参数不匹配及调节方式不当而被调节门消耗掉的。因此，改进离心风机的调节方式是提高风机效率，降低风机耗电量的最有效途径。图8-1给出了离心式风机不同调节方式耗电特性比较曲线。

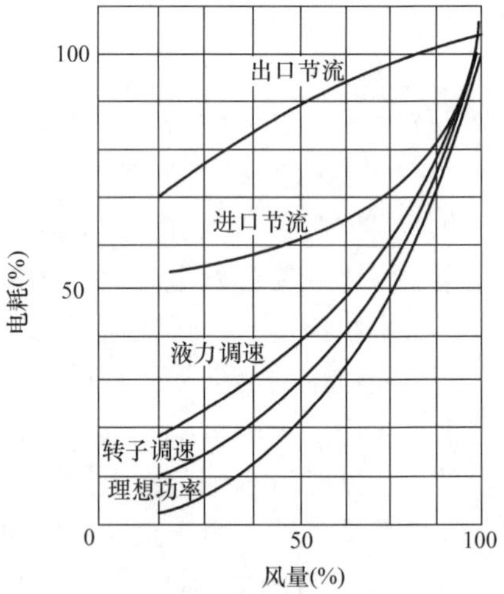

图8-1 离心式风机不同调节方式耗电特性比较曲线

按照流体机械的相似规律，风机、水泵的流量Q、压头（扬程）H、轴功率P与转速n之间有如下比例关系：

$$\frac{Q_1}{Q_2}=\frac{n_1}{n_2}\quad \frac{H_1}{H_2}=\left(\frac{n_1}{n_2}\right)^2\quad \frac{P_1}{P_2}=\left(\frac{n_1}{n_2}\right)^3$$

亦即：

$$\frac{H_1}{H_2}=\left(\frac{Q_1}{Q_2}\right)^2\quad \frac{P_1}{P_2}=\left(\frac{Q_1}{Q_2}\right)^3 \tag{8-1}$$

离心式风机在变速调节的过程中，如果不考虑管道系统阻力 R 的影响，且风压 H 随流量 Q 成二次方规律变化，则风机的效率可在一定的范围内保持最高效率不变（只有在负荷率低于 80% 时才略有下降）。图 8-2 给出了采用风门挡板调节和变速调节方式时，风机的效率—流量曲线。

由图 8-2 可知：在风机的流量由 100% 下降到 50% 时，变速调节与采用风门挡板凋节方式相比，风机的效率平均高出 30% 以上。因而，从节能的观点来看，变速调节方式为最佳调节方式。发电厂辅机采用定速驱动时，风机靠风门挡板，水泵则靠阀门开度来调节流量，除产生大量的节流损耗外，反应速度慢，导致锅炉的燃烧自动无法投入，因而机组的协调控制无法投入，机组无法响应负荷的动态变化，辅机采用调速驱动后，机组的可控性提高了，响应速度加快，控制精度也提高了。从而使整个机组的控制性能大大改善，不仅改善了机组的运行状况，还可以大大节约燃料，进一步节约能源。同时，采用变速调节以后，可以有效地减轻叶轮和轴承的磨损，延长设备使用寿命，降低噪声，大大改善起动性能。工艺条件的改善也能够产生巨大的经济效益。

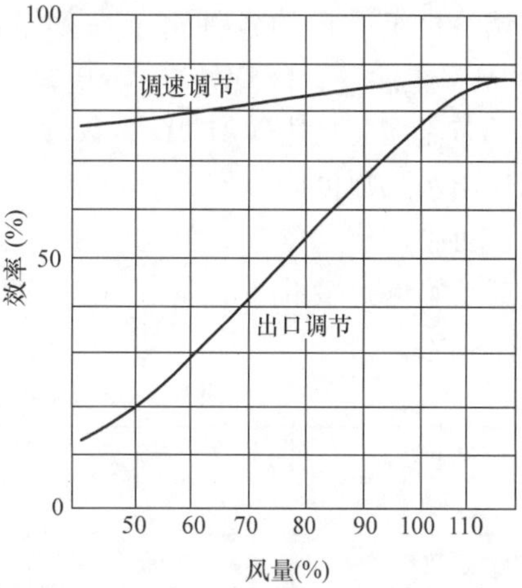

图 8-2　不同调节方式下风机的效率

8.2.2　水泵

火力发电机组必须配备的水泵主要有锅炉给水泵、循环水泵和凝结水泵，其次还有射水泵、低压加热器疏水泵、热网水泵、冷却水泵、灰浆泵、轴封水泵、除盐水泵、清水泵、过滤器反洗泵、生活水泵、消防水泵和补给水泵等。这些水泵数量多，总装机容量大于 50MW。火电机组的主要配套水泵的总装机容量为 6 430kW，占机组容量的 12.86%；100MW 机组为 10 480kW，占 10.48%；200MW 机组为 15 450kW，占 7.73%。100MW 机组主要配套水泵的总耗电量约占全部厂用电量的 70% 左右。由此可见，水泵确实是火力发电厂中耗电量最大的一类辅机。因此，提高水泵的运行效率，降低水泵的电耗对降低厂用电率具有举足轻重的意义。与风机一样，除由于设计中层层加码，留有过大的富裕量，造成大马拉小车的现象之外，还由于为满足生产工艺上的要求，采用节流调节，造成更大的能源浪费现象。以锅炉给水泵为例，1 台 200MW 发电机组的给水泵，其电动机功率达 5 000kW，水泵的出口压力为 25.0MPa，而正常运行时的锅筒压力为 16.5MPa，水泵的出口压力与正常的锅筒压力之间的差别如此之大（8.5MPa）的原因有两个：

1）锅炉检修以后打水压实验的需要；

2）为给水调节阀提供较大的压力，以提高调节系统的反应速度。

由以上分析可知，当电动机定速运行时，为了维持锅筒压力在正常值，必须在给水管道上加装给水调节阀，增加阻力，以至消耗大量的能源，若电动机采用调速驱动，则可用改变电动机的转速来满足不同的压力要求，节省了因阀门阻力引起的附加损耗，从而达到节能的目的。同时以调速方法改变压力的响应速度远比改变阀门开度来的快，使锅炉锅筒水位自动调节系统的反应加快，改善了锅炉给水调节系统的性能。

为了降低水泵的能耗，除了提高水泵本身的效率，降低管路系统阻力，合理配套并实现经济调度外，采用调速驱动是一种更有效的途径。因为大多数水泵都需要根据主机负荷的变化调节流量，对调峰机组的水泵尤其如此。根据目前我国电网的负荷情况，大多数125MW机组已参与调峰，为扩大调峰能力甚至一些200MW机组也不得不参与调峰运行。所以为这类调峰机组配套的各种水泵最好采用调速驱动，以获得最佳节能效果。例如，1台国产200MW组配备3台DG400－180型定速给水泵，当主机负荷为180MW时运行2台泵，调节阀的节流损失高达2.21MPa，仅此一项每年浪费电能883.9万kW·h。如果改用1台全容量调速给水泵则可以节省大量电能，参见表8-1。由表8-1可知，当主机采用定压运行方式时，可平均节电20%；当主机采用定—滑—定运行方式时，可平均节电30%。以上是没有考虑给水焓升变化的计算结果，如果考虑凋速泵中给水焓升较小，则平均节电率将下降3%～5%。

表8-1　200MW机组采用全容量调速给水泵的节电效果

主机负荷/MW	给水流量/(t/h)	主机定压运行		主机滑压运行	
		节电/kW	节电率(%)	节电/kW	节电率(%)
200	616	710	14.61	950	19.69
180	535	770	17.15	1050	23.08
160	470	875	20.59	1530	36.00
140	410	950	23.93	1750	43.21

发电厂所用的各种水泵绝大多数是离心泵。它们的性能曲线如图8-3所示。$(H—Q)\ n$泵在额定转速n的性能曲线。它与管路系统阻力曲线R的交点A为额定工况点。对应的额定流量为Q_1，额定扬程为H_1，额定效率为η_1。运行中如果需要减小流量到Q_2，可以用节流调节和变速调节两种方法来实现。用节流调节法即通过关小出口调节阀，使系统阻力曲线由R_1变为R_2，以得到新的运行工况点B。对应B点的流量即为所需的Q_2，扬程为H_2，这时泵的运行效率为η_2。如用变速调节法，可使转速由n_1降到n_2，这时泵的性能曲线变为$(H-Q)\ n_2$，C点即为新的运行工况点，对应的流量为Q_2，扬程为H_3。转速改变后，泵的效率曲线由η_{n1}变为η_{n2}，对应C点的效率为η。

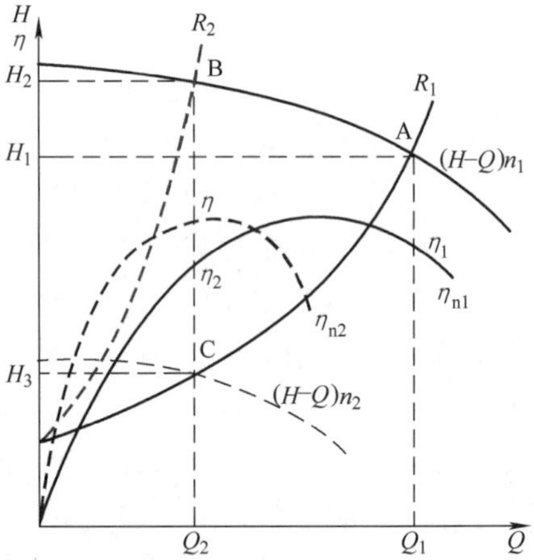

图8-3　离心泵节能原理图

水泵轴功率的计算公式为：

$$P_1=\frac{\rho gQH}{1\ 000\eta} \tag{8-2}$$

式中　P_1——泵的轴功率（kW）；

Q——流量（m^3/h）；

ρ——水的密度（kg/m^3）；

H——扬程（m）；

g——重力加速度（m/s^2）；

η——泵效率。

为分析方便，以系数 K 来表示 $\rho g/1\,000$，于是式（8-2）可改写为：

$$P_u = \frac{KQH}{\eta} \tag{8-3}$$

用阀门节流调节时，运行于 B 点，轴功率为：

$$P_{bH} = \frac{KQ_2H_2}{\eta_H}$$

变化此式可得：

$$P_{bH} = KQ_2H_3 + KQ_2(H_2 - H_3) + KQ_2H_2(\frac{1}{\eta_H} - 1) \tag{8-4}$$

式中　KQ_2H_3——有用功；

$KQ_2(H_2 - H_3)$——阀门节流损失的功率；

$KQ_2H_2(\frac{1}{\eta_H} - 1)$——泵本身损失的功率。

用变速调节时，运行于 C 点，轴功率 P_{cH} 为：

$$P_{cH} = \frac{KQ_2H_2}{\eta_1}$$

同样变化此式可得：

$$P_{cH} = KQ_2H_3 + KQ_2H_4(\frac{1}{\eta_H} - 1) \tag{8-5}$$

用变速调节法比节流调节法少损耗的轴功率

$$\Delta P_u = P_{bH} - P_{cH} = KQ_2(H_2 - H_3) + KQ_2[H_2(\frac{1}{\eta_H} - 1) - H_3(\frac{1}{\eta_1} - 1)] \tag{8-6}$$

从式（8-6）可知，变速调节法节省的功率由两部分组成：一是因不存在阀门节流损失而少消耗的功率；二是与节流调节法相比，因 $H_3 < H_2$ 和 $\eta_1 > \eta_H$ 而使泵内少消耗的功率。

节流损失的大小与泵的性能曲线（$H-Q$）和管路系统阻力曲线 R 的形状有关，这两条曲线越陡减小流量时的节流损失越大。因此，改用变速调节法的节电效果也越显著。

对锅炉给水泵来说，节流损失的大小还与负荷和汽轮机的运行方式有关，参见表 8-2。在同一种运行方式下负荷越小节流损失越大；在负荷相同时采用滑压运行方式的节流损失比采用定压运行方式还大。因此，对调峰和滑压运行机组，采用调速给水泵的节电效果尤为显著。

表 8-2　DG500－180（高效）型泵改为调速泵的节电效果

给水流量/(t/h)	每小时节电量/kWh	
	主机定压运行	主机滑压运行
400	14	319
350	75	365
300	125	450
250	160	560

有些采用定速给水泵的机组，在额定负荷下的节流损失也比较大，参见表8-3。这是因为给水泵是按锅炉最大连续蒸发量设计的，并且考虑到磨损、老化、参数变化和汽水损失等因素，流量的富裕量较大。另外，从调节阀本身的工作特性来说，为使调节阀的流量特性不致畸变，其压降不得小于某一个值，因此必须有一定的节流损失。在这种情况下，采用调速泵虽然因液力耦合器转差损失而额外增加了功耗，但可能还比定速泵经济。

从效率变化方面来看节流调节法在工况改变时泵的效率曲线不变，因此随着流量减小泵的效率下降比较快，而变速调节法当水泵转速改变时，泵的效率曲线也相应改变。

表8-3 125MW机组额定负荷时调速泵与定速泵的比较

给水泵类型	机组负荷/MW	给水流量/(t/h)	主蒸汽压力/MPa	泵出口压力/MPa	调节阀压差/MPa	电流/A
定速给水泵 DG500－180	125	400	13.24	17.16	2.75	310
调速给水泵 DGT180－180SM	125	385	13.19	15.20	0.78	288

因此，可以保证泵始终在高效区范围内运行。

如果管路系统的静扬程 $H_0=0$（例如，水平开式供水的情况），那么管路系统阻力曲线近似于相似抛物线。泵的运行工况点近似于相似工况点。这样，泵在变速运行过程中性能参数的变化可用比例定律表示：

$$Q_2=\left(\frac{n_2}{n_1}\right)Q_1 \quad H_2=\left(\frac{n_2}{n_1}\right)^2H_1 \quad P_{u2}=\left(\frac{n_2}{n_1}\right)^4P_{u1}$$

因此，用变速调节法调节流量可以大幅度节约电能。如流量下降到额定流量的80%，轴功率将下降到额定值的51%；如果流量下降到50%，那么轴功率可以大幅度地下降到13%。当然，实际上还要考虑调速装置的转差损失等因素，即使如此节电效果也是十分可观的。如果静扬程 H_0 不太大，也可以近似用比例定律来估计调速节能的效果。

以上叙述了1台泵单独供水时调速节能的原理，火力发电厂中单泵供单炉的单元制给水系统就属于这种情况。但是，单机容量100MW以下的火力发电厂基本上采用母管制给水系统。这种系统根据所需给水量的变化增减运行泵的台数，即所谓台数调节法。如果泵的台数比较多，采用这种方法也可以使各泵的运行工况点接近于高效区，所以运行经济性也比较好。一些给水系统还配备了流量大小不同的给水泵，根据负荷进行大小泵搭配运行，即所谓经济调度，这样运行经济性会更好些。但是，为了最大限度地提高运行经济性，最理想的方案还是变速调节，因为台数调节法仍然存在一些节流损失，而且在变负荷时泵的运行效率仍然有些降低，图8-4表示采用台数调节法与变速调节法时泵轴功率的差异。

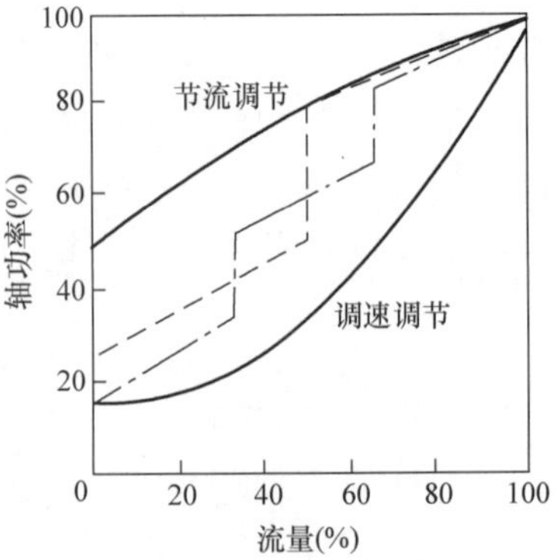

图8-4 采用不同调节法时的泵轴功率

另外，与变速调节法相比，台数调节法不仅经济性差，而且安全性也差，因为它必须根据负荷经常起动和停泵，增加了不安全因素。

8.3 风机水泵的低效调速节能方案

8.3.1 液力偶合器

液力偶合器是一种利用液体（多数为油）的动能来传递能量的叶片式传动机械。安装在定速电动机与风机水泵之间，达到平滑调节转速的目的。

液力偶合器的调速效率 η 等于输出功率 P_2 与输入功率 P_1 之比。在忽略各种阻力扭矩时可以近似认为：

$$M_B = -M_T$$

式中　M_B——稳定流动时，泵轮叶片作用于液体的转矩；

M_T——稳定流动时，流体作用于涡轮的转矩。

则有：

$$\eta = P_2/P_1 \approx P_T/P_B = -M_T\omega_T/M_B\omega_B = -M_T n_T/M_B n_B = n_T/n_B = i \quad (8\text{-}7)$$

式中　P_B——稳定流动时，泵轮叶片作用于液体的功率；

P_T——稳定流动时，流体作用于涡轮的功率；

ω_B——对应于 M_B 的转动角速度；

ω_T——对应于 M_T 的转动角速度；

n_B——对应于 ω_B 的转速；

n_T——对应于 ω_T 的转速。

即在忽略液力偶合器的机械损失和容积损失等损失时，液力偶合器的调速效率等于转速比。转速比越小，其调速效率也越低，这是液力偶合器的一个重要工作特性。

当液力偶合器带泵或风机进行调速传动时，泵或风机的转速 n 等于液力偶合器涡轮的转速 n_T，即 $n = n_T$，而其轴功率 P 等于涡轮传递的轴功率 P_T，即 $P = P_T$。根据叶片式泵与风机的比例定律，泵与风机的轴功率与其转速 n 的三次方成正比：

$$P_T/P_{Tn} = (n_T/n_{Tn})^3$$

或改写成：

$$P_T = P_{Tn}(n_T/n_{Tn})^3 = P_{Tn}(n_T/n_B)^3 \cdot (n_B/n_{Tn})^3 = P_{Tn} i^3/i_n^3 \quad (8\text{-}8)$$

因为 $i = P_T/P_B$，即 $P_B = P_T/i = P_{Tn}(i^2/i_n^3)$，则液力偶合器的转差损失功率：

$$\Delta P = P_B - P_T = P_{Tn}(i^2 - i^3)/i_n^3 \quad (8\text{-}9)$$

为了求出最大转差功率损失处的转速比 i，将式（8-9）对 i 求导，再令导数为零，可求出其极值点，即：

$$\mathrm{d}(\Delta P)/\mathrm{d}i = P_{Tn}(2i - 3i^2)/i_n^3 = 0$$

当 $i = 2/3 = 0.667$ 时：

$$\Delta P_{max} = P_{Tn}[(2/3)^2 - (2/3)^3]/i_n^3 = (4/27)P_{Tn}/i_n^3 = 0.148P_{Tn}/i_n^3 = 0.148P_B/i_n^2 \quad (8\text{-}10)$$

通常，液力偶合器的 $i_n = 0.97 \sim 0.98$，则：

$$\Delta P_{max} = (0.157 \sim 0.162)P_{Tn} = (0.154 \sim 0.157)P_B \quad (8\text{-}11)$$

由此证明，液力偶合器带泵或风机进行调速传动时，其最大转差功率损耗 ΔP_{max} 发生在

转速比 $i=2/3$ 处，并不是转速越低，耗损越大。

虽然液力偶合器工作在低速时其调速效率很低（等于转速比），但在带泵与风机调速时，与节流调节相比较，仍具有显著的节能效果。例如，某离心风机，当流量 $Q=190\times103\text{m}^3/\text{h}$ 时，风机的轴功率为158kW。当通过节流调节使流量 $Q=95\times103\text{m}^3/\text{h}$ 时，风机的轴功率为115kW。当用液力偶合器调速时，由于流量为原流量的一半，则风机的轴功率应为其1/8，即 $158\text{kW}\times(1/2)^3=19.75\text{kW}$。

再考虑到 $i=1/2$ 时的液力偶合器的效率 $\eta=i=0.5$，原动机的输出功率应为 $19.75\text{kW}\times2=39.5\text{kW}$，较之节流调节仍有75.5kW（$=115\text{kW}-39.5\text{kW}$）的节电效果，仍是相当可观的。

液力偶合器的优点是：

1）无级调速。调速范围大，较之节流调节有显著节能效果；

2）可空载起动电动机和逐步起动大惯量负荷，降低了起动电流，使起动更为安全可靠；

3）隔离振动、能减轻负荷冲击、再加之起动电流小，延长了电动机及泵与风机的寿命；

4）过载保护。保护电动机及风机水泵；

5）除轴承外无其他摩损部件，因转差损耗产生的热量均匀地分散到油中，不会引起局部过热，故工作可靠，能长期无检修工作，寿命长；

6）工作平稳。可以平缓地起动、加速、减速和停车；

7）便于控制。液力偶合器是无级调速，便于实现自动控制。适合于各种伺服控制系统；

8）能用于大容量泵与风机的变速调节。目前单台液力偶合器传递的功率已达20MW以上。

其缺点是：

1）和节流调节相比，增加了初投资，增加了安装空间，大功率的液力偶合器除本体设备外，还要一套附加的冷油器等辅助设备与管路系统；

2）由于液力偶合器的最大转速比 $i=0.97\sim0.98$，因此液力偶合器的输出最大转速要比输入转速低；

3）调节延迟时间较长，不适应紧急事故的处理，适合于较高转速的泵与风机调速的场合；

4）调速精度不高，不适宜要求精确转速的场合使用；

5）因为无直联机构，故液力偶合器一旦发生故障，泵与风机也只能停止工作；

6）调速效率低（$\eta=i$），等于转速比，产生的损耗大，在各种变速装置中属低效调速装置。

8.3.2 液力调速离合器

液力调速离合器是一种以油为工作介质，依靠摩擦力传递功率的变速传动装置。它是一种新型的液力无级调速传动装置，既能实现无级调速，又能像普通离合器一样，既可将主动部分与从动部分分离，又可将主动部分与从动部分无相对运动地合在一起，所以称其为液力调速离合器，也称奥米伽离合器。

其调速特性与液力偶合器基本相似，也属于低效调速装置，但其最大调速比 $i=1$，调速效率 $\eta=P_2/P_1=M_2\omega_1=n_2/n_1=i$，当泵与风机相连、$i=2/3$ 时，$\Delta P_{max}=0.148P_N$，体积比液力偶合器较小，投资差不多，但功率较小。

8.3.3　电磁转差离合器

电磁转差离合器的功用和液力偶合器及液力调速离合器相同，都是安装在定速电动机与泵或风机之间的一种变速传动装置，使泵与风机可以实现无级调速电磁转差离合器的基本部件为电枢与磁极，这两者之间没有机械联系，各自可以自由旋转。电枢是主动部分，直接与电动机的输出轴连接，并由电动机带动其旋转。电枢通常为圆筒形整块铸钢，在外表面常铸或焊有风扇叶，以提高散热效果。磁极为从动部分，它通过联轴器与泵或风机的输入轴相连。磁极由铁心和励磁绕组组成，励磁绕组有装设在转子上的，也有固定在机壳上的，前者的励磁电流需通过集电环和电刷引到转子。图 8-5 所示为电磁转差离合器的示意图。从图 8-5 可见，主动部分（电枢）与从动部分（磁极）之间在机械上是分开的，当中有气隙。当励磁绕组无励磁电流通过时，则这两部分互不相干；只有在通以励磁电流时，才能靠电磁效应相互联系起来。

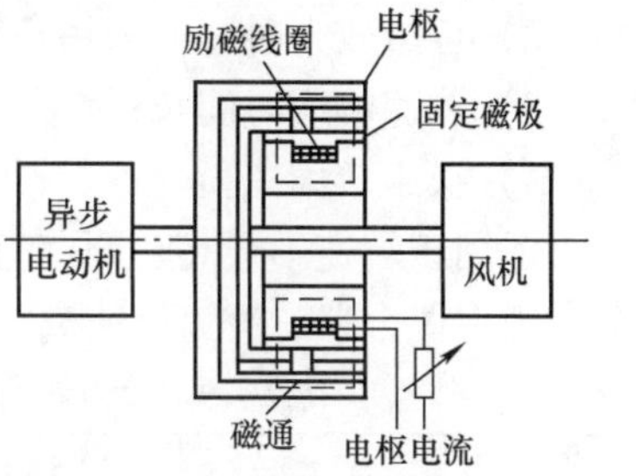

图 8-5　电磁转差离合器示意图

电磁转差离合器的调速原理是基于电磁感应定律。当励磁绕组通以直流电时，沿气隙圆周面将形成若干对极性交替的磁极，其磁通穿过气隙与电枢相链。当电动机拖动电枢旋转时，电枢与磁极之间有相对运动，因感应产生电势，这一感应电势将在电枢中形成涡流，其方向可由右手定则确定。此涡流又与磁场的磁通相互作用，产生电磁力，其方向可按左手定则确定，这个力作用于电枢一个转矩，其方向与电枢的旋转方向相反，是与带动电枢旋转的拖动转矩相平衡的制动力矩。这个力及力矩也同样作用在磁板上，其方向与电动机旋转方向相同，它使磁极沿电枢旋转方向旋转，并拖动泵或风机旋转。

电磁转差离合器与硬性联接的普通联轴器传动的不同之处是：电磁转差离合器的磁极转速 n_2 是可以连续调整的，且 n_2 一定小于电枢转速 n_1。这是因为若 $n_2=n_1$，则磁极与电枢之间不存在相对运动，即电枢没有切割磁力线，也就不可能在电枢中感应出电势，更谈不上产生力和转矩了。因此，电磁转差离合器的磁极与电枢之间必存在一个转速差 $\Delta n=n_1-n_2$，这和异步电动机的原理相似。

磁极转速 n_2 的高低由磁极磁场的强弱而定，亦即由励磁电流的大小而定。当励磁电流大时，n_2 就高。磁极与电枢之间只要有较小的转差率，就能产生足够大的涡流转矩来带动负载；当励磁电流小时，n_2 就低，必须有大的转差率才能产生带动负载的涡流转矩。所以，改变励磁电流的大小就可达到泵或风机调速的目的。

根据电磁转差离合器的上述工作原理，所以它又被称作涡流联轴器、涡流式电磁转差离合器等。

电磁转差离合器也是一种有转差损耗的低效调速装置，调速效率等于调速比，即：$\eta=n_2/n_1=i$，$i_n=0.83\sim0.87$，当与泵或风机连接调速时，最大调速损耗为：

$$\Delta P_{max}=0.148P_{2max}/i_n^3=0.148P_{1max}/i_n^2\approx(0.23-0.26)P_{2max}$$

调速的经济性比液力偶合器及液力调速离合器更差。

其优点是：

1）可靠性高，只要把绝缘处理好，就能实现长期无检修工作；

2）占地面积小，控制功率小，一般仅为电动机额定功率的1%～2%；

3）结构简单，加工容易，价格低廉。

其缺点是：

1）存在转差损耗，尤其是当转速较低时，运行经济性较差；

2）容量较大时，需采用空冷或水冷，结构较复杂；

3）调速响应时间长；

4）噪声较大。

适用于转速不很高、调速范围不很宽的中小容量泵与风机的调速传动。

液力偶合器、液力调速离合器、电磁转差离合器的特性比较见表8-4。

表8-4 液力偶合器、液力调速离合器、电磁转差离合器的特性比较

	液力偶合器 （HKD）	液力调速离合器 （HVD）	电磁转差离合器 （涡流联轴器）
可靠性	高	高	高
可传递的最高转速比 n_2/n_1	96%～98%	100%	80%～90%
最大传动效率	94%～95%	99%	78%～95%
转速比控制范围 n_2/n_1	0.3～0.97	0.3～1.0	高0.3～0.97 低0.3～0.83
电动机空载起动	能够	能够	能够
调节响应时间	较长	很短	短
控制所需功率	小	很小	中
维护费用	低	低	低至中
装置成本	中等	在转速低时比液力 耦合器要低得多	小容量低， 大容量中等
运行寿命	长	除摩擦片以外，长	长
容量范围/kW	30～22 000	100～15 000	0.55～10 000
转速范围/(r/min)	不宜过低	无限制	不宜很高
噪声水平	低	低	较高
是否防爆	是	是	用YBCT隔爆型系列
动力制动	不能	可选择	可选择
轴向尺寸长度	稍长些	稍短些	稍短些
电动机过载保护	容量	容易	

8.3.4 笼型电动机定子调压调速

用改变笼型电动机定子电压值实现调速的方法称为定子调压调速，简称为调压调速。

笼型电动机在不同的定子电压时，可以得到一组人为机械特性。如图 8-6 所示，由电机学基本原理可知，改变电动机的定子电压时，具有以下特性：

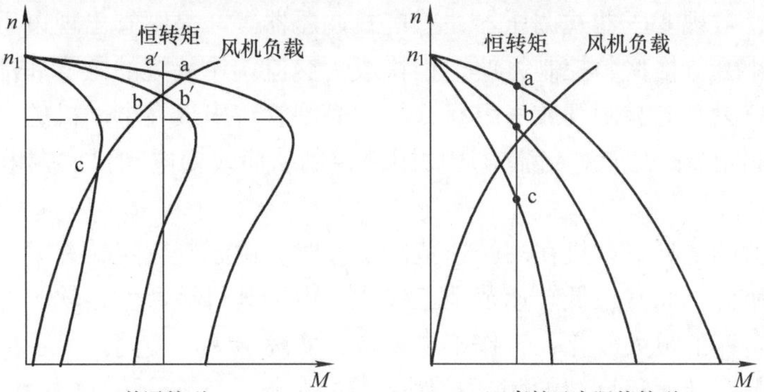

a) 普通笼型　　b) 高转子电阻值笼型

图 8-6　笼型电动机变定子电压时的机械特性

1）异步电动机的同步转速 n_1 不变；

2）转矩 M 与定子电源电压 U_1 的二次方成正比，即 $M \propto U_1^2$；

3）最大转矩 M_{max} 与定子电源电压 U_1 的二次方成正比，即 $M_{max} \propto U_1^2$；

4）当定子电源电压变化时，最大转矩处的转差率（临界转差率）不变。

在图 8-6 上作出负载转矩特性曲线，则电动机转矩转速特性曲线与负载转矩转速特性曲线的交点，即为电动机的运行点。图上作出了两种负载转矩特性曲线：恒转矩特性曲线和转矩与转速二次方成比例（$M \propto n^2$）的转矩特性曲线。叶片式泵与风机装置在装置静扬程 H_{n1} 或装置静压 P_{n1} 等于零时属于 $M \propto n^2$ 型的转矩特性曲线。

从图 8-6 可以看出：调压调速应用于普通笼型电动机时，如果负载是恒转矩型，则可调速的范围极小，只能从同步转速 n_1 至 $n_1 s_1$ 转速范围内调速。当定子电压由 U_1 降至 U_2 时，运行点由 a′变至 b′，转速变化是很小的，所以恒转矩负载不适用普通笼型电动机，而应采用高转子电阻值的笼型电动机。但叶片式泵与风机属于 $M \propto n^2$ 型特性负载，采用普通笼型电动机调压调速时，可以得到较大的调速范围，如图 8-6a 所示。当定子电压由 U_1 降至 U_2 时，运行点由 a 变至 b、c。c 点虽交于电动机特性的曲线段，但仍能稳定运行。当然，叶片式泵与风机采用高转子电阻值的笼型电动机调压调速时，其调速特性会更好一些，如图8-6b 所示。

但以上讨论的只是理想的情况，工程实际中，水泵的静扬程都不可能为零，工业风机除静压不可能为零外，其叶轮的静转矩就更大了，所以其负载转矩特性曲线与轴（水平轴）的交点就会右移。这样与电动机特性曲线的曲线段基本上成平行的走向，因而没有稳定的工作点。在风机、水泵运行中，当试图降低电动机定子电压时，开始时转速变化不明显，继续降低电压则电流持续上升，转速则迅速下降，直至停车，不能稳定运行。

要进行风机、水泵调压调速，首先必须改变电动机的外特性，新的外特性必须使电动机有一个宽阔的稳定的调速范围，一般要采用高转差率电动机，交流力矩电动机或在绕线转子电动机的转子绕组中串接电阻的方法，并且要加上转速闭环控制系统，才能进行稳定的调速；其次是要将调速过程中由于转差功率引起的转子的温升很好地导出机外，才能实现长期稳定的工作，这里可以采取旋转热管结构，也可采取特殊风道冷却结构，都是行之有效的方法。

为了对笼型电动机进行定子电压调节，必须加上调压装置。过去常用的方法是用饱和电抗器式调压装置、自耦变压器式调压器、感应式调压器等。晶闸管出现以后，由于它不消耗铜铁材料，体积小、价格低、控制方便，很快成为交流调压装置的主要部件。用晶闸管调压调速的方法是由三只双向晶闸管或三组反并联的晶闸管，串接在电动机的定子端。通过控制晶闸管的移相控制角 n，就能对交流电压做阻断控制从而改变电动机的端电压，实现对电动机的调速。

高转子电阻值的笼型电动机在高转速范围工作时，由于其额定转差率大，所以它比普通笼型电动机的效率低，而其在低转速范围工作时，由于其机械特性很软，即负载或电压稍有波动，就会引起转速的很大变化，工作不易稳定，实际上无法使用。为了提高调压调速特性的硬度，常采取具有转速负反馈的闭环控制系统，如图 8-7 所示。这种系统可得到图 8-7b 那样硬的调速特性。

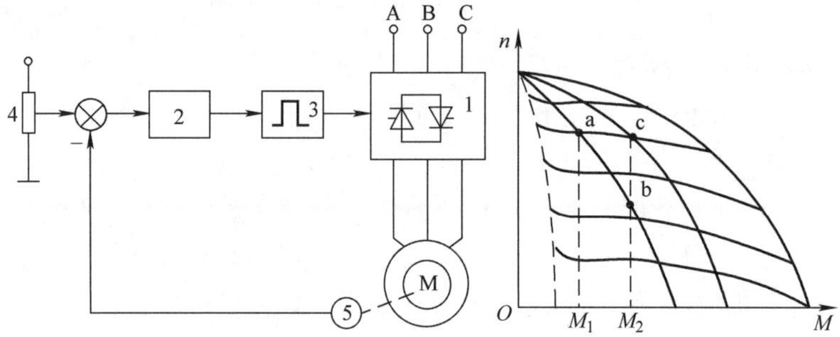

a) 原理图　　b) 闭环系统静特性

图 8-7　具有转速负反馈的调压调速系统

1—晶闸管调压器　2—转速调节器　3—触发器　4—转速给定电位器　5—测速发电机

定子调压调速的主要优点是线路简单、可靠，调压装置体积小、价格低，使用维修比较方便。此外调压装置还可兼作笼型电动机的减压起动设备，简化了系统。

调压装置的主要缺点是转差功率损耗大、效率低，属于低效调速方式，调速特性软。此外，晶闸管调压装置产生的高次谐波会影响电网及电机，如使电动机的损耗、振动和噪声增大。

调压调速实际上是一种变转差率的调速方式，存在转差损失，在忽略定子损失时，电动机的效率近似等于转速比，即

$$\eta_d \approx i = n_2/n_1 = 1 - s \tag{8-12}$$

实际上电动机及调压调速系统的损失，还应包括晶闸管调压装置的损失。通常，为了提高调压调速的特性和扩大调速范围，常需采用高转子电阻值的笼型电动机。这种电动机的额定转差率较大，约为 10% ~12%，因此，它的最高转速（额定转速）仅为同步转速的 88% ~90%，显然，这种电动机的转子损耗大，在额定电压时效率低。因此，调压调速方式的经济性比起液力偶合器、液力调速离合器等的调速方式还要差。

在泵与风机的调速节能方面，调压调速适用于小容量且调速范围不大的场合，通常用于 100kW 以下的笼型电动机调速，调速范围通常在 70% ~100% 额定转速之间。

异步电动机调压调速属于转差功率消耗型，究竟消耗多少转差功率是决定这类调速系统

工作性能的重要因素。分析表明，转差功率损耗与系统的调速范围和所带负载的性质都有密切关系。

根据电机学原理，异步电机的电磁功率 P_m 为：

$$P_m = T_1 \Omega_1 = T_1 \omega_1 / P_n = T_1 \omega [P_n (1-s)] \tag{8-13}$$

若忽略机械损耗等因素的影响，不同性质负载的转矩可近似表示为：

$$T_L = C\omega^{\alpha} \tag{8-14}$$

式中　C——常数；

α——0、1、2 分别代表恒转矩负载、与转速成正比的负载和与转速的二次方成正比的风机泵类负载

当 $T_L = T_1$ 时，代入式（8-13）后得：

$$P_m = \frac{C\omega^{\alpha-1}}{P_n(1-s)} = \frac{C}{P_n}(1-s)^{\alpha}\omega_1^{\alpha+1} \tag{8-15}$$

于是，转差功率

$$P_s = sP_m = \frac{C}{P_n}s(1-s)^{\alpha}\omega_1^{\alpha+1} \tag{8-16}$$

而输出的机械功率

$$P_2 \approx (1-s)P_m = \frac{C}{P_n}s(1-s)^{\alpha+1}\omega_1^{\alpha+1} \tag{8-17}$$

当 $s=0$ 时，全部电磁功率都输出，这是输出功率最大，为：

$$P_{2\max} = \frac{C}{P_n}\omega_1^{\alpha+1} \tag{8-18}$$

以 $P_{2\max}$ 为基准值，定义转差功率损耗系数 P_2^* 为：

$$P_2^* = P_s / P_{a\max} = s(1-s)^{\alpha} \tag{8-19}$$

这是标志转差功率损耗的指标。

图 8-8 绘出了按式（8-17）确定的不同类型负载特性和电机调压时的机械特性。当时各类负载特性都通过额定工作点。图 8-9 则表示按式（8-19）画出的不同类型负载时转差功率损耗系数与转差率的关系曲线。

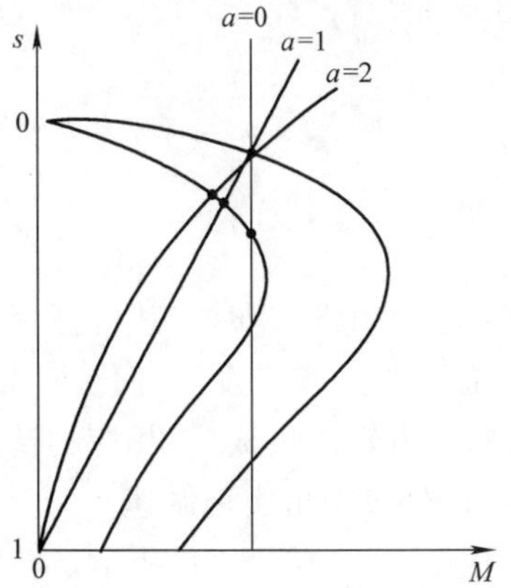

图 8-8　不同负载的调压

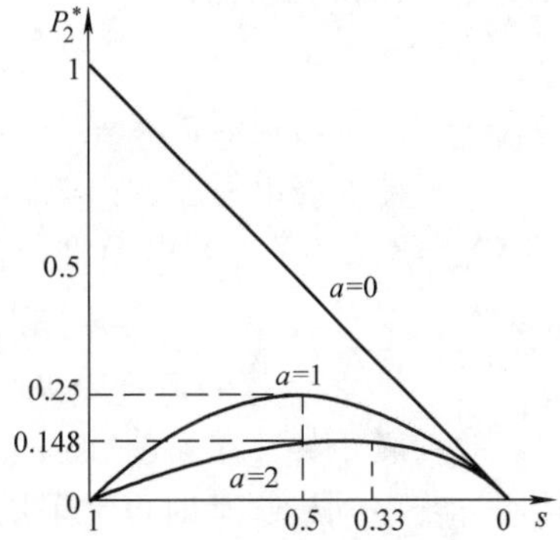

图 8-9　转差功率损耗系数与转差率的关系曲线

对于恒转矩负载，$\alpha=0$，转差功率损耗系数与 s 成正比。当 $\alpha=1$ 或 $\alpha=2$ 时，在 $s=0$

和 $s=1$ 处都有 $P_2^*=0$。而在某一 s 值处 P_2^* 最大。为了求出此最大值，将式（8-19）对 s 求导，并令此导数为零

$$dP_2^*/ds=(1-s)^{\alpha}-\alpha s(1-s)^{\alpha-1}=(1-s)\alpha^{\alpha-1}[1-s-\alpha s]=$$
$$(1-s)^{\alpha-1}[1-(1+\alpha)s]=0$$

则 P_2^* 最大时的转差率

$$s_m=1/(1+\alpha) \tag{8-20}$$

将式（8-20）代入式（8-19）得最大转差功率损耗系数

$$P_{2max}^*=\alpha^{\alpha}/(1+\alpha)^{\alpha-1} \tag{8-21}$$

对于 $\alpha=0$、1、2 代入式（8-20）和式（8-21），计算结果列于表 8-5。

表 8-5 不同负载时的 s_m 和 P_{2max}^*

α	0	1	2
s_m	1	0.5	0.33
P_{2max}^*	1	0.25	0.148

根据以上的分析和计算，可归纳出下述结论：

1）对于恒转矩负载，P_2^* 和 s 成正比，转速越低，转差功率损耗越大，这时调压调速的异步电机不宜长期在低速下工作；

2）对于转矩与转速成正比的负载（$\alpha=1$），当 $s=0.5$ 时，转差功率损耗系数最大，其值为：$P_{2max}^*=0.25$；

3）对于风机泵类负载（$\alpha=2$）。当 $s=0.33$ 时，最大的转差功率损耗系数只有 0.148，在整个 $s=0\sim1$ 区间，P_2^* 值都较小，因此，调压调速对风机水泵类负载还是比较合适的。

8.3.5 绕线转子电动机转子串电阻调速

由电机学可知，绕线转子异步电动机的转子经集电环和电刷串接外加电阻后，可以改变电动机的转差率 s，亦即改变转速。其串接电阻 R 值与转差率 s 的关系如下：

$M\propto n^2$（二次方转矩，如叶片式泵与风机负载时）

$$R=[s\cdot(1-s_N)^2/s_N(1-s)^2]r_2-r_2(\Omega) \tag{8-22}$$

$M=\text{const}$（恒转矩）负载时

$$R=(s/s_N)r_2-r_2(\Omega) \tag{8-23}$$

上两式中 s_N——额定转速时的转差率；

r_2——转子绕组每相的内电阻。

如图 8-10 所示，绕线转子异步电动机三相电路转子内各串接外电阻 R 时，其机械特性曲线要发生变化，与负载的转矩—转速特性曲线的交点（即工作点）亦要发生变化。串接的外电阻越大（不论是 $M=$常数的恒转矩负载或是 $M\propto n^2$ 的二次方转矩负载），相应的转速降低越多，所以，绕线转子异步电动机，通过改变其转子串接的外电阻可实现调速。

绕线转子异步电动机起动时也常采用转子串接外电阻方式。如图 8-10 所示，转子内阻增加时，一方面可以减少起动电流，另一方面可以增加起动转矩。

绕线转子异步电动机转子串接的外加电阻，可以选择下述任一种：

1）串金属电阻这是一种有级调速，通过电磁接触器逐级切换。其缺点是不能连续调

速，且电磁接触器易损坏，维修工作量大。

2）串液体电阻串液体电阻可实现平滑无级调速。电阻液用相对密度比为0.5%～5%的碳酸氢钠水溶液，其浓度可根据所需外串电阻值选择。串液体电阻的优点还有：起动时冲击电流小、体积小、触头不易过热。

3）斩波器控制等效电阻调速原理图如图8-11所示。

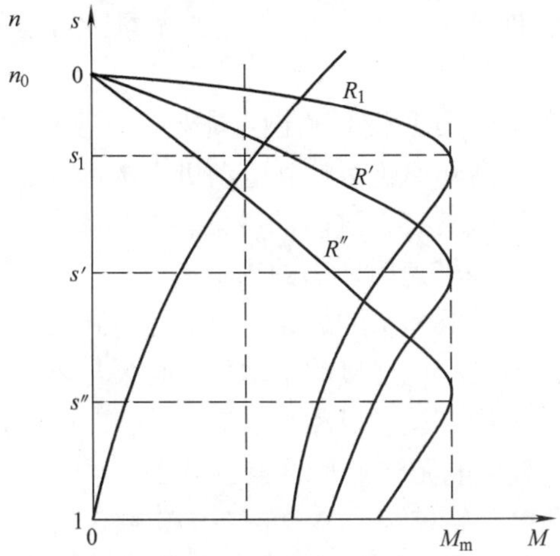

图8-10　绕线转子异步电动机转子电阻调速机械特性 $R''>R'>R_1$

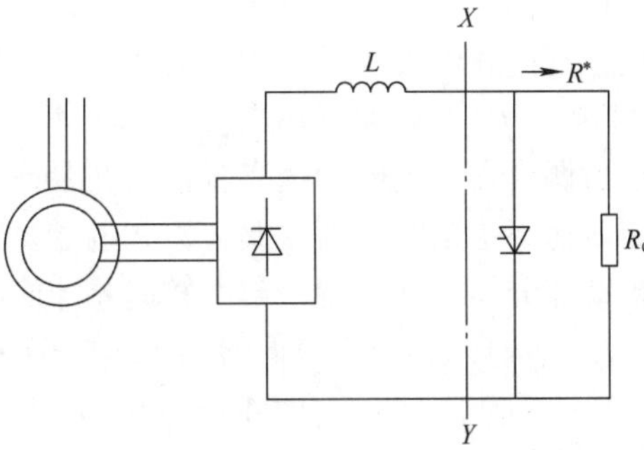

图8-11　斩波器控制等效电阻原理图

从转子端向斩波器看过去，相当于在 X—Y 上接一个等效电阻 R^*。当晶闸管导通时 $R^*=0$，晶闸管断开时 $R^*=R_e$。因此，调节晶闸管在导通和断开的一个斩波周期内的占空比，就可以得到从零到 R_e 变化的电阻 R^*。故斩波器调速可以实现无触点、无级调速。

绕线转子异步电动机转子串电阻调速属于有转差损失的低效调速方式。叶片式泵与风机采用这种调速方式时，其调速效率等于转速比，即 $\eta=n_2/n_1=i$，式中 n_2 为电动机串接电阻 R 时的转速，n_1 为电动机的外接电阻 $R=0$ 时的转速；其转差损失的最大值发生在2/3额定转速处，即 $\Delta P_{max}=0.148P_n$，式中 P_n 为电动机在额定转速时的输出功率，即绕线转子电动机转子串电阻调速时，调速效率和转差损失的规律与液力调速离合器相同。

从图8-10转子串电阻调速时的机械特性可以看出：转子串接的电阻值 R 越大，其机械特性也越软，即转矩很小的变化将引起转速较大的波动；在负载小时（即转矩小时），其调速范围变窄。

转子串电阻调速方式的优点是：调速方法简单，不需要复杂的控制设备，一次投资低，容易实施；可靠性高、功率因数高，起动设备和调速设备合为一体。缺点是：只能用于绕线转子异步电动机：因其有集电环和电刷，使用环境受到限制，只适用于在环境温度40℃以下使用。在灰尘多的地方要采用全封闭式绕线转子电动机；不宜用于振动大的场地；属于低效调速方式，其转差损失在外加电阻上以热能形式散发；在调速时机械特性较软，尤其在调速范围较大时，缺点更为突出。

通常，转子串电阻调速方式适用于调速范围不大、对电动机机械特性硬度要求不高的场合。如中、小容量泵与风机的调速。过去国内外火力发电厂的锅炉送、引风机和锅炉给水泵有用绕线转子异步电动机转子串电阻调速的。至今我国锅炉送、引风机仍有采用这一调速方式的。

8.3.6 各种低效调速方式的节能效果比较

所谓低效调速方式，就是指在调速过程中有转差损失的调速方式，包括液力偶合器、液力调速离合器调速、电磁转差离合器调速、定子调压调速以及绕线转子电动机转子串电阻调速。这些调速方式的共同点是调速效率等于转速比，即 $\eta = n_2/n_1 = i$。但这并不意味着节能效果都相同。

上述调速方式中，液力调速离合器调速和绕线转子电动机转子串电阻调速是节能效果最好的，这是因为采用这两种调速方式时，泵与风机的最高转速仍可达到电动机未调速时的额定转速。它们在电动机额定转速的2/3时产生的转差损失最大，这时的最大转差损失 ΔP_{max} 为 $0.148P_n$，P_n 是指泵或风机在实际工作中能达到的最高转速时所需的轴功率值。

液力偶合器和电磁调速离合器用在泵或风机上时，风机和泵的最高转速就达不到电动机的额定转速。这是因为液力偶合器和电磁转差离合器与电动机连接的主动部分与泵与风机连接的被动部分间必须维持一定的转速差才能维持正常工作。设风机和水泵最高转速时的转速比 $\eta = n_2/n_1 = i$，对于液力偶合器 $i_n = 0.97 \sim 0.98$；对于电磁转差离合器，过去 $i_n = 0.83 \sim 0.87$，现在的新产品 $i_n = 0.94 \sim 0.96$。液力偶合器和电磁转差离合器也是在2/3额定转速时产生的最大转差损失 $\Delta P_{max} = 0.148P_n/i_n$。可见液力偶合器和电磁转差离合器的转差损失实际比液力调速离合器和转子串电阻方式大。在非额定转速时，这几种低效调速方式的转差损失 ΔP 均可用式 $\Delta P = P_1(i^2 - i^3)/i_n^3$ 表示。故在相同转速比 i 下，i_n 越小，转差损失越大。应注意的是，因液力偶合器和电磁转差离合器的 $i_n < 1$，故泵或风机应用它们调速时最大转速就达不到电动机的额定转速，因此它们的出力也小于额定转速时的出力，必要时就需要加大泵或风机的额定容量，即加大泵或风机的尺寸。

至于调压调速装置，除了调速效率等于转速比及转差损失与上述调速方式相同之外，其晶闸管调速电路将产生损耗，并产生高次谐波影响电动机的性能。此外，调压调速装置通常配置高转子电阻的笼型电动机，它的效率比普通笼型电动机要低。所以它是上述低效调速方式中节能效果最差的。

8.4 风机水泵的高效调速节能方案

由电机学原理可知，交流电动机的同步转速 n_0 与电源频率 f_1 磁极对数 p 之间的关系式为：

$$n_0 = 60f_1/p\,(\mathrm{r/min})$$

异步电动机的转差率 s 的定义式为：

$$s = (n_0 - n)/n_0 = 1 - n/n_0$$

则可得异步电动机的转速表达式为：

$$n = n_0(1 - s) = (1 - s)60f_1/p$$

可见，要调节异步电动机的转速，可以通过下述三个途径实现：

1）改变定子绕组的磁极对数 p（变极调速）；

2）改变供电电源的频率 f_1（变频调速）；

3）改变异步电动机的转差率 s 调速。

改变定子绕组磁极对数调速的方法称为变极调速；改变电源频率调速的方法称为变频调速，都是高效调速方法。而改变异步电动机转差率的调速方法则称为能耗转差调速（串级调速除外），它是一种低效的调速方法，因为调速过程中产生的转差功率都变成热量消耗掉了，上一章提到的绕线转子电机转子串电阻调速和定子调压调速就属于这种调速方式。

8.4.1　变极调速

改变电动机定子的极对数，可使异步电动机的同步转速 $n_0=60f_1/p$ 改变，从而改变异步电动机的转速 n_0，大中型异步电动机采用变极调速时，一般采用双速电动机。变极调速通常只用于笼型异步电动机，而不用于绕线转子异步电动机。这是因为笼型电动机转子的极对数是随着定子的极对数而变的，所以变极调速时只要改变定子绕组的极对数就行了，而绕线转子电动机变极时必须同时改变定子绕组和转子绕组的极对数，这就使得变极复杂多了。用于风机水泵调速节能的双速电动机一般不采用 4/2、8/4 等倍极比的双速电动机，而采用 6/4、8/6、10/8 极的双速电动机，这与风机水泵的调速范围一般不需要很大有关。另外，对于非倍极比的双速电动机在极数比较小时（如 8/6、10/8、12/10 极等），由不同的绕组接线方式，分别近似为二次方转矩型、恒转矩型和恒功率型三种特性的双速电动机。由于叶片式泵与风机在管路静扬程或静压为零的情况下，近似为二次方转矩负载，所以应选用二次方转矩型特性的双速电动机，以便在高速及低速运行时都有较高的效率与功率因数，具有更为显著的节能效果。

双速电动机的优点是调速效率高、可靠性高、投资省。其缺点是有级调速，不能在整个调速范围内保证高效运行，有时还要配合节流调节手段调节流量，增加了部分节流损耗。双速电动机在变速时电力必须瞬间中断，对电动机及电网都有冲击作用；高压电动机，若需经常进行变速切换时，其切换装置的安全可靠性尚需进一步完善和提高。

8.4.2　变频调速

由上述可知，通过改变电动机供电电源频率的方法而达到调节电动机转速的调速方式称为变频调速。变频调速用的变频器是由可关断的功率器件如：GTO、GTR、IGBT、IGCT 等，再加上控制、驱动、保护电路等组成的。变频器的种类按变流和控制方式可分为电流型变频器、电压型变频器、PWM 变频器、空间电压矢量控制变频器和直接转矩控制变频器等，按主电路结构形式又可分为多重化变频器及多电平变频器等。

由于发电厂风机水泵的电动机功率都很大，一般采用 3kV、6kV 供电，所以必须采用高压变频器进行调速运行。与低压变频器不同，目前高压变频器尚无成熟的、一致性的拓扑结构，限于目前有限电压耐量的功率器件，又要面对高压使用条件，而国内外各变频器生产厂商又各有高招，因此主电路拓扑结构不尽一致，但都较成功地解决了高耐压、大容量这一难题。如美国罗宾康（ROBICON）公司生产的第三代完美无谐波变频器；罗克韦尔（AB）公司生产的 BULLETIN1557 和 Pow - erFlex7000 变频器；瑞典 ABB 公司生产的 ACS1000 变频器：德国西门子公司生产的 Simovert 变频器；意大利 ANSALDO 公司生产的 SILCOVERT TH 变频器；以及日本的三菱、富士公司生产的完美无谐波变频器和国内的襄阳大力工业控制股份有限公司、襄阳创新园公司、利德华福公司和成都佳灵公司生产的高压变频器等。归纳起来主要有两类：一类是采用低耐压器件的多重化技术；另一类是采用高耐压器件的多电平技术。

1. 多重化技术

所谓多重化技术就是每相由几个低压 PWM 功率单元串联组成，各功率单元由一个多绕组的隔离变压器供电，用高速微处理器实现控制和以光导纤维隔离驱动。多重化技术从根本上解决了一般 6 脉冲和 12 脉冲变频器所产生的谐波问题，可实现完美无谐波变频。图 8-12 为 6kV 变频器的主电路拓扑图，每相由 5 个额定电压为 690V 的功率单元串联，因此相电压为 690V ×5 =3 450V，所对应的线电压为 6kV。每个功率单元由输入隔离变压器的 15 个二次绕组分别供电，15 个二次绕组分成 5 组，每组之间存在一个 12°的相位差。图 8-13 中以中间△接法为参考（0°），上下方各有两套分别超前（ +12°、+24°）和滞后（ -12°、-24°）的 4 组绕组，所需相差角度可通过变压器的不同联接组别来实现。

图 8-12 中的每个功率单元都是由低压绝缘栅双极型晶体管（IGBT）构成的三相输入，单相输出的低压 PWM 电压型逆变器功率单元电路如图 8-14 所示。每个功率单元输出电压为 1、0、-1 三种状态电平，每相 5 个单元叠加，就可产生 11 种不同的电平等级，分别为 ±5、±4、±3、±2、±1 和 0。图 8-15 为一相合成的正波输出电压波形，用这种多重化技术构成的高压变频器，也称为单元串联多电平 PWM 电压型变频器。采用功率单元串联，而不是用传统的器件串联来实现高压输出，所以不存在器件均压的问题，每个功率单元承受全部的输出电流，但仅承受 1/5 的输出相电压和 1/15 的输出功率。变频器由于采用多重化 PWM 技术，由 5 对依次相移 12°的三角载波对基波电压进行调制。对 A 相基波调制所得的 5 个信号，分别控制 5 个功率单元 A1 ~ A5，经叠加可得图 8-15 所示的具有 11 级阶梯电平的相电压波形，它相当于 30 脉波变频，理论上 19 次以下的谐波都可抵消，总的电压和电流失真率可分别低于 1.2% 和 0.8%，堪称完美无谐波变频器。它的输入功率因数可达 0.95 以上，不必设置输入滤波器和功率因数补偿装置。

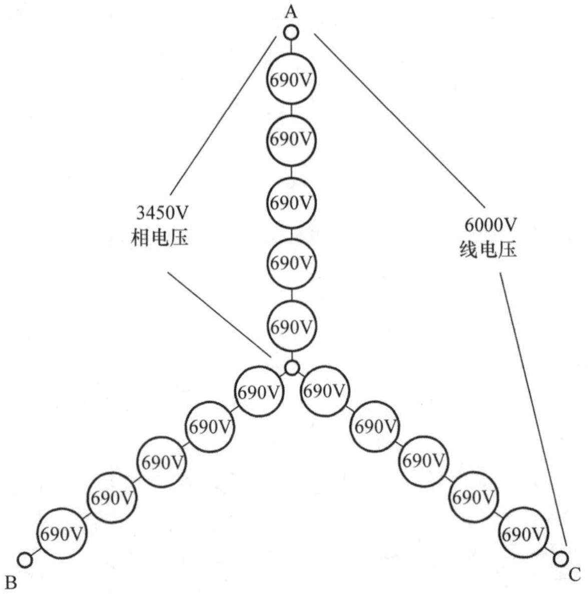

图 8-12 多重化变频器拓扑图

变频器同一相的功率单元输出相同的基波电压，串联各单元之间的载波错开一定的相位，每个功率单元的 IGBT 开关频率若为 600Hz，则当 5 个功率单元串联时，等效的输出相电压开关频率为 6kHz。功率单元采用低的开关频率可降低开关损耗，而高的等效输出开关频率和多电平可大大改善输出波形。波形的改善除减小输出谐波外，还可降低噪声、du/dt 值和电机的转矩脉动。所以这种变频器对电机无特殊要求，可用于普通的笼型电机，且不必降额使用，对输出电缆长度也无特殊限制。由于功率单元有足够的滤波电容，变频器可承受 30% 电源电压下降和 5 个周期的电源丧失。这种主电路拓扑结构虽然使器件数量增加，但由于 IGBT 驱动功率很低，且不必采用均压电路、吸收电路和输出滤波器，可使变频器的效率高达 96% 以上。

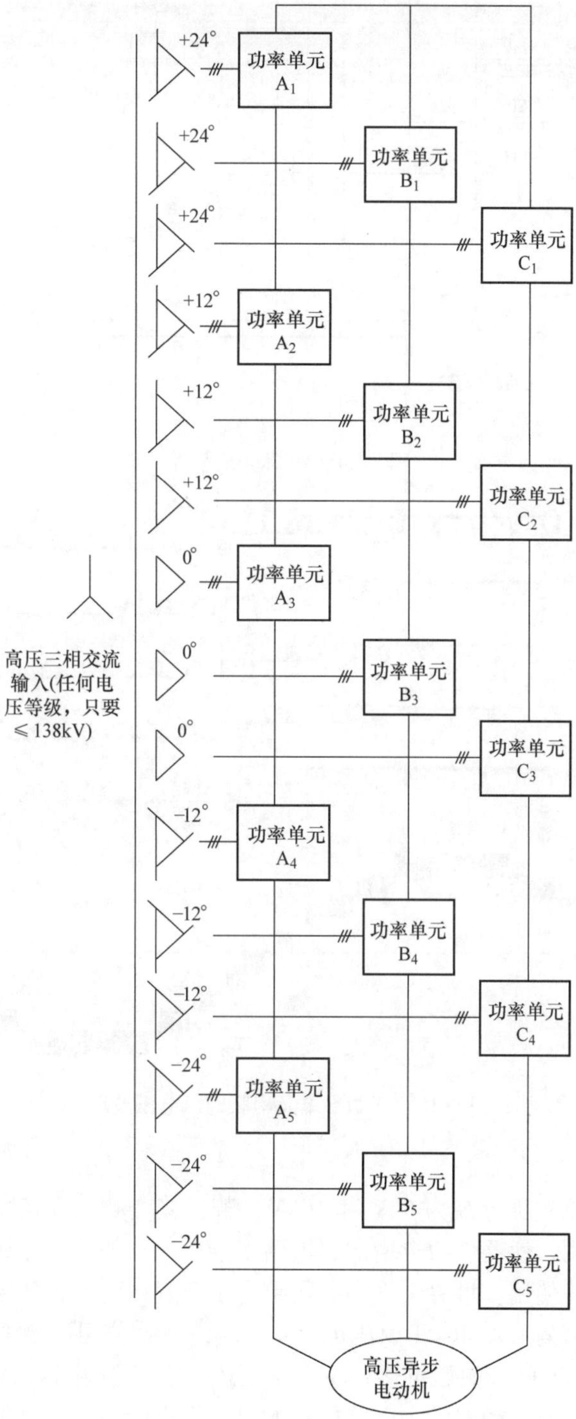

图 8-13　五功率单元串联变频器的电气连接

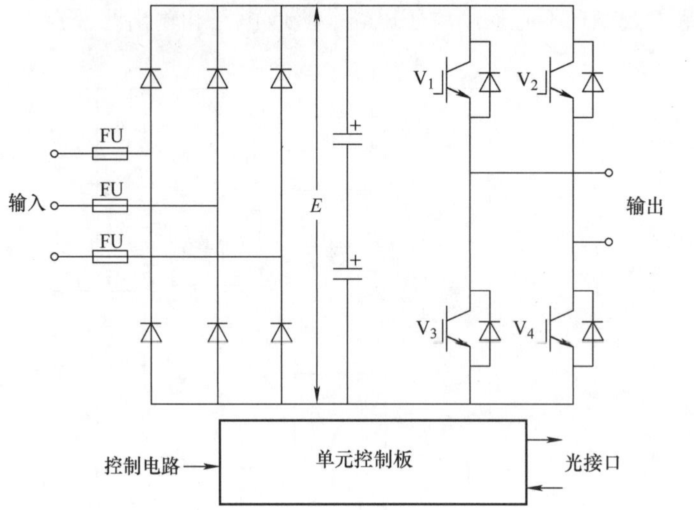

图 8-14 功率单元电路

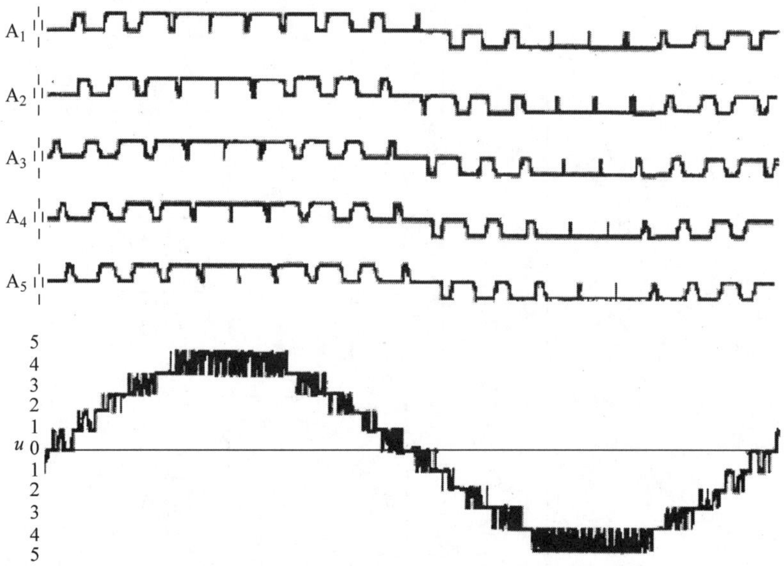

图 8-15 五功率单元串联输出电压波形

2. 多电平技术

我国标准规定中压电压等级为 6kV 和 10kV，若直接变频，即使用 4.5～6kV 耐压的功率器件，仍需串联使用，使器件数量增加，电路复杂，成本加大，可靠性大为降低。为了避免功率器件的串、并联使用，世界上很多公司致力于开发高耐压、低损耗、高速度的功率器件。如西门子公司研制的 Hv—IGBT 耐压可达 4.5kV，ABB 公司研制的新型功率器件——集成门极换流晶闸管（IGCT），耐压可达 6kV，并在致力于研制耐压 9kV 的 IGCT 器件。在研制高耐压器件的同时，对变频器的主电路拓扑的研究也有所突破，典型的例子是多电电平技术，就是使用有限耐压的功率器件，直接应用于 6kV 电压的主电路拓扑技术。图 8-16 是 ABB 公司 ACSIO00 型 12 脉波输入三电平高压变频器的主电路结构图。

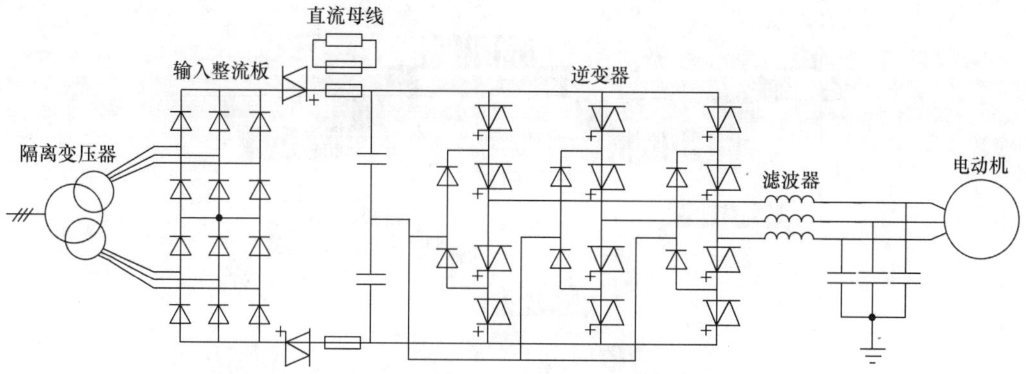

图 8-16　三电平 IGBT 变频器主电路结构图

整流部分采用 12 脉波二极管整流器，逆变部分采用三电平 PWM 逆变器由图 8-16 可看出，该系列变频器采用传统的电压型变频器结构，通过采用高耐压的 IGCT 功率器件，使得器件总数减少为 12 个。随着器件数量的减少，成本降低，电路结构简洁，从而使体积缩小，可靠性更高。

若采用 6kV 耐压的 IGCT，变频器输出电压可达 4. 16kV，采用 5. 5kV 耐压的 IGCT，变频器输出电压可达 3. 5kV，将丫型联结的 6kV 中压电动机改为△联结，刚好适用此电压等级，同时也满足了 IGCT 电压型变频器对电动机的绝缘等级提高一级的要求，因此这个方案可能是最经济合理的。若要输出 6kV 电压，还必须进行器件串联。由于变频器的整流部分是非线性的，产生的高次谐波将对电网造成污染。为此图 8-16 所示的 ACSIO00 系列变频器的 12 脉波整流接线图中，将两组三相桥式整流电路串联起来，整流变压器一次绕组接成三角形，二次绕组一组接成三角形，另一组接成星形，两个二次绕组的线电压相同，但相位则相差 30°，这样 5 次、7 次谐波在变压器的一次侧将会有 180°的相移，因而能够互相抵消，同样的 17、19 次谐波也会互相抵消，这样经过 2 个整流桥的串联叠加后，即可得到 12 脉波的整流输出波形，比 6 脉波更平滑，并且每个整流桥的二级管耐压可降低一半。采用 12 相整流电路减少了特征谐波含量，由于 $N = KP \pm 1$（P 为整流相数、K 为自然数、N 为特征谐波次数）。所以网侧特征谐波只有 11、13、23、25 次等。如果采用 24 脉波整流电路，网侧谐波将更进一步被抑制，两种方案均可使输入功率因数在全功率范围内保证在 0. 95 以上，不需要功率因数补偿电容器。

变频器的逆变部分采用传统的三电平方式，所以输出波形中不可避免地产生比较大的谐波分量，这是三电平逆变方式所固有的。输出线电压波形如图 8-17 所示。因此在变频器的输出侧必须配置输出滤波器才能用于普通的笼型电动机。同样由于谐波的原因，电动机的功率因数和效率都会受到一定的影响，只有在额定工况点才能达到最佳的工作状态，随着转速的降低，功率因数和效率都会相应降低。

3. 两种类型变频器的性能比较

现对多重化变频器（CSML）和三电平（中性点钳位）变频器（NPC）进行性能比较，两种高压变频器各有优缺点，分别体现在以下各方面：

（1）器件数量　以 6kV 输出电压等级的变频器为例，采用 NPC 方式，逆变器部分需 36 个耐压为 3. 3kV 的高压 IGBT，或者采用 24 个耐压为 5kV 的 IGCT。采用 CSML 方式，需要

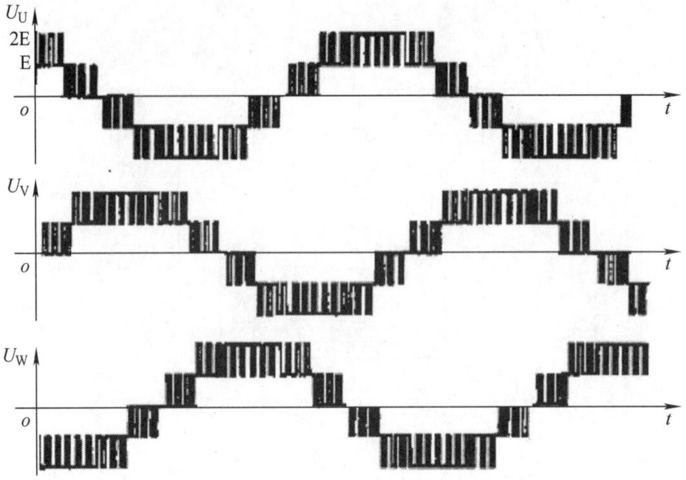

图 8-17 三电平 PWM 变频器输出线电压波形图

15 个功率单元，共计 60 个耐压为 1.7kV 的低压 IGBT。从器件的数量上看，CSML 方式要多于 NPC 方式，但 CSML 方式采用的是低压 IGBT，相对于高压功率器件而言，低压器件的技术更加成熟、可靠，成本也较低。

（2）均压问题 均压问题（包括静态均压和动态均压）是影响高压变频器可靠性的重要因素，采用 NPC 方式，当输出电压等级较高（如 6kV）时，单用 12 个器件不能满足耐压要求，必须采用器件直接串联，器件直接串联必然带来均压问题，失去三电平结构在均压方面的优势，大大影响系统的可靠性。采用 CSML 方式，不存在均压问题，唯一存在的问题是当变频器处于快速制动时，电动机处于发电制动状态，机械能转化为电能，导致单元内直流母线电压上升，各单元的直流母线电压上升程度可能存在差异，但这个问题很容易解决，通过检测功率单元直流母线电压，当任何单元的直流母线电压超过某一阈值时，自动延长减速时间，以防止直流母线电压“泵升”，即所谓的过电压失速防止功能，这种技术在低压变频器中被广泛采用，非常成功。

（3）对电网的谐波污染和功率因数 由于 CSML 方式输入整流电路的脉波数超过 NPC 方式，前者在输入谐波方面的优势是明显的，因此在综合功率因数方面也有一定的优势。

（4）输入波形 NPC 方式输出相电压是三电平，线电压是五电平。而 6kV 等级的 CSML 方式输出相电压为 11 电平，线电压为 21 电平。而且，后者的等效开关频率（6kHz）大大高于前者，所以后者在输出波形质量方面优势也是明显的。

（5）du/dt NPC 方式的输出电压跳变台阶为高压直流母线电压的一半，对于 6kV 输出变频器而言，为 4kV 左右，CSML 方式输出电压跳变台阶为单元的直流母线电压，不会超过 1kV，所以二者在输出 du/dt 方面的差距也是明显的。

（6）系统效率 就变压器与逆变电路而言，NPC 方式和 CSML 方式的效率非常接近，但考虑到输出波形质量的差异，若采用普通电动机，前者必须设置输出滤波器，后者不必。而滤波器的存在大约会影响效率 0.5% 左右。若采用特殊变频电动机，两种变频器的效率基本接近，但由于输出波形方面的优势，采用 CSML 方式时，电动机运行效率相对较高。但由于 IGBT 导通压降大，器件效率较低，而 IGCT 损耗较小，器件效率较高。

（7）四象限运行 NPC 方式当输入采用对称的 PWM 整流电路时，可以实现四象限运行，可用于轧机、卷扬机等设备；而 CSML 方式则无法实现四象限运行，只能用于风机、水泵类负载。

（8）冗余设计　NPC 方式的冗余设计很难实现。而 CSML 方式可以方便地采用功率单元旁路技术和冗余功率单元设计方案，大大地有利于提高系统的可靠性。

（9）可维护性　除了可靠性外，可维护性也是衡量高压变频器优劣的一个重要因素，CSML 方式采用模块化设计，更换功率单元时只要拆除 3 个交流输入端子和两个交流输出端子，及一个光纤插头，就可抽出整个单元，十分方便。而 NPC 方式就不那么方便了。

综上所述，三电平电压型变频器结构简单，且可做成四象限运行的变频器，应用范围较宽。如电压等级较高时，采用器件直接串联，带来均压问题，且存在输出谐波和 dv/dt 等问题，一般要设置输出滤波器。在电网对谐波失真要求较高时，还要设置输入滤波器多重化，PWM 电压型变频器不存在均压问题，且在输入谐波输出谐波及 dv/dt 等方面有明显的优势，但只能二象限运行。

从负载类型而言，对于风机、水泵等一般不要求四象限运行的设备，CSML 变频器有较大的应用前景；对轧机、卷扬机等要求四象限运行的设备而言，适合采用 NPC 型变频器。从电压等级来看，在目前的电力电子功率器件的耐压水平下，考虑到器件串联带来的均压问题，6kV 以上电压等级（含 6kV），宜优先考虑 CSML 方式。

4. 变频调速系统的主要优缺点

主要优点是：

1）调速效率高，变频调速的特点是在频率变化后，电动机仍在该频率的同步转速附近运行，基本上保持额定转差率，转差损失不增加。变频调速时的损失，只是在变频装置中产生的变流损失，以及由于高次谐波的影响，使电动机的损耗有所增加，相应效率有所下降。综上所述，变频调速是一种高效调速方式。图 8-18 为采用典型的电流型变频器、PWM 型变频器及电压型变频器时变频器效率 η_v、电动机及调速装置综合效率 η_z 及电源功率因数 $\cos\varphi$ 特性指标的实测值示例。

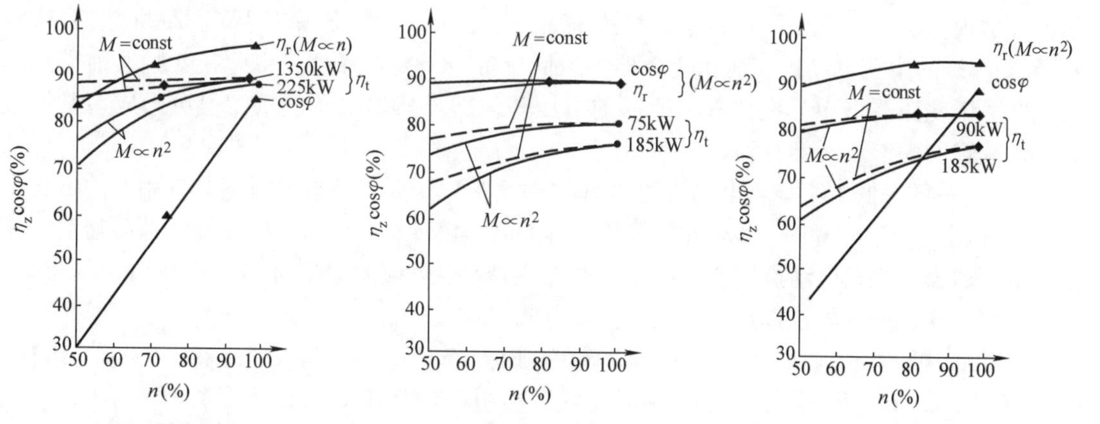

图 8-18　变频调速电动机的特性指标（实测）

2）调速范围宽，一般可达 10∶1（50～5Hz）或 20∶1（50～2.5Hz）。并在整个调速范围内均具有较高的调速装置效率 η_v，所以变频调速方式适用于调速范围宽，且经常处于低转速状态下运行的负载。

3）必要时，变频装置可以退出运行，改由电网直接供电。这对于泵或风机的安全经济运行是很有利的，如万一变频装置发生故障，就退出运行，不影响泵与风机的继续运行；又如在接近额定频率（50Hz）范围工作时，由变频装置调速的经济性并不高，变频装置可退出运行，由电网直接供电，改用节流等常规的调节方式。

4）变频装置可以兼作软起动设备，即通过变频装置将电动机起动到某一转速，再由工频电源切换变频装置，把电动机加速到全速。

变频调速主要缺点是：

1）目前，变频调速技术在高压大容量传动推广应用中存在的主要问题有两个：一个是我国发电厂辅机电动机供电电压高（3～10kV），而功率开关器件耐压水平不够，造成电压匹配上的问题；二是高压大功率变频调速装置技术含量高、难度大，因而投入也高，而一般风机水泵节能改造都要求低投入，高回报，从而造成经济效益上的问题。这两个问题是它应用于风机水泵调速节能的主要障碍。

2）电流型变频器输出电流的波形和电压型变频器输出电压的波形均为非正弦波形，从而产生的高次谐波，对电动机和供电电源会产生种种不良影响：如使电动机附加损耗增加、温升增高，从而使电动机的效率和功率因数下降，出力受到限制，噪声增大以及对无线电通信干扰增大等；同时，高次谐波会引起电动机转矩产生脉动，其脉动频率为 $6kf$（$k=1$，2，3……），当转矩脉动频率较低并接近装置系统的固有频率时，可能产生共振现象。因此，装置系统必须注意避免在共振点附近运行。如采用 PWM 变频器或采用多重化技术的电流型和电压型变频器，其输出波形大为改善，高次谐波大大减少，使这个问题可以得到大大的改善。

5. 火电厂辅机电动机全功率变频调速节能方案

我国标准中压电压等级为 6kV 和 10kV，火电厂中压辅机电动机以 6kV 居多，少数小容量机组有 3.3kV 电压等级。除电动给水泵以外，大量的风机和水泵电动机的容量都在 500～2 000kW 以下，额定电流仅 100～200A 左右或更小，若采用高压变频器，器件的电流利用率很低，出现“大马拉小车”的现象，投资偏高，不合理。建议开发 1.7kV、2.2kV、3.3kV、4.16kV 等级的中压电动机，简化变频器，降低造价，提高可靠性。由此在变频器前需加一台网侧降压变压器将 6kV 电压降为所需的电压等级，虽然增加了投资，但可形成多脉波整流，对减轻网侧谐波污染有利。

1）高—低—低方案。当电动机的功率在 800kW 以下时，最好的方案是选用新的低压电动机（如国产 380V、660V 电动机）取代原有的高压电动机，经输入降压变压器降压后，用低压变频器直接驱动电动机调速。此方案性能优越，低压变频器技术成熟，不含高压器件，维护使用方便，变频器选择余地很大，投资最低。

2）高—低—高方案。当电动机的功率在 800～1 500kW，用输入变压器将 6kV 高压降为 600V（或 460V），用低压电流型变频器变频后再用一台升压变压器升压至 6kV，驱动电动机调速。此种方案价格比较合理，调速平稳，使用可靠。缺点是增加了输出升压变压器，而升压变压器是一台变频变压器，与试制变频电机一样，须研究整个调频范围内的各种技术参数的变化问题。另外由于变频器的输出不是正弦波，所以存在谐波问题、直流分量问题，总之存在一连串的技术问题，不是可以轻易解决的。并且系统设备增加，不仅效率降低，成本增加，占地面积也大，一台升压变压器与一台同容量的电动机价格差不多，而且变频器容量还要大一些。因此不如更换一台电压匹配的电动机更为合算。

3）高—中—中方案。对于电动机功率在 1 000 ~ 2 500kW，如果将 6kV 高压电动机改为 1. 7kV、2. 2kV、3. 3kV 或 4. 16kV 的中压电动机（如果是 6 极以上的高压电动机还可以简单地将绕组由串联改为并联，花很少的费用把原来的电动机改为中压电动机，而且对旧电动机的绝缘有利），就可使用高耐压的功率器件如 4. 5kV 的 IGBT 或 5. 5kV 的 IGCT，不串不并用 6 只或采用三电平技术用 12 只组成变频器，成本低，可靠性高，也提高了系统的效率。也可选用采用多重化技术的单元串联式变频器，但其在 3kV 电压下，输出波形上已无优势。

4）高—高方案。若功率在 3 000kW 以上，且电压在 6kV 或更高时，则首选方案应是采用多重化技术的单元串联式高压变频器。但只适用于像风机、水泵类不需要四象限运行的负载，若需四象限运行，如轧机、卷扬机设备等，则应考虑可四象限运行的变频器方案。该方案除使成本成倍增加外，而且电动机的绝缘问题也总是让人放心不下，因为电压型变频器有对电动机绝缘提高一级的要求，不考虑这个问题有可能会出事故，因为现役电机大多存在不同程度的绝缘老化问题。

8. 4. 3　绕线转子电动机的串级调速

绕线转子电动机的串级调速，虽然也是通过改变异步电动机的转差率来达到调速目的，但它与能耗转差调速不同，关键的差别在于对转差功率的处理上。能耗转差调速是将调速中产生的转差功率变成热能消耗掉，而串级调速却是通过交—直—交变频器和变压器，将转差功率反馈回电网，因此是一种高效的调速方式。

1. 普通串级调速

从电机学原理可知，为了实现绕线转子异步电动机的转速调节，除了采用在转子回路中串电阻的方式外，还可采用在转子回路中串电势的方法。这种在转子回路引入附加电势进行调速的方法，称为绕线转子异步电动机的串级调速。

串级调速的关键是串入到转子回路的电势 E 的频率必须与转子电势频率 f_2 相等，但是随着转速的变化而变化的，即 f_2 是由旋转磁场转速 n_0（对应 f_1）和转子转速 n 决定的，即

$$f_2 = \frac{(n_0 - n)\ p}{60} = \frac{(n_0 - n)\ p}{60} \cdot \frac{n_0}{n_0} = \frac{n_0 - n}{n_0} f_1 = sf_1$$

式中　p——磁极对数；

s——转差率。

但要串入一个永远跟随着转速的变化而变化的电势 E_f 是相当困难的。解决的办法是先把转子电势整流成直流电势 E_d，再在此直流电路中串入一个与 E_f 相当的可调节的直流电势，就可避免随时改变 E_f 频率的困难了。具体地实现串级调速有下述三种方式：

1）由一台直流电动机与主绕线转子异步电动机组成的串级调速系统，这种系统叫机械串级调速系统或叫克莱墨系统。

2）由一台直流电动机、一台交流发电机与主绕线转子异步电动机组成的串级调速系统，这种系统叫电机式串级调速系统或谢菲尔毕斯系统。

3）由变频器与绕线转子异步电动机组成的串级调速系统，这种系统叫晶闸管串级调速系统或静止谢菲尔毕斯系统。上述第一种及第二种串级调速方式过去早有应用。第三种晶闸管串级调速是一种新的串级调节方式，它在目前应用最广泛，已有取代第一、二种串级调速

的趋势。

与转子串电阻方式相比较，转子串电势的优越性是可以回收转差功率，仅晶闸管等换流器件产生一些不大的损耗，所以绕线转子异步电动机的串级调速是一种高效调速方式。

晶闸管串级调速系统一般为低（次）同步串级调速系统，即串接到绕线转子异步电动机转子上的附加电势 E_f 与转子电势 SE_2，电动机的转速只能朝电动机额定转速以下的方向调节，运行转速恒低于电动机的同步转速，称为低（次）同步串级调速。

图 8-19 所示为低同步晶闸管串级调速系统的原理图。其工作原理为：绕线转子异步电动机的转差电势 E_2（SE_{2n}）经三相整流为直流电势 E_d，再经电抗器 L 滤波后，加到三相逆变桥。由晶闸管组成的三相有源逆变桥的作用有两个：一是从电网为转子回路提供附加直流电势 E_β，它与外串附加交流电势 E_f 相当，因是低同步串级调速，所以它的方向与转子直流电势 E_d 相反；二是把直流电再逆变为与电网同步的三相交流电，从而把转差功率 P 通过逆变变压器 T 匹配成电网电压，送回电网。

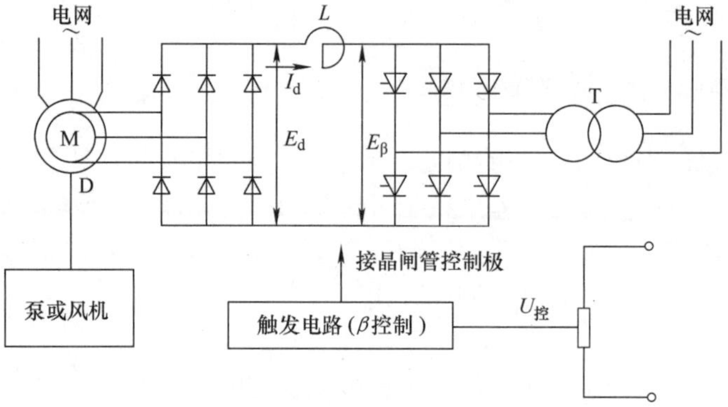

图 8-19　低同步晶闸管串级调速系统

低同步晶闸管串级调速方式用于泵或风机调速时，其主要优点为：

1）晶闸管串级调速是一种高效调速方式。一般而言，晶闸管串级调速系统的总效率（即电动机和调速装置的综合效率）应高于笼型电动机及变频装置的综合效率。这是因为晶闸管串级调速系统中，只有转差功率经过变频器；而笼型电动机变频调速时，其由电网输入的全部有功功率都要通过变频器。所以从通过变频器的功率损失（称为换流损失）来看，显然晶闸管串级调速系统要小得多。图 8-19 为典型晶闸管串级调速系统的 η_z 及 $\cos\varphi$ 值，η_z 定义为

$$\eta_z = \frac{\text{电动机轴输出功率 } P_e}{\text{从电网吸收的输入功率 } P_B}$$

式中　P_e——电网净输出，不包括输入后又输出的转差功率。

2）晶闸管串级调速系统具有在发生故障或其他原因时自动切换至额定转速或转子串电阻调速的功能。故当串级调速装置有故障时，泵与风机仍可以继续工作。此外，由于晶闸管串级调速装置的硅二极管、电抗器、晶闸管、变压器等元器件要产生电压降，故串级调速系统的最高转速只能达到原电动机额定转速的 95% 左右，因此，若要电动机在原额定转速运行，亦需把串级调速系统从“调速状态”切换到异步状态。

3）调速装置由静止元器件组成，噪声小，易于维护，寿命长；当泵或风机的调速范围

较小时，调速装置的容量可大大减小，价格也相应降低。晶闸管串级调速系统存在的主要问题是：

① 晶闸管串级调速系统的总功率因数低。如图8-20所示，在100%额定转速下运行时，系统总功率因数 $\cos\varphi$ 还不到0.6；在50%额定转速运行时还不到0.3。造成系统总功率因数低的主要原因是串级调速系统中的晶闸管逆变器在工作时需要吸收无功功率。另外还有两个原因是系统中转子整流器的作用，使电动机本身的运转功率因数变差；系统中电动机和逆变变压器的电流波形发生畸变，其电流中的高次谐波分量引起的畸变功率，使系统的总功率因数变差。后两个原因所造成的系统总功率因数降低约10%左右。

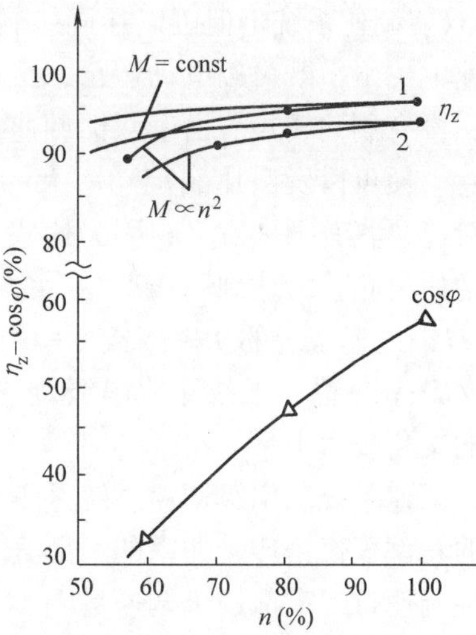

图8-20　晶闸管串级调速系统的及 $\cos\varphi$

1—6 500kW，14极，50Hz

2—2 200kW，12极，50Hz

② 产生的高次谐波对电网有污染。在晶闸管串级调速系统中，电动机转子回路串接的硅二极管整流器和晶闸管逆变桥，使每相正弦电流畸变而包含着一定分量的高次谐波。高次谐波电流不只对串级调速系统本身产生不良影响，更重要的是对整个供电系统的污染，使电网的电流波形产生畸变。谐波不仅增大电网及串调系统的损耗，降低电网及串调系统的功率因数，而且还使异步电动机的定子损耗与转子损耗增加；使电源变压器损耗增加，噪声增大；可能引起母线与补偿电容器和线路上的感抗元件发生共振，而使电容器过热：可能导致并联工作的晶闸管变流装置相互干扰而控制失调；给测试装置和通信设备带来电磁干扰。

提高功率因数的措施：

1）具有斩波环节的晶闸管串级调速系统。所谓带斩波器的串级调速系统，就是在传统的串级调速系统转子回路的二极管整流桥与晶闸管逆变桥电路之间并联接入一个斩波器，如图8-21所示。系统运行时，逆变器的超前角固定在最小安全超前角不变，通过调节斩波器的占空比实现调速。因 $\cos\beta_{\min}$ 值较大，逆变器从电网需要的无功功率减小，故使系统的功率因数提高，在高转速运行时比一般串级调速系统高0.2~0.3。目前上海电器成套厂生产的带斩波器的晶闸管串级调速系统的容量已达550kW。

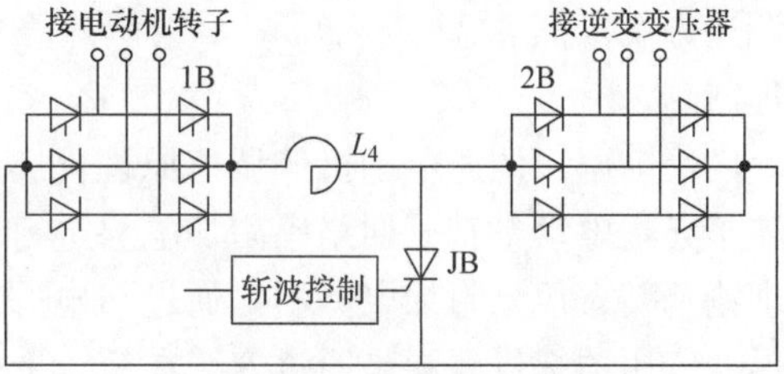

图8-21　带斩波器的晶闸管串级调速系统原理框图

斩波器通常由普通晶闸管构成。若采用可关断晶闸管（GTO）或电力晶体管（GTR）、绝缘栅双极型晶体管（IGBT）等全控型电力开关器件，则其控制线路可大为简化。

2）对串级调速系统中逆变器的电力半导体开关器件用全控型开关器件（如GTR、GTO、IGBT等）取代普通的晶闸管，由于GTR、GTO、IGBT等具有自关断能力，且开关频率高，因此逆变器可作成PWM型，输出的电压或电流为近似正弦波形，不但高次谐波量少，而且有高的功率因数。双馈调速系统与（低同步）串级调速系统相比，具有如下特点：

① 双馈调速系统不但可以在同步转速以下调速。还可以在同步转速以上调速；而且在同步转速上、下，既可以电动运行，又可以制动运行。而晶闸管串调系统只能在同步转速以下调速，没有制动转矩。由于双馈调速可以在同步转速以上调速，所以只要电动机有足够的机械强度，便可以发出比额定功率大的功率。这对于火力发电厂的锅炉给水泵等这类大容量、高转速泵具有很大意义，因为这些泵的转速比电动机的同步转速高，而使用双馈调速系统不用增速齿轮就可达到。

② 双馈调速系统的功率因数比串级调速系统高，且高次谐波对电网的干扰较小。

③ 双馈调速系统的线路比串级调速系统复杂，初投资也高，维护较困难，要求工人具有较高的文化技术水平。

双馈调速系统和串级调速系统是不需要调节全部传动功率的电气传动系统，因此，经变频装置的功率仅仅是传动功率的一部分（转差功率），这部分功率的大小和调速范围成正比例。这种调速方式最适用于调速范围不大的场合。另外，因只需对传动功率的一部分进行变频，所以能量变换装置中的能量损失较小。在各种可调速的电气传动方式中，双馈调速和串级调速的效率是最高的。

其次，双馈调速系统和串级调速系统都具有较高的可靠性，即使在变频装置发生故障时，仍可将电动机的转子短接使其工作在不调速状态。对于火电厂的锅炉给水泵、锅炉送风机以及核电站的循环泵等可靠性要求高的重要设备来说，这个优点是很重要的。

2. 内反馈串级调速电动机

作为近代交流调速技术的重要分支，晶闸管串级调速曾获得普遍的重视和广泛的应用。但是随着近年来变频调速技术的迅速崛起，串级调速受到了很大的冲击。除了理论上的误导作用之外，串级调速技术在理论深入和技术改进方面存在的不足也是主要原因之一。

内反馈串级调速电动机就是旨在克服传统的晶闸管串级调速系统的缺点而提出的新型附加电势调速方案。图 8-22 为内反馈串级调速系统的原理图。

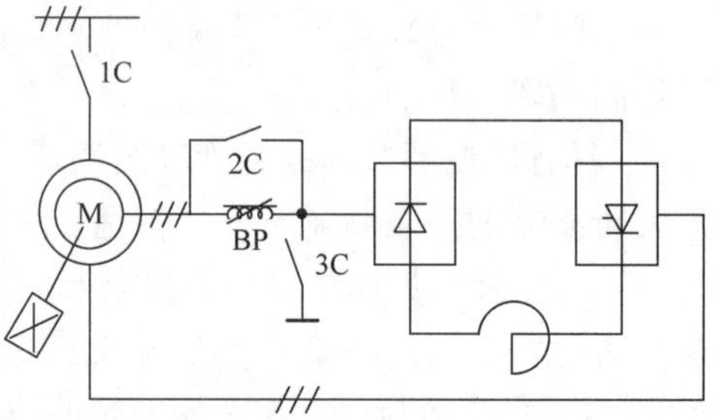

图 8-22 内反馈串级调速系统的原理图

内反馈串级调速电动机的调速原理仍属于绕线转子异步电动机转子回路串附加电势进行调速的理论范畴，但该附加电势不是通过与电网连接的逆变变压器提供，而是通过安装在定子上的调节绕组从主绕组感应过来的电势所提供的，再通过变流装置将该电势串入电动机的转子绕组，改变其串入电势的大小即可实现调速的目的。同时调节绕组吸收转子的转差功率，并通过与转子旋转磁场相互作用产生正向的拖动转矩，这就使电机从电网吸收的有功功率减少，主绕组的有功电流随转速正比变化，达到调速节能的目的。

与传统串级调速的区别在于内反馈调速的转差功率不是馈入电网，而是反馈回电动机内部。转差功率的这种内馈的结果，使调速产生的转差功率仍以电能的形式存在而没有被消耗，从而提高了调速效率；另一方面，通过电动机的磁势平衡使定子绕组向电网吸收的功率减小，定子功率绕组中不再含有多余的转差功率，克服了传统串调系统转差功率在定子—转子—电网间的无谓循环传输现象。

为了实现上述功能，内反馈调速电动机本体，除了具有和常规电动机相同的定、转子绕组外，还在定子上设有特殊的调节绕组。调节绕组的作用是为转子绕组提供调速所必需的附加电势，并接收转子在调速时产生的转差功率，调节绕组的这一作用，类似于传统串级调速系统中的逆变变压器，但内反馈调速是在电动机内部的电磁系统中完成的转差功率转移，而传统串级调速则是在两个不同的电磁系统中实现转差功率的传输。不但在结构上，前者比后者简单，而且使电动机调速的功率传输性能更为合理。

与传统串级调速一样，为了克服功率因数比较低的缺点，在转子直流电路增加了直流斩波器，转子整流器通过斩波器与逆变器相连，组成斩波式逆变器。斩波式内反馈串级调速系统的调速是通过改变斩波器的占空比来实现的，因此逆变器的超前角可取为最小值且固定不变，故可使无功损耗减小到最低程度，从而提高了系统的功率因数，同时也避免了因调速深度而带来的功率因数进一步降低的现象。图 8-23 为斩波式内反馈串级调速系统的原理简图。

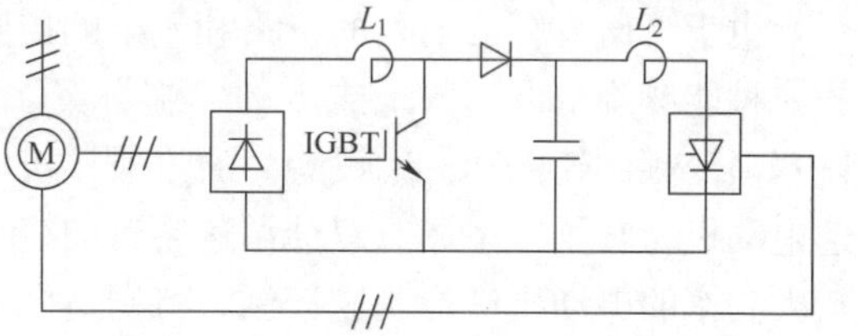

图 8-23　斩波式内反馈串级调速系统

为了进一步提高内反馈串级调速电动机的功率因数，还可以采用内补偿措施。改善功率因数的关键，在于使调节绕组的无功功率呈容性，这一方面可以通过超前换流的电子变流器来实现，也可通过内补偿方法来实现。内补偿是一种简单、可靠的改善功率因数、降低无功损耗的方法，其线路图如图 8-24 所示。

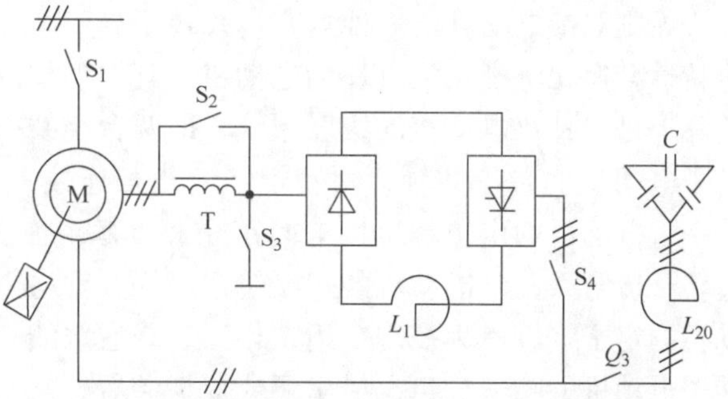

图 8-24　内反馈调速电动机的内补偿

在调节绕组接入补偿电容器，为了抑制谐波电流，串入阻尼电抗器 L_{20}。这样，调节绕组除了反馈电流 I_{31} 以外，还产生容性电流 I_{3c}，总的电流为：$\dot{I}_3=\dot{I}_{31}+\dot{I}_{3c}$。$\dot{I}_{3c}$ 将补偿感性无功分量，使 $\dot{I}_{3c}$ 呈纯电阻性质，或者偏容性，因此实质性地改善了电动机的功率因数。内补偿的最终目的是为了避免调节绕组感性电流引起的一次侧励磁电流的增大，为此，要求 $\dot{I}_{3c}$ 与 I_{31} 的感性无功分量完全相等而抵消，这种补偿称为准补偿。准补偿对电动机系统的功率因数并未起到补偿作用，但由于它使 $Q_3=0$，因此并不增加电动机功率绕组的励磁功率及损耗，而且调节绕组的功率因数接近于 1，使其损耗最小。

如果调节绕组容量允许的话，最好使 $Q_1<0$ 而呈容性，这对于调节绕组来说是过补偿，过补偿的结果使得功率绕组的励磁电流减小，一方面可使电动机的功率因数提高，同时又可以减小电机的发热与损耗。如进一步使：

$$Q_1+Q_2-Q_3=0$$

$$Q_3=Q_1+Q_2$$

的话，则可使电动机的功率因数达到 1。

需要说明的是，内补偿与电动机电源端的外补偿具有很大区别，外补偿只能改善电源的功率因数，而对电动机内部的感性无功问题丝毫无补，这是必须引起注意的。内补偿除了对调速状态有所改善之外，在自然运行时，也能收到较好的效果，它使电动机的功率因数进一步提高，并使输入电流降低，这对6～10kV的高压电动机具有重要的意义。

由于内反馈调速电动机取消了逆变变压器，增加了调节绕组，不仅缩小了体积，降低了系统造价和损耗，还可通过调节绕组的分布与短距作用使空间谐波得到有效的抑制，即使不加滤波装置，也能满足电网要求。

8.4.4　无刷双馈变频调速电机

由于高压变频器昂贵的价格和复杂的控制系统阻碍了它的推广应用，于是人们就努力寻找一种能够降低调速系统成本的实施方案。国外有人率先在HUNT电机的基础上提出了无刷双馈变频调速电动机的设想，通过对样机的试验得到了令人满意的结果。无刷双馈变频调速电动机与转子接串调或双馈调速装置的绕线转子电动机相似，可以用较小容量的变频器对较大功率的电动机进行调速控制，特别适合于大功率的风机和水泵类负载的调速节能应用，具有低投入、高回报的特点，是一种很有希望的中、高压电动机节能调速方案。

1. 无刷双馈电动机原理

无刷双馈电动机是一种具有绕线转子异步电机特性，但无电刷及集电环的电动机。其原型机实际上是一种双电动机的级联系统，即两台绕线转子电动机的转子共轴，两转子绕组相互连接，第一台电动机的定子绕组接电网，输入功率，通过转子传给第二台电动机的定子绕组。第二台电动机的定子绕组称为控制绕组，相当于普通绕线转子电动机的转子绕组，接串调或双馈装置，实现调速。电机原理如图8-25所示。

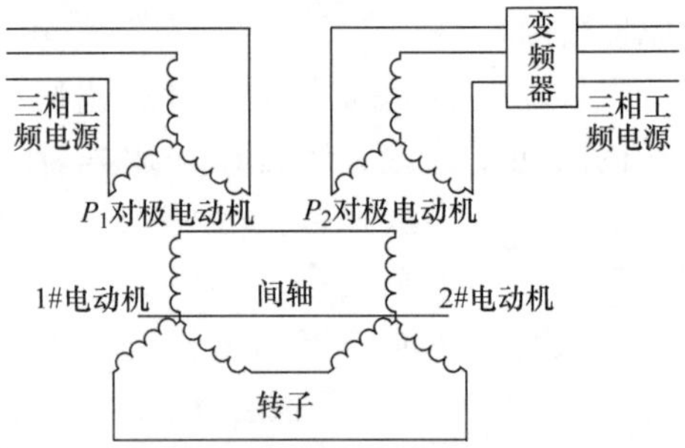

图8-25　无刷双馈电动机原理

近年来在该原型电动机的基础上研制出的改进型无刷双馈电动机只有一个定子、一个笼型转子、一套公共磁路。定子中有两套不同极对数的绕组，一组称功率绕组，接三相电网，另一组称控制绕组，接变频装置。这种电动机的原理示于图8-26。在两种绕组极对数确定的情况下，通过改变控制绕组变频器的输出频率即可实现电动机的无级调速，调速的范围与极对数和二套电源的输出频率有关，具体的转速表达式为：

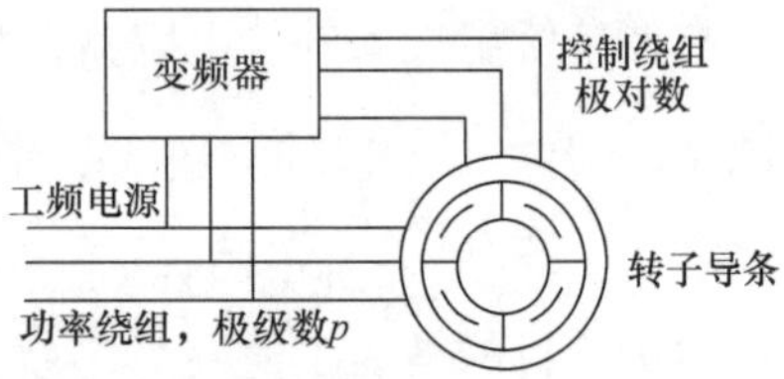

图8-26　无刷双馈变频调速电动机

$$n=\frac{60\times(f_{\mathrm{p}}\pm f_{\mathrm{q}})}{p+q}(\mathrm{r/min})$$

式中　p——功率绕组磁极对数；

f_{p}——电源频率；

q——控制绕组磁极对数；

f_{q}——变频器输出频率。

从式中可见，根据电源旋转磁场与变频器输出的磁场方向的异同（相序不同）可实现双向调速，扩大了调速范围，降低了变频器的容量。从式中还可看出，由于电源频率是固定的（50Hz），只要变频器的输出频率一定，电动机的转速就可以完全确定，调速精度很高。

2. 无刷双馈电动机的特点

1）特殊的笼型转子无刷双馈电动机的转子为单层多路笼型转子，如图8-27所示，导条数 $n=p+q$，其余槽中安排短路绕组。

2）功率分配功率绕组与控制绕组的功率分配符合如下关系：

$$P_{*p}/P_{*q}=p/q$$

功率分配近似与极对数成正比。如输出功率一定，两绕组的极对数确定之后，由于变频器接在极数较少的控制绕组一侧，故变频器的容量 P_1 也就确定了：

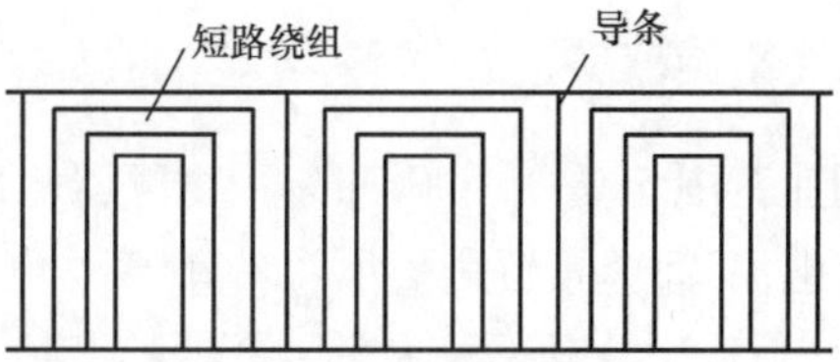

图8-27　单层多路笼型转子

$$P_1=\frac{q}{p+q}P_N\times110\%$$

3）同步转速

$$n_0=\frac{60f_p}{p+q}\quad(\text{r/min})$$

4）两绕组极数之间应满足如下的关系：

$p\neq q$；$p-q>1$；q/p 应尽量小；p/q 的最简分式中分子分母最好是一奇一偶。

综合以上各种因素可以发现，无刷双馈电动机定子绕组的极数配合问题是错踪复杂的，具体的选择要根据实际要求来定，如果将变频器用于极数较小的控制绕组一侧，不仅可以实现电动机转速的平滑调节，更重要的是大大降低了变频器的容量，同时也降低了对功率器件的耐压要求，因为对于一台6kV的无刷双馈电动机来说，即使进行0～100%调速时，其控制绕组的电压也不超过2kV，一般进行±25%～±50%调速，则控制绕组的电压应低于1 000V，可采用低压功率器件组成变频器，大大降低了成本，提高了可靠性。另外，还由于变频器接在控制绕组一侧，对电网的谐波污染要小得多。

3. 无刷双馈变频调速电动机设计原则

由以上分析可见，无刷双馈电动机也有其局限性，在设计时应根据具体要求综合考虑。

1）无刷双馈电动机的同步转速最高为1 000r/min，此时取 $p=2$，$q=1$

$$n=\frac{60f_p}{p+q}=\frac{60\times50}{2+1}=1\,000\ (\text{r/min})$$

其次为：600r/min（$p=4$、$q=1$；或 $p=3$、$q=2$）

430r/min（$p=6$、$q=1$；或 $p=5$、$q=2$）

333r/min（$p=8$、$q=1$；或 $p=6$、$q=3$；或 $p=7$、$q=2$）

2）为减小变频器的容量，及减小损耗，q/p 的值应尽量小，对于600r/min同步速的电动机，若选 $p=4$、$q=1$ 时，变频器容量仅为电动机容量的20%；而选 $p=3$、$q=2$ 时，则为电动机容量的40%。

3）调速范围越大，控制绕组电压就越高，要求变频器功率器件的耐压越高。好在电厂风机、水泵的调速范围有限，这应不成问题。

4）设计实例：将一台200MW机组引风机电动机（$P_N = 1\ 600kW$、6kV、980r/min）改成无刷双馈变频调速电动机。

设计同步转速为1 000r/min，则由 $n_0 = \dfrac{60f_1}{p+q}$

取 $p = 2$，$q = 1$

变频器容量 $P_1 = \dfrac{q}{p+q}P_N \times 110\% = 580kW$

调速范围500～1 500r/min，变频器输出频率为0～±25Hz，控制绕组电压为690V左右，额定电流250A，可用耐压为1 700V、电流为800A的IGBT功率器件组成。

5）投资核算：1 600kW/6kV电动机约25万元，改为无刷双馈电动机，约40万元，30%电动机容量的变频器（含输入变压器及起动装置）约45万元，共计85万元/套；若用高压变频装置，约需要250万元，约为无刷双馈变频调速电机的3倍。

综上所述，无刷双馈电动机的调速范围为500～1 500r/min为宜，这样的电动机造价要比普通电动机高50%左右，电动机造价的增加可以从调速装置（变频器）的节约中得到补偿。转速越低，二者差值越小。若转速再高，无刷双馈电动机将增大许多，制造也较困难，不一定合算。

4. 无刷双馈电动机的优缺点

无刷双馈变频调速系统与其他交流调速系统相比，具有以下突出的优点：

1）通过变频器的功率仅占电动机总功率的一小部分，可以大大降低变频器的容量，同时大大降低变频器功率器件的耐压要求，从而大大降低了调速系统的成本；

2）功率因数可调，可以提高调速系统的力能指标；

3）取消了电刷和集电环结构，大大提高了系统运行的可靠性；

4）即使在变频器发生故障的情况下，电动机仍然可以运行于异步电动机的状态下，保证拖动设备的正常工作；

5）电动机的转速仅与功率绕组和控制绕组的极数、频率及相序有关，而与负载转矩无关，因此电动机具有硬的机械特性（同步机特性），并且转速的控制十分精确。

其不足是：起动特性较差，要借助感应起动器起动，适用于不是频繁起动的场合。由上面的分析可知，无刷双馈变频调速电动机与普通笼型电动机加高压变频器或绕线转子电动机串级调速或双馈调速系统相比，有明显的优越性，它合理地将变频技术和电动机本身的结构改造相结合，充实了电动机调速的内涵，是集电动机设计与制造技术、电力电子技术、计算机控制技术为大成的机电一体化的高技术产物；它既解决了高压变频调速系统的高成本，又避免了绕线转子电动机的有刷调速，是很有发展前途的交流调速方案。

8.4.5 无换向器电动机

1. 无换向器电动机的工作原理

无换向器电动机是指由变频器、同步电动机、转子位置检测器（测频器）组成的可变速电动机，又称为晶闸管电动机。无换向器电动机的变频器与笼型异步电动机变频调速时用的变频器相似，亦分为交—直—交变频器和交—交变频器两类。采用交—直—交变频器时，称为直流无换向器电动机；采用交—交变频器时，称为交流无换向器电动机。目前，用于泵与风机调速节能的多为直流无换向器电动机，故下面所讲述的无换向器电动机均是指直流无换向器电动机。如图 8-28 所示，无换向器电动机的工作原理和运行特性与具有三个换向片的直流电动机相似，这是由于同步电动机与反装式的直流电动机相似；变频器的逆变器相当于直流电动机换向片，其作用是使电流换向；转子位置检测器相当于直流电动机的电刷，其作用是把旋转电路和静止电路相连，起检测转子位置的作用。因无换向器电动机运行特性与直流电动机相似，又用逆变器和转子位置检测器取代了在工作中容易产生火花的换向器（换向片和电刷），故无换向器电动机也称为晶闸管电动机。

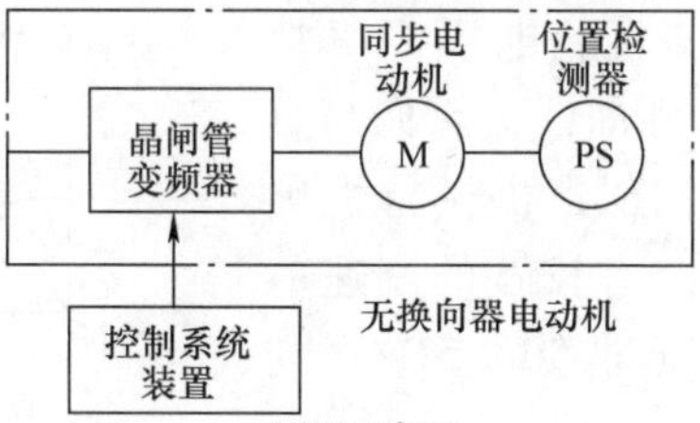

a) 原理示意图

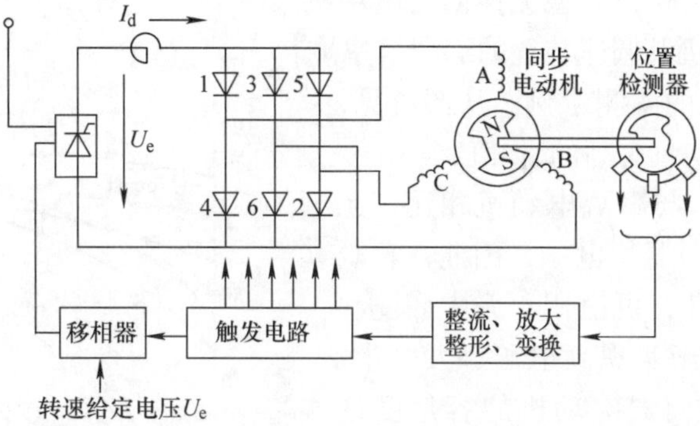

b) 控制系统示意图

图 8-28　无换向器电动机的原理及控制系统的示意图

上面所述的反装式直流电动机是指其磁极与电枢绕组的安装位置正好与直流电动机相反。反装式直流电动机（同步电动机）的磁极安装在转子上，电枢绕组装在定子上；而直流电动机的磁极安装在定子上，电枢绕组装在转子上。

转子位置检测器与电动机同轴相连。它的任务是控制逆变器中晶闸管随着转子位置的变化而按一定顺序导通。图 8-28b 所示为光电变换器式转子位置检测器，其原理是：当其中间具有两个缺口的腰鼓形光电变换器铝板的缺口部分经过设定的三个光源之一时，转子位置检测器就发出脉冲信号，触发逆变器中某晶闸管导通；当此铝板的非缺口部分经过光源时，光线被挡住，就没有信号。这样，转子位置检测器就根据转速，并经触发电路使逆变器的晶闸管按一定顺序轮流导通，即把由整流器输入的直流电逆变为频率可调的三相交流电，供给同步电动机。

无换向器电动机的转速控制多采用改变晶闸管整流器的导通滞后控制角实现的。如图 8-28b 所示，改变转速是通过改变给定电压 U_s 的大小，就可改变导通滞后控制角 α 及整流器的输出直流电压 E_d 的大小，从而改变无换向器电动机的转速。这是因为改变控制角 α 后，即改变直流电压 U_g 的大小，可得出无换向器电动机的一组互相平行的机械特性曲线，如图 8-29 所示。若把叶片式泵与风机的转矩—转速特性按相同比例尺作在其上，则其与无换向器电动机机械特性曲线（转矩—转速特性曲线）的交点即为工作点（运行工况点）。由图可见，泵或风机的转速随着直流电压值 U_g 的减小而减小。

2. 无换向器电动机的主要优缺点

无换向器电动机的主要优点是：

1）调速特性好。从图 8-29 所示无换向器电动机的机械特性曲线（转矩—转速特性曲线）可以看出，当改变整流器输出的直流电压 U_d 时，可得出一组互相平行的机械特性曲线，它们与直流电动机的机械特性曲线很相似，机械特性硬（即转速对转矩的变化率小），有较宽的调速范围，在开环控制时可达 10∶1（即 50～5Hz）到 20∶1（即 50～2.5Hz）。

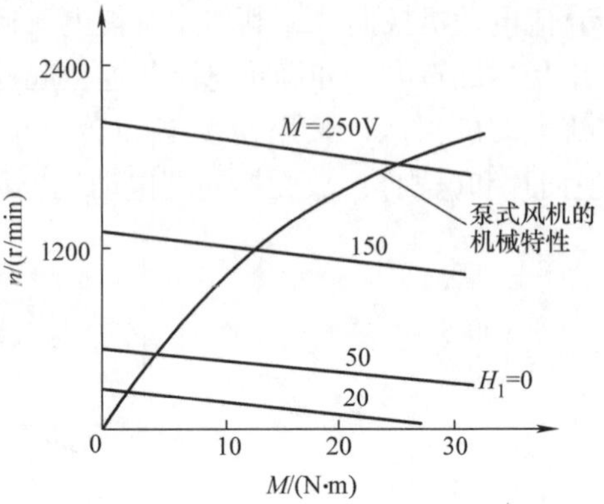

图 8-29　无换向器电动机在不同直流电压下的机械特性曲线

2）效率高。图 8-30 为典型无换向器电动机的调速效率 η_r、电动机及调速装置的综合效率 η_t 及电源功率因数 $\cos\varphi$ 的实测示例。从图可见，其在宽的转速范围内均具有高的 η_r 值。

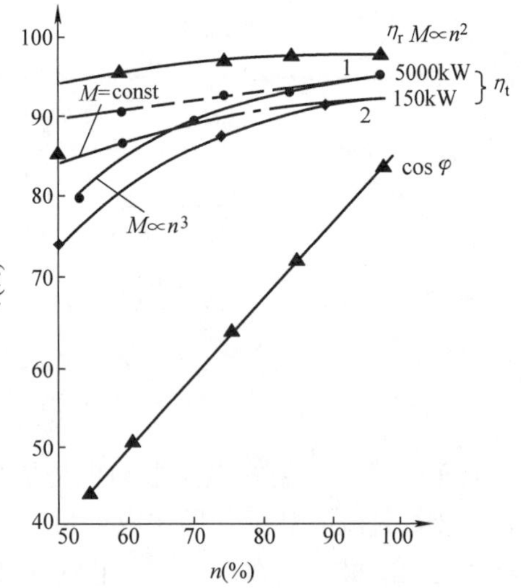

图 8-30　典型无换向器电动机

1—6 极，隐极式同步电动机

2—6 极，凸板式同步电动机

3）单机容量大。与直流电动机相比，无换向器电动机没有换向器的电刷，因此，它既不会在工作中产生火花，可适用于恶劣环境和易燃易爆场合；又易于实现高电压、大容量、高转速，如目前无换向器电动机的容量已达 50MW、转速达 6 000r/min、电压达 10kV。

4）控制线路比较简单。与笼型电动机的变频调速相比，无换向器电动机的控制线路比较简单，这主要表现在换流线路上。所谓换流，就是指变频器中把欲触发的晶闸管导通以及把先前已导通的晶闸管关断这一过程。笼型电动机变频调速时，为实现其逆变器晶闸管的关断，需设置复杂的强迫换流电路。而无换向器电动机可采用较简单的反电势换流电路。这是由于无换向器电动机为同步电动机，其转子上装有励磁绕组，当对其通过直流电时，将形成磁场，这个励磁磁场将感应产生电势，这如同直流电机电枢中的反电势一样。利用这一反电势换流时，可省去强迫换流电路所必需的换流晶闸管、电容器、电抗器等辅助设备，大大简化了控制线路，并提高了其运行效率。反电势换流又称为自然换流或反电势自然换流。

无换向器电动机的不足之处是：

1）电动机在起动或低速运行时（小于额定转速的 5%～10%），因反电势小，不能进行反电势换流。常采用断续电流换流法（断流法）。断续电流换流法常采用的操作过程是：当变频器的逆变器某一晶闸管需要关断时，把变频器的整流器由整流状态（控制角 $\alpha<90°$）

运行转为逆变状态（控制角 90°）运行。这时由于整流器电压极性反了，使供给变频器的逆变器的电流强迫降为零，从而使逆变器的所有晶闸管都截止；然后给应该导通的晶闸管加上脉冲，待重新供电时，逆变器也就完成了换流过程。当电动机在采用断续电流换流法起动或低速运行时，电动机产生的转矩脉动要比正常运行时大得多。此外，采用断续电流换流法时需要增加一些换流控制电路。

2）由于无换向器电动机采用反电势换流，故其过载能力较低。解决过载能力低的有效措施是：随着负载大小的变化，实现无换向器电动机励磁电流和给定换流超前角的自动调节，是指无换向器电动机在空载时，电动机相电流和空载电势之间的夹角。

3）大型的变频装置及其控制系统需占用较大空间。如一台容量为 6 000kW、2 300V 的装置，需要 2.4m×3.6m×13.5m 的安装空间。

8.5 各种调速方式的综合性能分析

8.5.1 不同的调速方式适用的电动机容量和转速范围

各种电动机调速方式所适用的容量和转速范围是不同的。无换向器电动机适用于大、中容量和高、中转速场台。对于大容量（>5 000kW）、高转速（>4 000r/min）的电厂锅炉给水泵的电动机调速方式，目前只有无换向器电动机能适应这个工作要求，其最大容量达 50MW，最高转速可达 6 000r/min。晶闸管串级调速系统适用于大、中容量和中、低转速场合，目前国内外已经不把这种调速方式作为主流调速技术。变频调速系统作为主流调速技术，近几年得到了大幅发展，适用于高低电压的产品，适用于大、中、小容量的变频器产品，适用于同步电动机、异步电动机的产品，适用于各种不同特殊要求的等等，应有尽有。目前国内生产并使用的最大容量变频调速装置已达到 25MW。其他如电磁调速电动机、异步电动机定子变压调速以及绕线转子串电阻调速等均适用于容量较小、转速不高的场台。

8.5.2 各种调速方式的电动机及其调速装置的综合效率

适用于中、小型电动机的调速装置，有笼型异步电动机 PWM 型变频调速、笼型异步电动机电压型变频调速、笼型异步电动机电流型变频调速、电磁调速电动机、绕线转子异步电动机转子串电阻调速等。其综合效率以笼型异步电动机 PWM 型变频调速最高；笼型异步电动机电流型、电压型变频调速次之；绕线转子异步电动机转子串电阻调速更次之；电磁调速电动机和异步电动机定子调压调速最低。

PWM 型变频调速与电流型、电压型变频调速都是高效调速方式，但是前者 η_z 比后两者 η_z 高。原因是前者的逆变器由 GTR 或 IGBT 组成，而后者由晶闸管组成：IGBT 与晶闸管相比较，具有自关断能力和开关频率高的优越性。因此，PWM 型变频调速线路相对简单，且逆变器输出的电压或电流波形为近似的正弦波，使电动机基本不受高次谐波影响，故线路损耗也相对小。

绕线转子电动机转子串电阻调速、电磁调速电动机、异步电动机定子调压调速都是具有转差损失的低效调速方式。串电阻调速的 η_z 比电磁调速电动机的 η_z 高，原因是最高转速比 $i_n = n_{imax}/n_1$ 高，串电阻调速时 $i = 1$，电磁调速电动机 $i < 1$。适用于大型交流电动机的调速

装置，绕线转子异步电动机晶闸管串级调速的综合效率最高，无换向器电动机次之，笼型电动机晶闸管变频调速更次之。这是因为前两者的线路相对比较简单，线路损耗小；此外，串级调速及无刷双馈变频调速经过变频器的仅是转差功率，而无换向器电动机和笼型电动机变频调速则是输入至电动机的全部功率均要经过变频器，因而后两者经变频器的功率损失要大些。

图 8-31 是叶片式泵与风机（$M\infty n$ 型负载）应用各种调速方式时综合效率的实测结果图。图 8-32 给出的各种调速系统的 η_z 值，严格讲只是一个典型的实测数据。实际上，由于电动机及调速装置各制造厂的设计、制造、工艺等水平并不完全相同，因此，即使是同型号同容量的调速系统，其综合效率 η_z（$=\eta_v\eta_c$）值也会有一定差异。

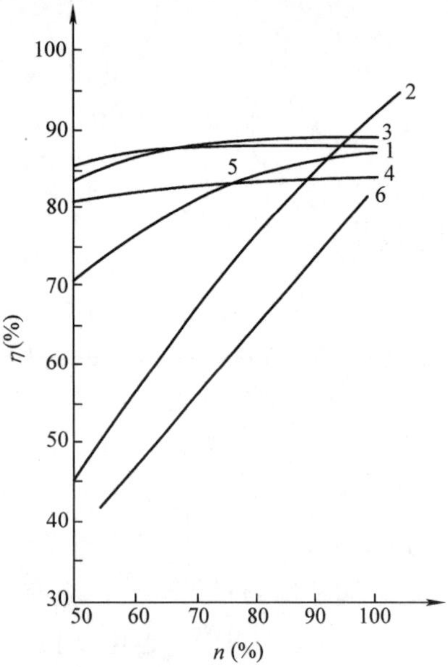

图 8-31 中小电动机各种调速综合效率 η_z

1—直流电动机（75kW）

2—绕线转子异步电动机转子串电阻调速（132kW）

3—笼型异步电动机 PWM 型变频调速（75kW）

4—笼型电动机电压型变频调速（90kW）

5—笼型电动机电流型变频调速（225kW）

6—电磁调速电动机（37kW）

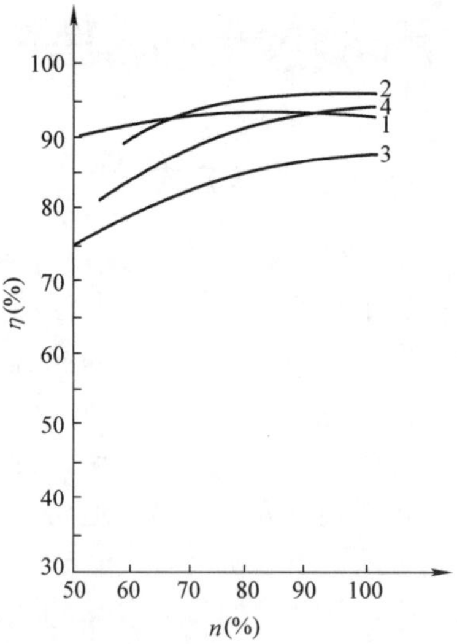

图 8-32 大容量电动机各种调速系统综合效率 η_z 比较

1—直流电动机（750kW）

2—绕线转子异步电动机晶闸管串级调速（6 500kW）

3—笼型电动机电流型变频调速（1 350kW）

4—无换向器电动机调速（5 000kW）

8.5.3 各种调速系统的电源功率因数

电动机调速系统的电源功率因数表示了无功功率的消耗，$\cos\varphi$ 越低，表示系统的无功功率消耗越大，当 $\cos\varphi$ 由 0.8 下降到 0.4 时，供电线路的损耗将增加 5 倍以上。因此，在选择调速装置时，既要重视节约有功功率，还应重视决定无功功率的功率因数 $\cos\varphi$。

图 8-33 给出各种调速系统的电源功率因数比较，从图中可以看出：笼型电动机 PWM 型变频调速在整个调速范围内均具有很高的（接近于 1.0）的 $\cos\varphi$。

电磁调速电动机也具有较高的 $\cos\varphi$，绕线转子异步电动机晶闸管串级调速系统的电源功率因数 $\cos\varphi$ 是在各种调速系统中最低的，所以在选用这种调速系统时，应充分注意这个问题。

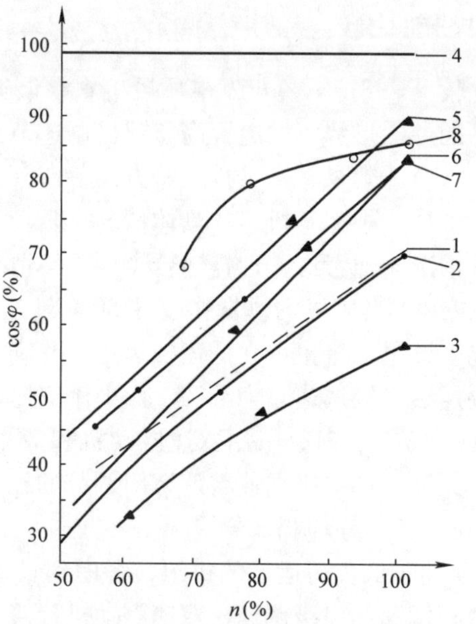

图 8-33　各种调速系统的功率因数 cosφ 比较

1—直流电动机调速　2—绕线转子异步电动机转子串电阻调速（$P=10$，132kW）
3—绕线转子异步电动机晶闸管串级调速　4—笼型电动机 PWM 型变额调速
5—笼型电动机电压型晶闸管变频调速　6—笼型电动机电流型晶闸管变频调速
7—无换向器电动机调速　8—电磁调速电动机调速（37kW）

8.5.4　各种调速方案的初投资和回收期

由于设备价格逐年在变动，故以相对价格作为讨论依据较好。如以普通三相交流异步电动机的价格为 1.0，各种调速系统的价格以普通三相交流异步电动机价格为基准给出，则比较直观、真实。各种调速方案的初投资和回收期见表 8-6。

表 8-6　各种调速系统的相对价格及投资回收周期

序号	项目	相对价格	投资回收期/年
1	三相交流异步电动机	1.0	0
2	变极调整	1.2	0.2
3	电磁调整电动机调整系统	1.5	0.5
4	绕线转子电动机转子串电阻调速系统	2.5	1.0
5	晶闸管调压调速系统	3.0	1.5
6	液力偶合器调速系统	3.0	1.5
7	无刷双馈变频调速系统	3.5	2.0
8	普通串级调速系统	2.0	1.5
9	内反馈串级调速系统	3.0	2.0
10	变频调速系统	2.0（低压）	0.5（低压）
11	无换向器电动机调速系统	3.0（高压）	1.0（高压）

8.5.5 各种调速装置的性能比较

各种调速装置的性能比较见表8-7。鉴于发电厂风机水泵调速节能的巨大经济潜力，以及面对厂网分家、竞价上网的严峻形势，发电厂高压辅机调速节能改造势在必行。但是，由于各种调速方式在性能指标、节能效果、资金投入等方面各有其优缺点，因此究竟应采用何种调速方案进行节能改造，各厂应根据其机组的具体情况、负荷情况（是否调峰）、设计余量、场地位置、资金投入等情况全面考虑，选择适合本厂具体情况的节能改造方案。

1）对于常年满负荷的机组，当风机的风量裕度在30%时，选用双速电动机最为经济。即使在满负荷连续运行工况下，电动机也可在低速档运行，并满足风量要求；当风量裕度在20%左右时，则采用变频调速、串级调速较为经济，而采用双速电动机和液力偶合器不能起到节电作用；当风量裕度在10%左右时，采用双速电动机和液力偶合器调速还不及调节门调节的经济性好，而采用变频调速和串级调速与调节门调节的经济性相差不大，因而此时只要采用调节门调节即可，不必采用变速调节。

2）对于调峰机组和长期处于低负荷运行的机组，考虑到长期运行的安全可靠性、经济性和操作维护工作量等，变频调速和串级调速比双速电动机及液力偶合器等调速方式具有更大的优越性。因此，电厂在进行风机水泵节能改造时，应优先选择变频调速和串级调速方案。

3）母管制给水系统配备定速泵虽然可用台数调节法提高运行经济性，但是仍存在节流损失和运行效率降低的问题，如改为转速调节，不仅可以进一步提高运行的经济性，而且还可以提高机组运行的安全可靠性。对于由多台泵组成的母管制给水系统，至少要有一台调速泵，以提高运行的经济性。

4）低效调速节能方式，即使在低转速比时，相对节流调节方式而言，也有明显的节能效果。且因其投资少、见效快、资金回收周期短，在老机组和中小机组改造中，容易收到明显的节能效益。

5）变频调速具有调速效率高，力能指标（功率因数）高，调速范围宽，调速精度高，又可以实现软起动，减少对电网的电流冲击及对设备的机械冲击，延长设备使用寿命等优势，故对于大部分采用笼型异步电动机拖动的电厂风机、水泵，变频调速不失为目前最理想的调速方案，但其昂贵的价格又使用户望而却步，且国内目前尚无技术成熟的高压大容量变频设备，致使其推广应用受到限制。

6）内反馈串级调速和无刷双馈变频调速，既有变频调速的优良性能，又避免了用户的高投入，是适合中国国情的具有广阔应用前景的风机、水泵调速节能方案。

表8-7 各种调速装置的性能比较

装置	调速原理	优点	缺点	适用场合
变极调速	改变异步电动机定子绕组的极对数 p，可使电动机同步转速 $n_0=60f_1/p$ 改变（f_1为电网频率），达到调速的目的	1. 转差率小，转差损耗少，效率高； 2. 只需要转换开关或接触器，控制简单； 3. 间隔便宜，投资少； 4. 使用维护简单方便	有级调速，而且级差较大	笼型异步电动机：不要求平滑、连续和频繁调速的场合

（续）

装置	调速原理	优点	缺点	适用场合
变频调速	利用各种类型的变频器改变异步电动机定子端输入电流的频率，以改变电动机的转速 主要有交—直—交式电压型、电流型和脉宽调制型三种类型	1. 转差率小，转差损耗少，效率高； 2. 特性硬、调速精度高； 3. 无级调速； 4. 调速范围大； 5. 起动及制动能耗少	1. 变频器结构复杂； 2. 全部功率通过变频器，投资大； 3. 使用、维护要求技术水平高； 4. 产生高次谐波、对电网有污染、对电机有影响	笼型及绕线型异步电动机及同步电动机
串级调速	在绕线转子异步电动机的转子电路中串入一个与转子电势频率相同、相位相反的附加电势后，转子电流 I_2 减小，从而使电动机产生的转矩 M 也随之减小，因 M 小于负载转矩 M_1，所以电动机转速必然下降。随着转速降低，转差率增加，转子电势也要增大，从而使转子电流回升。当转子电势所产生的转矩与负载转矩相平衡时，电动机重新稳定运行在较低转速 主要型式有晶闸管串级、机械串级和电机机组串级三种。晶闸管串级调速又可分为低同步速串级调速、超同步速串级调速及内反馈串级调速三种	1. 各种串级调速的效率高、节能效果好。因为可将调速过程中产生的转差能量回馈到电网或电动机轴上加以利用； 2. 调速装置的容量与调速范围成正比。范围小时装置容量也小，所以成本较低，投资少； 3. 平滑无级调速； 4. 晶闸管串级调速因无转动部分，所以维护容易，控制方便； 5. 机械串级调速和电机机组串级调速设备简单，可靠性高，功率因数高，无高次谐波； 6. 内反馈串级调速可省掉逆变变压器及高压操作柜	1. 晶闸管串级调速功率因数低； 2. 晶闸管串级调速产生高次谐波、对电网有污染； 3. 机械串级调速和电机机组串级调速需增加一台直流电动机，所以维护工作量增加； 4. 内反馈串级调速需采用特制的内反馈绕线转子电机	绕线转子异步电动机。要求调速范围不大于（70% ~ 90%）的场合，若采用超同步速串级调速，可使调速范围扩大到50% ~150%
无刷双馈变频调速电机	无刷双馈变频调速电机是一种特制的调速电机。基本结构是一个定子、一个转子、一套公共磁路、定子绕组有两套对应不同极数的出线端。一套出线接工频电源作为功率绕组，另一套出线接变频电源作为控制绕组。在二套绕组极性确定的情况下，通过改变控制绕组变频器的输出频率来调节转速，可实现平滑无级调速。调速的范围与二套绕组的极数和电源的频率有关，具体的转速表达式为： $n=60\times(f_0 \pm f_c)/(p+q)$ 式中：p 为功率绕组极对数，q 为控制绕组极对数	1. 通过变频器的功率仅占电动机总功率的一小部分，可以大大降低变频器的容量，同时大大降低变频器功率器件的耐压要求，从而大大降低了调速系统的成本； 2. 功率因数可调，可以提高调速系统的力能指标； 3. 由于取消了电刷和集电环结构，大大提高了系统运行的可靠性； 4. 即使在变频器发生故障的情况下，电机仍然可以运行于异步电动机的状态下，保证拖动设备的正常工作； 5. 电动机的转速仅与功率绕组和控制绕组的极数、频率和相序有关，而与负载转矩无关，因此电动机具有硬的机械特性（同步机特性），并且转速的控制十分精确	1. 必须更换特制的无刷双馈电动机； 2. 起动特性较差。要借助感应起动器或外接电阻起动； 3. 调速效率稍低	长期连续工作，不需要频繁起动的场合

（续）

装置	调速原理	优点	缺点	适用场合
无换向器电机调速	无换向器电动机是指由变频器、同步电动机、转子位置检测器组成的可变速电机。无换向器电动机的工作原理与具有三个换向片的直流电动机相似，其转速控制是通过调整晶闸管整流器的触发角改变整流器的输出直流电压来实现的	1. 调速特性好； 2. 调速效率高； 3. 与直流电动机相比，去掉了换向器和电刷，提高了调速系统的可靠性； 4. 控制线路比变频器简单，从而成本降低； 5. 容量大、转速高	1. 无换向器电动机的起动及低速运行特性差； 2. 过载能力底； 3. 调速装置的体积大，且产生高次谐波，对电网有污染； 4. 需采用特制的无换向器电动机； 5. 与变频调速一样，全部功率通过变频器，增加了功率器件的电压、电流耐量和投资	大容量（≥5 000kW） 高转速（≥4 000r/min）的场合
定子调压转速	改变加在异步电动机定子端的电压，使电动机的机械特性发生变化，改变电动机的转差率，从而使电动机的转速发生变化	1. 线路简单，运行比较可靠； 2. 调压装置体积小； 3. 间隔便宜、投资少； 4. 使用、维护比较简单； 5. 使用自动控制及远方操作	1. 低速时转差功率损耗大，效率低； 2. 调速特性软； 3. 产生高次谐波，对电网有污染，对电动机有影响	大容量绕线转子异步电动机转子串电阻。高转子电阻的笼型异步电动机
转子串电阻调速	在绕线转子异步电动机的每组转子电路中串入附加电阻，则转子电流减小，使电动机转速下降。转速下降后转差率加大，因而使转子电势增大，转子电流重新增加。直到电动机产生的电磁转矩与负载转矩相平衡时，温度运行在较低转速上 可串入金属电阻、液体电阻及斩波控制等效电阻	1. 设备方法简单，不需要复杂的控制设备、可靠性高； 2. 投资少； 3. 技术容易掌握； 4. 功率因数较高； 5. 不产生高次谐波，对电网无影响； 6. 起动和调速设备合二为一； 7. 利用液体电阻时，可实现平滑、连续调速。	1. 效率低，因为转差功率以热能形式消耗在转子电阻及附加电阻上； 2. 机械特性较软，串接电阻越大特性越软； 3. 串金属电阻体积较大，抽头困难，不易做到无级调速，平滑性差	绕线转子异步电动机。对电动机机械特性硬度要求不高的场合
电磁调速电动机	电磁调速电动机由不调速的笼型异步电动机和靠励磁电流调速的电磁转差离合器组成。电磁转差离合器由直流电源励磁、改变磁场强度（即改变励磁电流的大小）即可改变电磁转差离合器磁极的转速，因而与磁极连接的风机、水泵的转速也得到调节	1. 调速装置结构简单、运行可靠； 2. 价格便宜，投资少； 3. 控制线路简单，维修容易； 4. 控制装置容量较小，一般为电动机容量的1%～2%，因此占地面积小； 5. 在采用闭环控制时，调速范围大于10； 6. 不产生高次谐波，对电网无影响	1. 电磁转差离合器本身转差大，最高输出转速仅为电动机同步转速的80%～90%； 2. 低速时效率较低，因为调速过程中产生的转差损失以热能形式耗散了	中、小容量的笼型异步电动机

（续）

装置	调速原理	优点	缺点	适用场合
液力偶合器	液力偶合器的泵轮和涡轮分别与电动机和负载的轴连接，泵轮带动油旋转并把从电动机得到的机械能转变为油的动能和压力能，而后工作油进入涡轮，并推动涡轮做功。油流经涡轮后能量降低，再回到泵轮吸收能量。就这样靠油的循环动力传递功率。调节泵轮及涡轮腔室中的油量便可以改变涡轮的转速，达到泵调节的目的	1. 功率适应范围大，可以满足从几十到几千乃至上万千瓦的不同功率的需要； 2. 结构较简单，工作可靠，使用方便； 3. 价格适中，改造投资不大； 4. 转差损失功率最大不超过15%； 5. 可空载起动，从而大大降低了起动电流； 6. 不产生高次谐波，对电网无影响； 7. 控制方便，可手控、遥控及自动控制； 8. 无级调速。调速范围宽（20%～97%）； 9. 对电动机和水泵有过载保护功能； 10. 可以隔离电动机和泵的振动、减缓冲击	1. 有转差损失，所以属低效调速装置； 2. 转差功率损耗使油温升高，所以需要冷却设备； 3. 低速、小功率的液力耦合器造价较高	大容量、高转速的笼型异步电动机
液力调速离合器	液力调速离合器的主要工作元件是主动摩擦盘和从动摩擦盘，它们分别与电动机轴和水泵轴连接。主、从动摩擦盘之间有油膜，靠油膜的剪切力（即油的粘性）把主动盘的转矩传递给从动盘，带动泵轴旋转。调速时，靠改变主、从动摩擦盘之间的油膜厚度（即改变剪切力）来改变从动轴的转速	1. 可实现传动比为1的同步传动，这时无转差损失，效率高； 2. 结构紧凑，体积小； 3. 可靠性高，维护工作量小； 4. 调速操作简便易行； 5. 调速灵敏度高； 6. 配备完善的带反馈信号的控制系统时，可以获得准确的输出转矩； 7. 摩擦片可用标准件，容易实现系列化； 8. 价格较便宜，投资少； 此外，具有液力耦合器的第（1），（4），（5），（6），（7），（8），（9），（10）等各项优点	1. 在调速时有转差损失，属低效调速装置； 2. 转差功率变成油的热量，因此需要冷却设备	大功率、高转速的笼型异步电动机。对于既要求调速、又要求在额定工况下运行的负载最合适
汽轮机调速驱动	用汽轮机直接调速驱动大功率、高转速的锅炉给水泵是火力发电厂大容量机组给水泵的主要驱动方式之一。通过调速器控制汽轮机的进汽量即可获得需要的转速	1. 可以降低发电净热耗率，提高机组运行经济性； 2. 可以增加发电厂的输出电量； 3. 可以减少厂用电变压器及其电气设备的投资费用； 4. 当电力系统频率变化时，水泵转速不受影响，提高了泵运行的稳定性； 5. 可以适应滑参数起动方式； 6. 可直接实现给水泵高速化，省去了升速齿轮及液力偶合器等传动装置，因此也不存在传动损失； 7. 可靠性高； 8. 操纵控制方便	1. 汽轮机结构复杂，维修工作量大； 2. 造价高、投资大	中、大容量机组的大功率、高转速锅炉给水泵等

第9章 通用机电设备节能技术

9.1 通用机电设备节能对环保的促进作用

节能反映能源消费与经济增长之间的关系，对于所有提高生产要素、使用效率，从而增加产出的经济活动都能取得节能的效果。节能降耗既可促进经济增长方式由粗放型向集约型变化，提高经济竞争力，还可缓解能源资源的开发强度，延长化石能源的服务年限，推迟化石能源的枯竭。节能可以合理降低能源消耗，减少污染物及温室气体的排放，改善生态环境等。有关研究表明，未来的能源生产与消费都将围绕着全球关注的气候变化及温室效应这一敏感问题，而造成温室效应的原因一半以上来自世界能源体系，尤其是二氧化碳的排放量。20世纪90年代以后，我国二氧化碳的排放量占世界总排放量的1/10，仅次于美国，因此提高能源利用率是本世纪的主要议题之一。我国目前燃煤发电量占总发电量比重在80%以上，发电燃煤在全国煤炭消费中约占61%，因此，节约电能对缓解环保压力，提高企业现有装备的生产能力具有重要作用。电能在能源终端消费中具有重要地位，我国工业能源技术水平与世界先进水平存在很大差距，总体落后10~15年，工业节能潜力巨大，据统计，在通用机电设备中，全国电动机装机容量约为3.5亿~4.5亿kW，耗电量占全国耗电总量的60%以上，其中交流电动机占90%左右，中小型异步电动机约占35%；很多应当采用调速的电动机大多未采用调速技术，造成电能的巨大浪费。我国约有2/3的风机、泵类机械在运行中需调节流量，用阀门式挡板调节，节能损失和浪费很大，采用变频调速装置，以及选用高效电机等产品、采用先进生产工艺、实施节能改造，均能取得显著的节电效果。

近年来，我国政府非常关注主要工业耗能设备及通用机电设备的能效问题、政府节能主管部门通过落实制修订能效标准、开展产品节能认证工作、强制淘汰落后产品、强制淘汰落后产能等措施，达到提高工业生产能源效率水平。

9.2 提高压缩机电能利用率的途径

压缩机是电机系统四大耗能设备之一，压缩空气也是现代工业四大动力之一，其节能工作受到各方面重视，其能源效率也受到大家关注。近几年出现以下几种关于压缩机效率的说法：

1）空压机的90%以上的轴功率最终没有做功产生压缩空气，而是转化成了热能被排放到周围环境中；

2）在空压机所消耗的能源中，只有19%被转化成了可供使用的功，而其他81%均以热量的形式损耗掉了；

3）空压机在运行时，真正用于增加空气势能所消耗的电能，在总耗电量中只占很小的一部分，约15%左右。约85%的耗电转化为热量；

4）只有不到10%的电机输入功率被转化为可用的压缩空气动力能。

由于热力学的复杂性，压缩机的输出能量不易为大家认识，上述几种均是错误说法，误导了对压缩机能源效率和压缩空气做功能力的认识，不利于压缩空气气动系统节能。查阅国内常用权威压缩机专业书籍，未发现关于压缩机整机能源效率的阐述。因此，有必要对压缩机能源效率特别说明：压缩机不只是能源传输机械，还具有蓄能特性，因此最好的效率表述为能量效率，即能量转换效率。特别是气动机械用空压机，能量转换过程先是电动机把电能转换为机械能，带动压缩机压缩空气并储存起来，把机械能转换为空气势能，然后压缩空气势能释放供各种机械使用，势能转换为机械能。能量效率应该反映压缩空气输出做功总量与电动机输入有功总量的比值，为能量转换效率。

实际工作中，要从多方面做手提高空压机的能量效率：

1. 正确选择压缩机

对于新建或更新项目的压缩机系统，应选用节能（新）型压缩机。因其相对于同类产品，具有效率高、电耗低、性能好等优点。正确选型应遵循以下原则：

1）了解产品的性能。使用范围和主要参数能否满足使用工况，若不合适，则应考虑其他类型。

2）节能（新）型压缩机在设计时已经考虑了一定的使用裕量，因此选型时只要以经常运行的工况为依据，就足可保证在使用工况下安全可靠地运行。

3）实际运行工况应尽量选在压缩机额定值附近，这时效率最高。

4）若需配置缓冲器、气体冷却器、油分离器等附属设备，应与主机配套，并满足使用要求。

5）充分考虑压缩机的安装及配管要求和备品配件的供应等问题。

6）选型要考虑节电效益：

$$\text{投资回收期}=(P_1-P_0)/P_2<(1/2-2/3)\text{压缩机的寿命周期}$$

式中 P_0——旧压缩机报废后回收费用的拆算值；

P_1——购买节能（新）型压缩机产品费用的拆算值；

P_2——年节电效益的拆算值（可计及维修费的减少、过装容量的减少、劳动生产率的提高、生产成本的降低等）。

2. 改善压缩机的运行条件

1）改善吸气条件。吸气管道要有足够的流通面积（空气流速不宜超过10～12m/s），管道长度应尽量短，沿程不应有急转弯、收缩和多余的附件。设法降低吸气温度 Ti，来增加压缩机的实际吸气量和降低压缩机的比电耗。空压机的吸风口应设在室外阴凉处。多级压缩机与外系统相连的吸气管道，采用管外喷淋冷却水或管外喷涂银灰漆来减轻辐射热。

2）提高级间冷却器的冷却效果。选用导热系数高、传热面积大、便于清洗和除垢的级间冷却器。有条件的可用软化水或不同配方的软化剂水质（如冷却水池中定期加适当比例的碳酸钠、腐植酸钠和磷酸三钠）进行级间冷却，冷却水不仅硬度明显降低，而且装置中原残存的坚硬水垢也变成糊状物排出，利于提高冷却效果。有实验表明，吸气温度每降低3℃，后一级的电耗减少约1%。

3）加强缸壁冷却。气缸内因气体被压缩及活塞环与缸壁之间摩擦生热会使壁温升高。设法散出其热量而降低壁温，不仅能减少压缩功耗、增加吸气量，还利于延缓滑油在气缸中氮化和分解，防止活塞环“咬死”，提高阀片弹簧的使用寿命。

小型压缩机可在缸盖头上增加散热翅片，并由兼作带轮的风扇来冷却。大中型压缩机缸壁上设冷却夹套，用水冷却。注意提高冷却水净化效率，减少水中悬浮物量，防止结垢后影响冷却效果。经常用蒸汽吹净冷却夹套中的垢物，适当控制冷却水的温度。

4）降低气阀的压力损失。气体通过气阀时，因节流和克服弹簧力、惯性力而造成压力损失。其功耗一般达压缩功率的10%～20%，因此，为提高压缩机的热效率（即能量的利用程度），须设法减少这种损失，措施有：

① 控制阀隙速度：由气阀的压力损失公式 $\delta P=\xi C^2 vp/2g$ 可知，控制阀隙速度 C（气阀通道面积最小处的速度）是减少压力损失的措施之一。

气体密度较大时取较低值，较小则取较高值；功耗较高的中型固定式压缩机、活塞平均速度较低的压缩机、小型压缩机和循环机等取较低值（甚至可低于下限），排气阀中的气流速度允许比吸气阀高20%。

② 选择合适的阀片升程：阀片升程的选择应考虑压缩机转速、气流速度、工作压力、气阀结构及使用条件等因素。升程过大或过小都会引起压力损失的增加。过大时，对阀座和升程限制器的撞击力大，阀片寿命短；其次，还会引起阀片开启不完全，导致实际压力损失增加。过小时，阀片寿命虽可提高，但阀隙通道面积小，隙间气流速度增大，乃至压力损失增加。这就要求综合考虑，不能顾此失彼。在升程减小的情况下，可采用多环窄通道气阀增大阀隙通道面积。一般在转速和压力较高时采用较小的阀片升程，同一级排气阀升程应比吸气阀低。

有关标准规定：环状阀，当转速 $n\leqslant 1500$r/min 时，升程 $h\leqslant 2.5$mm；当 $n\leqslant 500$r/min 时，$h\leqslant 3.5$mm。

③ 采用合适的弹簧和弹簧力：为使气体流经气阀时压力损失小，应选择合适的弹簧和弹簧力，最好采用变刚性弹簧。

一般选用原则是：压缩机转速、气阀中的气流速度和工作压力越高，选用的弹簧力应越大，处在同一级的排气阀弹簧力应高于吸气阀。

④ 控制润滑油消耗量：注入气缸和填料部位的润滑油要适量。若油量不足，将引起相对运动零件表面之间干摩擦，增加摩擦功耗。若油量过多，除降低气阀的使用寿命外，还容易引起积碳，严重的积碳将影响气阀的及时启闭，引起气体的泄漏；另外，气体中含油分过多，会污染冷却器的换热表面，使得传热系数下降，后一级的进气温度上升，减少压力缩机的排气量，增加功耗。所以要严格控制润滑油的注入量，尽量“少吃多餐”。

⑤ 减少气体泄漏和管网沿程压力损失：压缩机的各级内部与外界形成压力差，可能因活塞环、气阀、填料等处不严密而向外泄压，造成排气量损失。输气管网和用气设备上的阀门、法兰、气体流量计等也可能因密封不严而漏气。因此，要坚持对各个环节巡回检查，定期测算漏气率，及时更换不严密的垫片、阀片、盘根，修复漏气喷嘴和关闭不用气的喷嘴等，减少因漏气造成的功耗。

在管网的设计或安装时，尽量缩短管道长度，减少不必要的三通、弯头、阀门等附件，少用曲率半径较小的弯道。管道上的过滤器除需工作可靠外，还应阻力小，且容易清除污物。管道截面积大小应使空气流速不致太大（若空气流量为 Q，则管径按 $D\geqslant 20\sqrt{Q}$取值），一般不宜超过8～10m/s。

⑥ 减少压缩机振动：压缩机振动是由于气流脉动和动力不平衡引起的。而经过压缩机的气流不连续，引起压力波动，是振动的主要原因。振动在一定条件下发生共振，除增加运动零件的磨损、疲劳和影响压缩机正常运行外，还引起排气量减少和功耗增加。为减轻压缩机振动，可采用如下方法：

a. 安装缓冲器，使后续管道的气流平缓，改变气体的自振频率。

b. 管道拐弯处用刚性构件支撑牢固，非拐弯处每隔一段距离安装两个支承，增加管道系统的整体刚性。支承上装减振垫，消减振幅，避免共振。

⑦ 合理润滑，减少摩擦：压缩机轴功率除用于气体的压缩功外，还消耗于克服各种运动构件间的摩擦阻力。在摩擦功中，活塞环和气缸密封元件之间消耗的比例最大，其次是曲柄销，再次是主轴颈。因此为降低功耗，对各运动构件要定期检查，如：十字头销的椭圆度，十字头滑板与滑道之间的间隙，气缸镜面的摩损量，主轴颈的椭圆度和圆锥度；加强各部位的润滑，适量使用合格的润滑油，减小摩擦系数（将铸铁密封环改为塑料密封环）。

⑧ 将气缸填料改用无油润滑：用填充4F、MC尼龙、“三合一”亚铵、金属塑料等代替金属制成的活塞环和填料密封圆。这些工程塑料具有自润滑性能，不需注润滑油，就可使压缩机正常运行。

无油润滑使压缩气体不含油分，冷却器的冷却效果提高，不需配注油器和与之配套的电动机，节省了大量的润滑油，压缩机的运转率可得到提高。特别是对于某些工艺过程的忌油环节，无油润滑更具特殊意义。

⑨ 控制压缩机配件的质量：压缩机经常要停车更换一些易损件，如气阀、活塞环、密封填料、主轴轴承等。压缩机排气量和机组运行效率的好坏与配件质量有直接的关系。阀片和弹簧质量差（表面粗糙度、几何精度和热处理性能不符合要求），是引起吸、排气阀密封性不佳的主要原因。所以，应尽量选用与原主机配套且严格按工艺和材质要求加工的零配件，并定期修换。

3. 加强管理，合理使用压缩气体

加强产气和用气各个环节的管理，严格遵守压缩机操作和检修规程，使压缩机保持良好的运行状态。安装气体流量计，定时统计产气和用气量，制定定额，从以下两个方面考虑合理使用压缩气体。

1）调整用气压力，将连续供气改为间歇供气。目前，不少厂家往往用气压力高于生产实际需要压力，过多耗费能量。试验表明：满负载时，压缩机排气压力每降低0.1MPa，电机输入功率可减少5%～8%。如某厂一台130kW的空压机，供气压力为0.7MPa，经调查，该压力值的确定无确切的根据，后来将压力降至0.55MPa，同样能满足生产要求，且一年节电8.4万kWh。

还有些企业供气和用气时间不吻合，压缩机连续运行而生产环节是间断用气，压缩机空转现象严重，造成电能浪费。在这种情况下，可根据用气需要实行压缩机定时开和停，间歇供气或设置较大的储气罐，把供气范围内各耗气点的用气时间统一在较固定的时间内。

2）合理安排压缩机运行。在若干台压缩机并联工作的情况下，应绘出空压机站的经济运行图表，以便体现压缩机单台和多台共用的功耗特性，规定让最经济压缩机工作时间最长，效率低的压缩机仅作调节补充之用，使总体功耗最小。有条件的单位可根据用气压力不同，选用不同排气压力的压缩机供气，对远离压缩机站而用气量较小的工序，增值移动式小型压缩机，做到物尽其用，提高运行效率。

当用气量变化时，调整压缩机排气量的有效方法是改变转速和气缸行程，但须经过准确的计算，以确保其经济性和安全性。

近年来，国内外多采用电机调速控制系统，通过调节电机转速来调节排气量，达到供需平衡，实现节能目的。

4. 合理选用电动机及传动装置

压缩机驱动电动机的选择关系到压缩机能否安全可靠地运行。因此，应根据压缩机的安装环境、工作特点和负载性能合理地选择电动机的结构形式和有关参数（电压频率、功率和转矩等）。当安装环境内粉尘和湿度较大时，宜选封闭式电动机、否则应选一般形式。视负载和起动转矩大小，考虑是选双笼型、深槽式、还是一般笼型。

传动装置工作的好坏，通常被人们忽视，然而，变速箱、齿轮、轴、联轴器等部件的磨损，润滑不良，带轮晃动和皮带长度不合适等，都会使传运效率降低。如某厂在测定一台4L－20/8 型空压机效率时，仅更换了松弛的皮带，机组效率就提高 1.5%，一年节电 1.4 万 kWh。

压缩机和电机直接连结亦是节电的有效途径。当然压缩机改为直联传动后，所配电机必须是高效电机才有实际意义，是因为这时的节电效果主要取决于电机效率。

如何再提高直接传动方式的效果，是需解决的新课题。但可肯定，中、高速压缩机与电机直联可减少传动损失和充分发挥电机的效率，将是压缩机传动方式的必然趋势。

9.3 风机水泵节能技术途径

风机、水泵是量大面广的通用机械耗电设备，据统计，我国目前拥有的风机、水泵每年耗电占全国耗电总量的 30% 以上，占工业总用电量的 50% 左右，且很多设备运行效率低、设备陈旧，具有较大的节能潜力。

9.3.1 泵与风机设备运行现状及存在的问题

泵与风机是将机械能转变为流体的压力能和动能的设备，若流体为液体工质称其为泵，流体为气体工质称其为风机。泵与风机按工作原理分类有容积式、透平式（叶片式）和其他式三类（见表 9-1），透平式又分为高压、中压和低压三种，以透平式的泵与风机应用最为广泛，数量最高、节能潜力最大。泵与风机除其流体密度不同外，有很多共同之处，二者均在国民经济领域中获得广泛的应用，也是将电能转变为机械能的主要应用形式之一。

表 9-1 泵与风机按工作原理分类

	泵	风机
透平式	离心泵 混流泵 轴流泵 旋涡泵	离心风机 斜流风机 轴流风机

（续）

<table>
<tr><th></th><th>泵</th><th colspan="3">风机</th></tr>
<tr><td rowspan="3">容积式</td><td rowspan="3">往复泵{活塞（或柱塞）泵
隔膜泵
回转泵{齿轮泵
滑片泵
螺杆泵</td><td colspan="3">往复风机（风箱、皮老虎等）</td></tr>
<tr><td rowspan="2">回转风机</td><td rowspan="2">{</td><td>叶氏风机
罗茨风机</td></tr>
<tr><td>螺杆风机</td></tr>
<tr><td>其他式</td><td>真空泵
射流泵
水锤泵等</td><td colspan="3"></td></tr>
</table>

（1）风机设备生产水平及运行现状　风机据其工作压力不同而划分为通风机、鼓风机和压缩机（见表9-2），在此仅介绍通风机与鼓风机的运行现状。

1）鼓风机：鼓风机包括高炉鼓风机和烧结鼓风机。高炉鼓风机广泛用于输送煤气、烟气、空气或其他腐蚀性混合气体，其流量每分钟几十立方米至几千立方米。我国目前生产的离心式、轴流式鼓、压风机具有运转平稳、效率高的特点，其技术、工艺已十分成熟。烧结鼓风机耗电量占烧结厂总耗电量的40%，因其输送的介质为烧结烟气，含尘量大，故风机转子极易磨损。我国目前生产的烧结鼓风机效率已达83%。转子寿命在2年以上，但在风机转子防磨技术上尚未取得重大突破。

表9-2　泵与风机按工作压力分类（在标准状态下）

<table>
<tr><th></th><th colspan="2">压力</th><th colspan="2">分类</th></tr>
<tr><td rowspan="3">水泵</td><td colspan="2"><2MPa</td><td colspan="2">低压泵</td></tr>
<tr><td colspan="2">2～6MPa</td><td colspan="2">中压泵</td></tr>
<tr><td colspan="2">>6MPa</td><td colspan="2">高压泵</td></tr>
<tr><td rowspan="4">风机</td><td colspan="2">>290～340kPa</td><td colspan="2">压缩机</td></tr>
<tr><td colspan="2">>10～15kPa</td><td colspan="2" rowspan="2">鼓风机</td></tr>
<tr><td colspan="2"><290～340kPa</td></tr>
<tr><td><10～15kPa</td><td>3～15kPa
1～3kPa
<1kPa</td><td>通风机</td><td>高压通风机
中压通风机
低压通风机</td></tr>
</table>

2）通风机：通风机主要包括矿井通风机与电站锅炉鼓、引风机，工业蒸汽锅炉鼓、引风机，高温风机与罗茨鼓风机。在风机种类中，通风机的用量最大、用途最广。如中、高压离心机用于电站锅炉、工业锅炉及工业窑炉的送风与排烟，低压离心、轴流风机等等；随着电站单机容量的增大，电站锅炉风机逐渐向动叶、静叶可调轴流风机方向发展。我国已经发展单机容量100万kW以上的发电站，因而电站锅炉的选用在一段时间内仍然呈现轴流式和离心式同步的局面。目前国内电站可供选择的引风机选型有离心式、静叶调节轴流式和动叶调节轴流式三种，其特点的比较见表9-3。

表 9-3 三种风机特点比较

性能参数	离心式	静叶可调式	动叶可调式
结构	简单、尺寸大、重量大	比较简单	含液压调节系统，复杂
耐磨性	较好	含尘量 < $400mg/m^3$	含尘量 < $150mg/m^3$
调节方式	进口导叶、进口挡板 变频器、液力偶合器	入口导向器	改变动叶角度
调节性能	简单不经济 价格昂贵	一般	较好
运行效率	高效区窄	高效区较宽	高效区宽
调节范围	单向调节	双向调节	多向调节
土建结构耗材	最多	一般	最省
检修维护	叶轮更换困难	叶片更换困难	液压缸密封件，油系统漏油

（2）风机运行所存在的问题

进入 20 世纪以来，我国风机技术发展较快，加之引进国外若干先进技术，大部分风机本身的效率已有明显提高，但从我国目前风机使用现状来看，只有注重切实提高风机系统效率才能取得显著的节能收效，否则由于使用和选型不当，即使风机本身效率很高也仍然不能在使用中反映出它的经济性。目前，风机使用还存在以下 5 个方面的问题：

1）风机选型不当：

在风机选型中对所需风量与压力层层加码，导致大马拉小车的现象仍然普遍存在。大型火力发电厂风机选型的规范有“电站锅炉风机选型和使用导则 DL/T 468—2004”（规范 1）、“火力发电厂燃烧系统设计计算技术规程 DL/T 5240—2010”（规范 2）、“大中型火力发电厂设计规范 GB 50660—2011”（规范 3）。这些规范已经预留了较大的裕量，但工程设计时出于各种原因还会进一步放大裕量，造成投资浪费和效率浪费。对上述各规范中关于风机流量及压力裕量的内容汇总于表 9-4。

表 9-4 各规范中关于风机流量及压力裕量

风机参数	流量裕量						压力裕量		
	规范 1 -2004 版		规范 2 -2010 版		规范 3 -2011 版		规范 1 -2004 版	规范 2 -2010 版	规范 3 -2011 版
	质量	温度	质量	温度	质量	温度			
引风机	≥10%	≥10℃	≥10%	10～15℃	≥10%	10～15℃	≥20%	≥20%	≥20%

注：表中流量裕量为质量裕量和温度裕量之和：温度裕量 =（273 + 风机选型参数中的进风温度）/（273 + 风机基本风量计算中的进风温度）。

2）调节手段不匹配：当风机选型时，风量、风压过大或由于生产及工艺需要变风量运行时，需要进行调节。而在需要调节时是否进行调节以及调节方式是否合适，则是风机系统节能的关键一环。现实中，还有一些企业调节方法单一，对调节手段重视不够或对调节方法知之甚少，造成调节中电能的大量损耗，如很多企业对富裕量过大的风机往往采取在出口或进口管路上装设挡板的方法，而在出口管路上装设挡板，节流时使管路阻力特性曲线变得陡峭，工作点移向小流量低效区；在进口管道上设挡板节流，将使风机本身效率下降很多，且由于挡板前后涡旋产生强烈的噪声，往往引起管路和风机的剧烈振动。也有一些企业对现代先进调节手段理解不透彻，单纯要求新技术而选择了不一定匹配的调节方式。

某电厂 300MW 机组，每台炉需配置两台最大风量 1 080 000m^3/h、全压为 10 100Pa 的引风机，根据风机的实际参数，风机选型可以采用动叶可调轴流式或双吸双支撑离心风机 + 变频方案。这两种方式乍一看起来似乎后一种更先进，但实际效果恰恰相反。从投资角度，动叶可调轴流式风机较离心式风机加变频总投资少将近一半，从可靠性角度来看，动叶可调轴流式风机的可靠性明显高于较离心式风机加变频的可靠性，而节能效果却截然相反。表 9-5 给出了两种调节方案的比较结果。

表 9-5　两种调节方案比较

	动叶可调轴流式（方案 1）		离心式加变频（方案 2）	
工况	T. B	BMCR	T. B	BMCR
流量/(m^3/s)	300	275	300	275
压力/Pa	10 100	8 410	10 100	8 410
入口温度/℃	140	130	140	130
密度(ρ)	0. 85	0. 87	0. 85	0. 87
效率（%）	87. 4	87. 72	83. 8	83. 7
轴功率/kW	3 342	2 557	3 695. 5	2 847. 2
附件损失/Pa	效率为装置效率，附件损失含在效率中		630. 7	542. 3

3）管网布置不合理：若风机性能好，而在现场中管网布置不好也会直接影响风机性能的发挥。风机进、出口管路布置不合理，不仅会增加局部阻力损失，更重要的是使风机本身性能降低。在管路布置环节中，除那些容易发展的多余管接头、弯头、阀门或管路突然扩大、缩小、分流或急弯等问题外，尤以进口管路布置不合理对风机性能影响最大。在使用中，特别是进气条件受周围然环境限制的风机管路，风机进口流场的重要性往往更容易被忽略。如有的风机进口面对墙壁、轴向距离不到一个叶轮直径，很短；有的风机进口轴向距离不仅短而且置于墙角处。这种风机管路布置的错误，人为地造成气流畸变，导致风机效率下降，严重的可使效率降至 50% 以下。

4）管理重视不够：在风机使用现场，漏风现象仍十分普遍，造成能源浪费与噪声污染。通常，在管网中泄漏多发生在节流阀门（挡板）、管路连接处以及风机站本身的泄漏上。这类问题的出现，除了技术水平有待提高之外，还反映出企业现场技术管理上的缺陷即对管道阀门的密封性及各阻力部件的压降未形成有效的巡查制度，为此，科学的管理是降低风机损耗和减少漏风的重要手段，企业应予以足够的重视。

（3）泵类设备运行现状　泵作为一种通用型机械设备，使用十分广泛。经多次抽样调查结果表明，我国泵类设备所消耗的电能约为全国发电量的 20% 左右，因此泵类产品的合理用能潜力很大。

国家“十二五”规划期间，泵行业制造企业积极响应国家号召，在泵类产品升级改造过程中，注重节能产品的开发和推广，截止到 2014 年，泵行业会员企业有 18 家企业的 48 种产品通过了中国质量认证中心的节能产品认证，在国家工信部等部门组织的节能机电设备（产品）评选过程中（前三批）共有 25 个系列近百种泵产品进入《节能机电设备（产品）推荐目录》。目前，我国生产的泵产品可以满足国民经济发展的需求，而且出口国外。泵类产品在 100 万 kW 发电机组、4 000t/d 处理量的炼油厂，4 000t/d 的催化裂化装以及造船业、化工、矿山、洗煤、供水、污水处理、农业排灌等各行各业发挥作用。

高效节能的泵产品是各行业节能减排工作的一个保障，作为泵制造企业还应拓宽思路，探讨帮助用户如何从泵节能到系统节能。不仅要研究泵，还要研究用户的工艺流程，为用户制定系统节能方案，做大自己的产业链，为社会做出应有的贡献。

9.3.2 风机节能技术途径

（1）风机及其系统能耗分析　风机运转所耗能量 W 按下式计算：

$$W = K\frac{PQt}{1\,000\eta}(\mathrm{kWh}) \tag{9-1}$$

式中　Q——工艺所需要的风量（m^3/s）；

K——与气体密度有关的系数；

P——工艺所需要的风压（Pa）；

t——通风时间（h）；

η——风机系统的效率（%）。

$$\eta = \eta_{电}\ \eta_{传}\ \eta_{风}\ \eta_{管} \tag{9-2}$$

式中　$\eta_{电}$——电动机效率（%）；

$\eta_{传}$——电动机与风机之间的传动效率（%）；

$\eta_{风}$——风机效率（%）；

$\eta_{管}$——管路效率（%）。

由此得知，风机的能耗主要取决于工艺所需风量、风压、运行时间和系统效率等参数。因此，在满足工艺要求的前提下，通过对上述参数的调整，就是最大限度地降低风机的电能消耗，这就是风机系统节能的基本原理。简言之，风机系统节能可以从以下几个方面着手：减少工艺所需风量 Q；缩短通风时间 t；降低工艺所需风压 P；提高电动机效率 $\eta_{电}$、提高电动机与风机之间的传动效率 $\eta_{传}$；提高风机效率 $\eta_{风}$、提高管路效率 $\eta_{管}$；合理调节风机运行工况等。

（2）风机及其系统的节能措施

1）减少工艺所需风量及漏风，挖掘系统节电潜力。在现场，对系统所需风量可通过测试的方法得出。同时，采取有效措施以减少所需风量，加强风机系统的管理和维护以减少漏风，均可收到节能降耗的效果。降低工艺所需风量的措施如隔开不需通风的场所，封闭采完的矿物，减少通风场所，采用清洁生产法降低生产工艺的粉尘浓度、提高风源清洁度等措施，都可使所需风量减少。从我们对一些企业的测试表明，风机系统的漏风相当严重，部分企业的漏风率达20%以上，这必须引起企业的重视。应定期检查风门风道，及时处理发现的问题。此外，在必要时对大容量的风机系统增设小容量的辅助风机，可在需求减少时缩短大容量风机的运行时间，或从调整场地、集中生产、改善工艺等方面入手，均可缩短风机运行时间，节能降耗。只有加强风机系统的技术管理，重视风机节能环节，定期巡查维护，就很容易取得显著的节能收效。

2）降低风压、提高管道输送效率。降低风压包括两个方面的内容：一是降低工艺所需的风压，这需要通过改进工艺来实现，在此不做讨论；二是降低风机系统所损耗的风压，需通过提高管道输送效率和更换小压头风机来实现，提高管道输送效率，重要的是降低管道压力损失，管道压力损失有沿程阻力损失和局部阻力损失，应从这两方面着手采取切实可行的改进措施。管道气流的沿程阻力损失由气流速度、管道长度、管道截面积及管壁粗糙度等因素决定，局部阻力损失与管道截面积及管道过渡形式有关。因此，合理选择管道截面面积、长度、内壁光滑度、弯管长度及合理选择不同断面风道的过渡形式等，均可有效减少管道压力损失，提高管道输送效率。

3）提高风机机组的效率。风机机组效率包括风机本身的效率、电动机效率以及电动机与风机之间的传动效率。电动机与风机之间的传动效率依两者之间的传动方式不同而在1～0.9之间变化。电动机与风机之间传动方式有电动机直联、带传动、联轴器传动、齿轮减速器传动等多种，其传动效率以电动机直联最高，为1，其次为联轴器传动（0.98），而一般带传动最低，为0.9。如工艺许可，应尽量采用直联传动或联轴器传动，降低传动损耗。

目前，国内节能风机最高全压效率已达90%以上，然而选用了高效风机并不等于就可节能，因为还要看实际运行工况是否处在风机性能曲线的最高效率附近。如果实际运行中工况是变化的，还要看实际工况是否全部或大部分落在风机性能曲线的高效区域内，因此正确选择风机型号、规格很重要。此外，从改进风机设计的角度出发，对现场运行的风机进行改造以提高风机效率也受到广泛的关注。在输送气体相同的条件下，不同的风机有不同的叶片型式、叶弧长、叶展宽度、叶片安装角及叶片与机壳的间隙，因此产生的能量损失也不相同，这种能量损耗包括叶片对气流的阻力损失，气流与风机壳、轮壑风叶面间的摩擦损失、涡流损失，因此，要提高风机效率，主要是降低上述能量损失。

4）合理调整风机的运行工况。在现场，当设计选型不当造成风机低效运行或因工艺改变，对风机输出参数的要求有所变化时，都必须对风机的运行工况进行调整。但调节不等于节能，节能工作者又通过有效的调节，并结合节能技术，实现风机、水泵在稳定的状态下工作，既满足用户对运行工况的需求，又能最大限度地实现节能目标。由此可见，调节与节能密切相关。仅达到用户对运行参数的要求而不顾及能耗状况，甚至用户要求都达不到的调节都不能算为有效调节，所以，认为调节就能节能是个误区。有效调节的含义是：满足用户要求，扩大稳定工作范围，防止喘振，实现最大节能。

风机节能调节方法如表9-6（不含风机设计本身）所示。

表9-6　风机节能调节

速度	风机节能调节技术
恒速	高效风机换低效风机（耗能低替换耗能高的风机） 小叶轮换大叶轮 截短叶轮外径 前（中、后）导叶控制，静叶可调 改变动叶安装角，动叶可调 台数组合控制，串－并联 ON－OFF开关控制 进口节流 出口节流 变叶片宽度 变扩压器安装角 联合调节 优化调节与微机控制 其他

（续）

速度	风机节能调节技术
变速	变频调速 调压调速 电磁调速 变极对数调节 串级调速（或转子串电阻） 无换向器电动机调速 蒸汽轮机或燃气轮机等原动机的变速 液力偶合器（HKD） 油膜转差离合器，又称 HVD（利用液体粘性） 多级液力变速传动装置（MSVD） 机电一体化装置（如微机控制等） 其他（如带传动等）

一般来说，风机采取不同的调节方式都可达到同一目的，但节能效果各不相同。图 9-1 为测试风机采取几种不同调节方式下的轴功率消耗对比图。

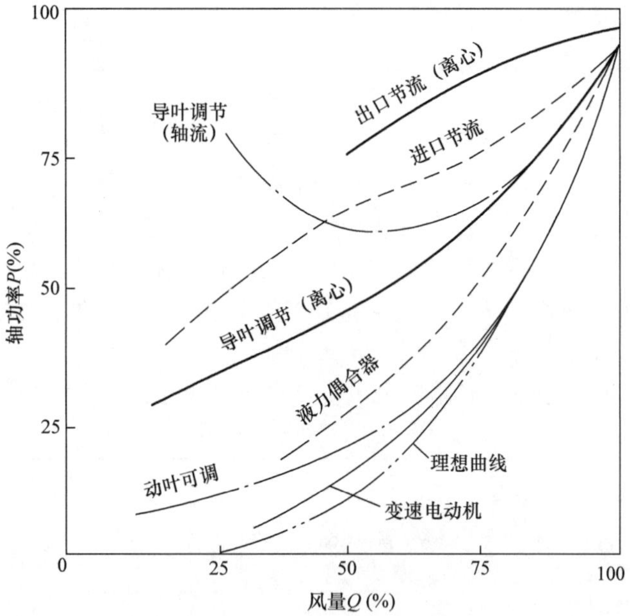

图 9-1 风机不同调节方式轴功率对比

从图中可看出：①对鼓、引风机，出口节流调节方式与其他调节方式相比耗功最多；②如果相对流量变化不大时（或调节深度小时），几种调节方式耗功差别不大，即调节方式对节能效果影响不大；③一般来说，调节深度愈大，节能效果愈明显。因此在选择调节方式时，愈要慎重，以期节能效率最大化；④变速调节曲线接近于理想曲线，所以，变速调节方式优越，特别是采用变频调速的节能方案最佳，但需要变频装置。总之，在风机工况调整中，既要从调节性能上，也要从所需设备的初投资、可靠性、经济性等方面综合评价调节方式的优劣，以达到最佳的综合经济效果。

9.3.3　水泵节能技术途径

水泵节能可分成本身的节能、系统节能、运行节能三个方面，水泵节能是一项系统工程，它不仅要求制造厂生产高效的节能水泵产品，更需要管理部门与用户等多方面的配合才能实现。作为泵的用户来说，选用高效率的水泵产品或通过技改提高泵效率，提高水泵机组的运行效率，是水泵节能工作取得实效的重要内容。

（1）泵及其系统的能耗分析　与风机及其系统相似，泵及其系统所需能量 A 按下式计算：

$$A=\frac{P\cdot g\cdot Hs\cdot Q\cdot t}{1\,000\eta}(\mathrm{kWh}) \tag{9-3}$$

式中　P——液体密度（kg/m）；

Hs——工艺所需扬程（m）；

Q——工艺所需流量（mVs）；

t——工艺所需供液时间（h）；

η——泵系统效率（%）。

$$\eta=\eta_{电}\ \eta_{传}\ \eta_{泵}\ \eta_{管} \tag{9-4}$$

式中　$\eta_{电}$——电动机效率（%）；

$\eta_{传}$——电动机与风机之间的传动效率（%）；

$\eta_{泵}$——风机效率（%）；

$\eta_{管}$——管路效率（%）。

由此可知，影响泵及其系统耗电量的因素主要有工艺所需流量、工艺所需扬程、泵及其系统运行时间与系统各个环节的效率。因此，在满足生产工艺要求前提下，采取有效措施降低流量和扬程，提高各个环节的效率、缩短泵的运行时间，就能减少泵及其系统的耗电量，这即是泵及其系统节能的基本途径。

（2）泵的节能途径　由于泵及其系统的节能原理与节能措施和风机及其系统有很多相似，上面所述风机及其系统的各种节能措施，原则上也都适用于泵及其系统，在此不再赘述，仅介绍某些不同之处。

1）选择可靠性高、效率高的水泵。用户在选择泵产品时应注意，现在执行的目标与机械行业标准中规定泵的效率值只是先进值而不是最高值，高效就是泵本身的效率要达到或超过这些标准规定值。泵本身损失包括水力损失、容积损失与机械损失。在泵结构确定之后，可以认为其机械损失和容积损失基本不变，因此泵选择的重点应放在泵内水力损失较少的一类产品上。

水泵是水系统的心脏，水泵的选型也是决定水泵运行效率的关键。只有对水系统有非常深入的研究，才能给出合理的水泵在系统中的运转参数，才能从现有的泵资料中筛选出正确型号的泵，并使其在运转中始终处于高效区内，满足用户要求及节能的双重功效。

合理选型包括以下 4 项内容：

① 能满足设计扬程和流量的要求；

② 在泵工作期间（非设计工况等）应在高效率范围内；

③ 泵的水力特性和抗汽蚀性好；

④ 泵的台数和机组大小应使泵或泵站投资合理，便于维修和管理，运行费用少，即总费用最省。

简言之，能做到满足设计（用户）参数、裕量合理、避免汽蚀、工况点落在高效区内，就是成功的选型。

泵的类型及结构型式比较参见表9-7、表9-8。

表9-7 泵的类型比较

泵型	离心泵	混流泵	轴流泵
比转数	40～300	180～500	500以上
扬程范围/m	10～2 000	5～30	1～15
口径/mm	40～2 000	100～6 000	300～4 000
流量范围	流量小，但可以0～Q	流量较大，可以0～Q	流量大，不能在小流量区工作
轴功率变化	零流量功率最小，具有上升型功率曲线	具有平坦的功率曲线电动机可满载运行	零流量时功率较大，具有陡降型功率曲线
效率变化	高效率范围广，能适应扬程变化	高效率范围广，能适应扬程变化	高效率范围窄，扬程变化后效率下降快
效率	较好	好	高
汽蚀性能	好	好	较差
结构与重量	同口径时结构复杂，重量大	同口径时结构较简单，重量较大	同口径时结构较简单，重量较轻
辅助设备	较少	对中小型而言少 对大型而言多	对中小型而言少 对大型而言多
维修保养	较易	较易	较麻烦
耐用年限	较长	较长	较短

表9-8 水泵结构型式比较

序号	卧 式 泵	立 式 泵
1	中轮如不淹没，起动时需抽真空	叶轮淹没，起动简单
2	主要部件在水面以上，不易被腐蚀，易维护保养	主要部件在水面以下，易腐蚀，保养维护麻烦
3	叶轮垂直旋转	叶轮水平旋转，工作合理
4	在水面以上的叶轮，吸水高度大，易引起汽蚀	吸水高度小，无真空出现
5	中小型泵水管路长，水力损失大	管路短，损失小
6	卧式机组，造价较低	立式机组，造价较高
7	占地面积大，泵房高度小	占地面积小，泵房高度大
8	主轴挠度大，轴承磨损不均匀	挠度小，磨损均匀

在水泵选型时，除需对性能参数、效率、泵的结构形式进行定性分析之外，还应进行经济指标分析与可靠性评估，有资料表明，泵站总造价主要受机电设备控制，均占造价一半以

上，因此选型必然涉及机组台数及规格，如必要时结合水泵联合运行理论，恰当地选择串联或并联工作方式，以达到提高泵系统工作可靠性和投资、运行经济性的目的。

由此可知，泵的合理选型是一个综合优化的过程，对泵系统的工作举足轻重。因此，泵的选型尤其是对大型泵（泵组）的选型，更要慎重和全面。

2）泵系统的合理匹配：水泵是泵及其系统的主机，在系统节能中，除首先应具有高效节能水泵之外，系统节能也是关键。因此，应开展系统工程设计，从节能角度作到系统各组成环节的匹配最佳，如对泵、电动机及其连接方式，管网相关附件等做到最大限度的合理、可靠性高、寿命长、节能高效等，这对于关键泵或大型成套装置尤为重要。

3）泵系统运行节能：节能的泵系统是实现运行节能的必要条件，但并不能说建立了泵节能系统就能实现泵的运行节能。这是因为泵在实际工作中，由于工艺流程的变化或者本身就作为调节工艺参数而设置的，泵就要适时调节。相对于风机而言，由于泵输送的介质密度远远大于气体，耗能多，因此采用合理的调节方法实际节能效益更大，更具有实用价值。对于经常需要改变工艺的泵系统，在调节中要注意能量回收或减少能量消耗，尽量不用节流调节方式，应采用调速以及分流的方法，使泵机电动机仍处在高效工况下工作。我国已制定的泵的运行标准，企业应确保其在役水泵运行中都达到标准规定值。此外，对于那些处在恒定工况或基本不变工况运行的泵，只要选择了合理的泵系统，即能实现泵的运行节能。同时，在泵系统运行过程中，还必须严格管理，加强对泵系统的维护和监控。企业通过对泵系统中各个主要参数进行实时监控（如发电厂对泵的监控），可以随时掌握泵与电动机的工作状态，并能及时发现隐患，排除故障，使泵系统在寿命周期内一直处于最佳运行状态。对中小功率的泵系统也应经常检测与维护，做到心中有数，使技改方案同时具备及时与针对性，以收到良好的节能效益。

第 10 章　新型高效节能电动机

电动机作为风机、水泵、压缩机、磨机等各种设备的动力源，广泛应用于工业、农业、交通等各个领域。据统计，电动机的用电量在全国的总用电量中占有相当大的比重，其用电量约占工业用电量的66%，占全国总用电量的50%左右，电动机所传递的能量消耗其一次能源总量的20%。因此，提高电动机的效率、积极推广高效率电动机或节能电动机的应用，对国民经济建设、能源节约及环境保护等都具有积极的促进作用。目前，世界上许多国家对电动机系统的节能均给予了高度重视，制订和实施了有关电动机的能效标准。我国修订的《中小型三相异步电动机能效限定值及节能评价值》（GB 18613—2012）标准将有助于节能电动机的应用和推广。相信随着能源节约和环境保护日益受到国家和社会各方面的重视，节能电动机一定会越来越多地在国民经济各个领域得到应用，为国家的能源节约和环境保护做出了贡献。

10.1　小型三相异步电动机节能技术改造

电动机的损耗和效率在本书的第 2 章已经详细论述。随着电动机功率的增大，单位功率损耗相对减小，效率提高，普通大容量电动机效率一般为95% ~98%，小容量电机一般为80% ~92%，因此选用电动机时应该遵循这样的基本原则，一是装置单机容量越大，能源利用率越高，所以要推广规模化工业生产；二是在装置容量确定以后电动机的选择应该越接近装置的实际需要越好。

由于电动机的损耗分布随功率大小和极数不同而变化，因此为降低损耗，应着重对不同功率和极数时的主要损耗分量采取措施，现将降低损耗的一些途径简述如下：

1）增加有效材料，降低绕组损耗和铁耗。根据电动机相似原理可知，当电磁负荷不变，并且不考虑机械损耗时，电动机的损耗约与电动机线性尺寸的 3 次方成比例，而电动机的输入功率约与线性尺寸的 4 次方成比例，由此可见损耗与有效材料尺寸的线性增长成反比。

2）定子绕组技术的研究。定子绕组的形式决定了绕组的基波分布系数和谐波含量，对电动机的性能有较大的影响，因此，如何提高定子绕组的基波分布系数和降低或削弱其谐波含量一直是人们所研究的问题。目前，经常所采用的定子绕组形式有单层绕组和双层绕组，如 Y 系列、Y2 系列电动机等都采用这种形式。正弦绕组具有基波分布系数高和谐波含量低的特点，它与普通三相绕组比较，可通过采用不同的绕组匝数，使相带谐波受到较大的削弱。经常使用的是“△—Y”串联连接方式的正弦绕组。对于这种接线方式，由于“Y”部分的每相绕组在空间的排列上，滞后于“△”部分绕组 30°的空间电角度，“Y”部分的每相绕组所通过的电流比“△”部分绕组也相应滞后 30°的时间电角度，同时，“Y”部分的每相绕组所通过的电流与“△”部分绕组所通过的电流有$\sqrt{3}$的关系。我们把 48 槽正弦绕组和普通60°相带绕组各次谐波幅值的对比情况列入表10-1，由表10-1可知，正弦绕组与普通绕组相比，5、7和17、19次相带谐波基本完全消除，这正是采用正弦绕组的优势所在。

表10-1　正弦绕组与普通绕组各次谐波的幅值情况

绕组形式	谐波次数							
	5	7	11	13	17	19	23	25
正弦（单层）	0.0	0.0	1.197	1.013	0.0	0.0	4.348	4.0
普通单层	4.29	2.35	1.2	1.01	0.97	1.13	4.35	4.0

我们在160M－4（11kW 4极）电动机样机上进行了正弦绕组和普通绕组的对比试验，试验数据如表10-2所示。采用正弦绕组对降低损耗、提高电动机的效率和功率因数有一定的效果。

表10-2　正弦绕组和普通绕组样机对比试验数据

绕组形式	η(%)	$\cos\varphi$	I/A	杂散损耗/W
正弦绕组	91.7	0.87	20.84	115.6
普通绕组	91.6	0.86	21.32	128.2

3）采用较好的磁性材料和工艺措施以降低铁耗。要提高电动机的效率，从理论上讲希望尽可能提高电动机线负荷和气隙磁通密度，实际上前者受到绝缘等级和冷却方式的影响，不过随着冷却技术的进步，线负荷取值可以提高，后者因受所用普通硅钢片材料低磁导率的影响，若采用高磁导率尤其是在中高磁场下具有磁导率高、比损耗低的优质冷轧硅钢片，可为提高气隙磁通密度、调整线负荷和线电流密度提供条件。应用高磁导率、低比损耗冷轧硅钢片或在应用优质硅钢片的基础上对电动机整体进行优化调整，并同时采用其他相关技术，对提高电动机效率有明显效果。在条件允许的情况下，还可以使用常温超导材料，使电动机损耗得到更大的降低，进一步提高电动机效率。

4）缩小风扇降低通风损耗。对于较大功率的2、4极电动机，风摩耗占有相当大的比例。风摩耗主要由风扇消耗的功率所构成。由于高效率电动机的热耗一般较低，因此冷却用风量可减少，从而通风功率也可减少。通风功率约与风扇直径的4～5次方成比例，因此在温升许可的情况下，缩小风扇尺寸可有效地降低风摩耗。此外通风结构的合理设计，对提高通风效率降低风摩耗也是重要的。由于通风损耗下降幅度较大，而且不需要增加多少费用，因此改变风扇设计往往是这部分高效电动机所采取的主要措施之一。采用轴流式（尤其是叶片为机翼型）或后倾式风扇；配以形状合适的风罩，严格控制风罩的变形和椭圆度；采用优质低摩擦轴承，考虑轴承密封方式和密封材料，轴承紧固方法和轴承间隙，采用摩擦阻力矩小的润滑油脂，降低风扇旋转所产生的风摩损耗与轴承损耗。

由于高效率电动机的效率比普通电动机为高，其产生的热负荷则比普通电动机低，故高效率电动机所需要的风量也比普通电动机少。电动机外风扇直径的大小，对电动机的损耗和温升有直接的影响，在确定风扇叶片直径时，既要考虑电动机的温升符合要求同时又要考虑电动机的风摩耗应尽可能小，以提高电动机效率。通过采用不同外风扇直径的对比试验（见表10-3），达到了预期的效果。

表 10-3　不同外风扇直径时的对比试验数据

规格	效率（%）	风摩耗/W	温升/K	风扇直径
132S－4	89.7	32.5	55	小
	89.4	43.0	42	大
200L－4	93.9	162.5	70	小
	93.6	219.6	43	大

5）通过设计和工艺措施降低杂散损耗。异步电动机的杂散损耗主要是由磁场高次谐波在定转子铁心和绕组中所产生的高频损耗。为降低负载杂耗可通过采用正弦绕组或其他低谐波绕组来降低各次谐波的幅值，从而降低杂耗。还可采用较多的定、转子槽数以降低齿谐波幅值，从而使这部分谐波引起的杂耗下降。在工艺上可通过转子槽绝缘处理工艺来降低转子中的高频横向电流损耗，也可通过冲出气隙工艺来改变表面高频损耗。对转子槽进行绝缘处理，改进转子表面的切削加工方法等；通过改进电动机结构和采用非磁性材料，来限制在漏磁场中的实心金属零件因磁化引起涡流产生的损耗。

6）改进压铸工艺，降低转子损耗。通过控制转子铸铝时的压力、温度以及气体排放路径等措施，减少转子导条中的气体，从而提高导电率，降低转子铝耗。如以铸铜转子取代铸铝转子，转子损耗可下降38%。使用铸铜转子可以制造出高效甚至超高效的电动机。在同样的电动机尺寸条件下，可能达到更高的电动机能效水平。针对铸铜转子的特性重新设计电动机的转子和定子，可以最大限度的提高效率，以达到更高的甚至超超高效的能效标准。

7）采用较大截面积的铜导线，缩短绕组端部长度，增大电动机的槽满率，达到减少导线电阻与电流，降低铜损的目的。

降低电动机定子绕组是减少定子损失的主要手段，实践中采用较多的方法是：增加定子槽截面积，在同样定子外径的情况下，增加定子槽截面积会减少磁路面积，增加齿部磁密；增加定子槽槽满率，应用最佳绕组和绝缘尺寸、大导线截面积可增加定子的槽满率；尽量缩短定子绕组端部长度，定子绕组端部损耗占绕组总损耗的1/4～1/2，减少绕组端部长度，可提高电动机效率。实验表明，端部长度减少20%，损耗下降10%。

8）冲片退火工艺验证：冷轧硅钢片对冲剪应力比较敏感，从理论上说，冲剪以后进行退火处理，可以消除应力，恢复冷轧硅钢片的良好性能。

10.2　电动机能效标准与能效标识制度

1. 电动机能效标准

新修订的国标 GB 18613—2012《中小型三相异步电动机能效限定值和节能评价值》于2012年9月1日起正式开始实施。

2008年10月国际电工委员会IEC组织发布了IEC60034—30《单速、三相笼型异步电动机的能效分级》标准，统一将全球的电动机能效标准定为IE1、IE2、IE3、IE4四个等级，其中IE1为标准效率、IE2为高效率、IE3为超高效率。在该标准发布后，我国参考该标准，对第二版国标进行了修订。参照我国的习惯，新国标GB 18613中的能效等级高低的排序方式与IEC的不一样，1级效率为最高值，而IEC的1级效率为最低值。但新国标GB 18613

中的 2 级和 3 级的效率值指标与 IEC 标准中的 IE3 和 IE2 完全一致，新国标 GB 18613 中的 1 级效率与 IEC 中的 IE4 不完全一致。新国标的效率等级及数值与 2006 版不一样，效率的考核方法也不一样，新国标按 112B 法实测杂散损耗，2006 版标准则是按杂散损耗为 0.5% 推荐值计算效率。2006 版国标中电动机的效率等级分为 3 级，其中 1 级为最高，一般称为超高效率标准（简称老 I 级）；2 级为节能评价值或高效率标准（简称老 2 级）；3 级为能效限定值（简称老 3 级），为三相异步电动机强制实施的最低效率要求。

新国标 GB 18613 中强制实施的电动机能效限定值（简称新 3 级）与国际 IE2 高效率电动机标准等级一致，基本与老国标 GB 18613—2006 中的高效率标准（老 2 级）水平相当；新国标推荐使用的节能评价值（简称新 2 级），与国际 IE3 超高效率电耗标准等级枢一致，与老国标 GB 18613—2006 中的超高效率标准（老 1 级）水平基本相当。

国标 GB 18613—2012《中小型三相异步电动机能效限定值和节能评价值》电动机能效等级如表 10-4 所示。

新标准 GB 18613—2012 版与 GB 18613—2006 相比主要变化如下：标准的额定功率范围从原标准的 0.55 ~ 315kW，扩大至 0.55 ~ 375kW；相应提高了各级电动机能效指标；试验方法按 GB/T 1032 中的 B 法——测量输入/输出功率的损耗分析法测量；取消了电动机在 75% 额定功率下的效率要求；取消了原标准第 6 章对能效等级标注的要求。中国国家能效标准新旧版对比见表 10-5 所示。

表 10-4　GB 18613—2012 电动机能效等级

额定功率/kW	效率（%）								
	1 级			2 级			3 级		
极数	2 极	4 极	6 极	2 极	4 极	6 极	2 极	4 极	6 极
0.75	84.9%	85.6%	83.1%	80.7%	82.5%	78.9%	77.4%	79.6%	75.9%
1.1	86.7%	87.4%	84.1%	82.7%	84.1%	80.0%	79.6%	81.4%	78.1%
1.5	87.5%	88.1%	86.2%	84.2%	85.3%	82.5%	81.3%	82.8%	79.8%
2.2	89.1%	89.7%	87.1%	85.9%	86.7%	84.3%	83.2%	84.3%	81.8%
3	89.7%	90.3%	88.7%	87.1%	87.7%	85.6%	84.6%	85.5%	83.3%
4	90.3%	90.9%	89.7%	88.1%	88.6%	86.8%	85.8%	86.8%	84.6%
5.5	91.5%	90.9%	89.5%	89.6%	89.0%	88.0%	97.0%	87.7%	86.0%
7.5	92.1%	92.1%	90.2%	90.4%	90.4%	90.3%	89.4%	88.7%	87.2%
11	93.0%	92.6%	91.5%	91.4%	91.4%	90.3%	89.4%	89.8%	88.7%
15	93.4%	93.6%	92.5%	92.1%	92.1%	91.2%	90.3%	90.9%	89.7%
18.5	93.8%	94.0%	93.1%	92.6%	92.6%	91.7%	90.9%	91.2%	90.4%
22	94.4%	94.3%	93.9%	93.0%	93.0%	92.2%	91.3%	91.6%	90.9%
30	94.5%	94.7%	93.3%	93.6%	93.6%	92.9%	92.0%	92.3%	91.7%
37	94.8%	95.0%	94.6%	93.9%	93.9%	93.3%	92.5%	92.7%	92.2%
45	95.1%	95.3%	94.9%	94.2%	94.2%	93.7%	92.9%	93.1%	92.7%
55	95.4%	95.6%	95.2%	94.6%	94.6%	94.1%	93.2%	93.5%	93.1%
75	95.6%	95.8%	95.4%	95.0%	95.0%	94.6%	93.8%	94.0%	93.7%

（续）

额定功率/kW	效率（%）								
	1级			2级			3级		
极数	2极	4极	6极	2极	4极	6极	2极	4极	6极
90	95.8%	96.0%	95.6%	95.2%	95.2%	94.9%	94.1%	94.2%	94.0%
110	96.0%	96.2%	95.6%	95.4%	95.4%	95.1%	94.3%	94.5%	94.3%
132	96.0%	96.4%	95.8%	95.6%	95.6%	95.4%	94.6%	94.7%	94.6%
160	96.2%	96.5%	96.0%	95.8%	95.8%	95.6%	94.8%	94.9%	94.8%
200	96.3%	96.6%	96.1%	95.8%	96.0%	95.8%	95.0%	95.1%	95.0%
250	96.4%	96.7%	96.1%	95.8%	96.0%	95.8%	95.0%	95.1%	95.0%
315	96.5%	96.8%	96.1%	95.8%	96.0%	95.8%	95.0%	95.1%	95.0%
355~375	96.6%	96.8%	96.1%	95.8%	96.0%	95.8%	95.0%	95.1%	95.0%

表10-5 GB 18613新旧版对比

项目	旧版标准 GB 18613—2006	新版标准 GB 18613—2012
参照标准	EU-CEMEP, AS/NZS1359.9	IEC 60034-30（2级，3级） IEC60034-31（1级）
额定电压范围	690V以下	1 000V以下
额定功率范围	0.55~315kW	0.75~375kW
额定运行时间	无明确规定	连续运行（S1）
能效限定值	IE3<1级<IE4 IE2<2级<IE3 IE1<3级<IE2	1级=IE4（IEC 60034-31） 2级=IE3（IEC 60034-30） 3级=IE2（IEC 60034-30）
最低要求等级	2级 （2011年7月1日起执行）	3级 （2012年9月1日起执行）

新国标GB 18613—2012将效率等级分为三级，其效率等级与IEC 60034—30及老国标GB 18613—2006的对应关系见表10-6。由表10-7中的对应关系可知，我国的新3级能效限定值标准与国际IEC 60034—30中的IE2高效率等级相同；我国新2级能效限定值标准与国际IEC 60034—30中的IE3超高效率等级相同。

表10-6 GB 18613新旧版本对应关系

GB 18613—2012新标准	GB 18613—2006老标准	IEC 60034-30标准	国内相对应的产品
超高效率标准（1级）	无	IE4-超超高效率等级 （目前为讨论稿）	—
节能评价值或高效率标准（2级）	超高效率标准（1级）	IE3-超高效率等级	YE3等
能效限定值标准（3级）	节能评价值或高效率标准（2级）	IE2-高效率等级	YE2、YX3系列等
无（已废止）	能效限定值标准（3级）	IE1-普通效率等级	Y、Y2、Y3系列等

2. 高效电机的标准

高效电机比普通的标准系列电机效率指标提高 3% 左右，同时与普通的标准系列电机相比能耗平均下降 20% 左右。因为高效电机具有低发热、低能耗和使用寿命长等特点，已成为中小型电机发展和应用的主流。尤其是欧美等工业发达国家，对节约能源及环境保护非常关注，积极推行电动机能效标识行动，推广和使用高效和超高效电动机已成为世界发达国家能源战略的重要内容。

超超高效率 IE4 是 IEC 60034 - 30 标准的最高水平。2012 年国际电工技术委员会对此标准进行了修改，并制定出包括 IE4 的 IEC 60034 - 31 最新标准。IE4 与 IE3 相比，效率值提高约 15%，IEC 60034 - 30 国际能效分级标准见表 10-7，与各国标准典型效率值的对比见表 10-8。

表 10-7　高效电动机的国际分级标准

名称	英文表示	IEC 60034 - 30	美国	欧洲	中国 GB 18613—2006
超超高效率	Super - Premium	IE4	—	—	—
超高效率	Premium	IE3	NEMA Premium	—	1 级（Y3）
高效率	High	IE2	EPAct	EFF1	2 级（Y2 Y2E）
标准效率	Standard	IE1	—	EFF2	3 级（Y）
低于标准效率	Low			EFF3	

表 10-8　各国高效电机能效最小标准值比较（60Hz）

国家	美国	加拿大	欧盟	日本	中国[①]	IEC
极数 功率	4 极	4 极	4 极	4 极	4 极	4 极
1.5	84.5%	84.0%	78.5%	84.0%	78.5%	84.0%
3	87.5%	87.5%	82.6%	86.0%	82.6%	85.4%
7.5	89.5%	89.5%	87.5%	88.5%	87.5%	87.7%
15	91.7%	91.0%	89.4%	90.2%	89.4%	90.6%
25	92.4%	92.4%	91.7%	91.7%	92.6%	93.0%
50	93.0%	93.0%	93.0%	93.0%	93.0%	94.0%
75	93.6%	93.6%	93.6%	93.3%	93.6%	94.5%
100	95.0%	94.1%	95.4%	93.6%	94.0%	95.0%
200	95.8%	95.2%	96.0%	94.5%	94.9%	95.4%
平均值	91.4%	91.1%	89.7%	90.5%	89.5%	91.1%

① 中国 50Hz。

制定高效电机标准的目的就是通过实施强制性指标，淘汰目前市场上高耗能产品。中小型三相异步电动机的能效等级，国内的 1 级能效其平均效率值为 93.33%，为超高效电动机，等同于 NEMA premium；2 级为高效电动机等同于美国 EPACT 和欧盟 EFF1 标准，平均效率为 89.75%；3 级为标准效率电动机，等同于欧盟 EFF2 标准，平均效率为 86.35%。对于电动机效率的最低限值，美国和欧盟存在较大差距，前者为 90.3%，后者为 86.4%，相差近 4%，这是因为双方对于电动机节能效果的评价以及各自的市场对节能电动机的接受程度的差别所导致，见表10-9和表10-10。

表10-9 各国电动机效率平均值比较

系列	η	系列	η
中国Y	87.3%	欧盟Eff1	89.1%
中国Y2	86.3%	美国EPACT	90.3%
中国Y2-E	87.9%	美国NEMA	92.2%
德国Siemens	86.5%	美国NEMA Premiun	91.7%
德国ABB	87.3%	美国IEEE 841—2000	91.1%
欧盟Eff2	86.4%		

表10-10 各国电动机能效标准执行方法和实行范围比较

电动机标准	美国EPACT	欧盟CEMEP-EU	澳大利亚AS/NZS1359.5—2000	中国GB 18613—2002
执行方式	通过立法强制实施	行业协定自愿实施	通过立法强制实施	强制实施
频率/Hz	60	50	50	50
机械尺寸	英制	公制	公制	公制
型式	开放型、封闭扇冷型	封闭扇冷型	封闭扇冷型	封闭扇冷型
功率范围kW	1~200hp①	1.1~90	0.73~<185	0.55~315
同步转速（r/min）	3 600/1 800/1 200	30 001 500	3 000/1 500/1 000/750	3 000/1 500/1 000
机座中心高/mm	143~449T（90~280）	80~280	80~315	80~355
功率等级与安装尺寸关系	NEMA系列	IEC72~1，DIN42673	IEC72~1，DIN42673	IEC72~1，DIN42673
起动性能	A或B设计	N设计	N设计	N设计
效率指标	一档	分高低3档	分高低两档	分高低两档
试验方法	IEEE 112-B	IEC 60034-2	IEC 60034-2	IEC 60034-2

① 低档为强制执行标准，高档为自愿执行标准。

3. 电机挑战计划推动了电机系统节能

世界各国在制订和实施电动机能效标准的同时，还积极采取有效措施促进电动机系统节能工作。虽然电机挑战计划是一个自愿参与计划，但是确实达到了引导制造商和用户生产和使用高效电动机和高效电动机系统的目的。欧盟和美国分别实施了电机挑战计划。

欧盟电机挑战计划是继绿色照明计划后推出的另一项节能计划，其目的是实现电动机系统节能。并针对潜在用户开展信息传播及向潜在用户大力宣传决策工具。电机挑战计划的核心内容主要是在工业和服务行业的终端用户中，提高他们对电机系统节能措施节能潜力的认识。同时，在欧盟范围内建立一个框架，鼓励高层决策者优先采用或实施这些节能措施，并在欧盟EuroDEEM数据库的基础上。建立一个覆盖面广泛的信息工具，帮助终端用户最优化其电机（系统）设计、采购、安装以及运行等各层面工作。

参加该计划的企业必须承诺实现降低能耗的量化指标，并报告执行情况。企业将从中获得以下最直接的利益：①降低运营成本；②维持和提高设备的可靠性和服务质量；③展现企业对环保所作出的承诺。

另外，参加该计划的企业可以享受的权利包括：①使用电机挑战计划标识，宣传它们的节能行动和对环境的贡献；②可以被纳入电机挑战计划合作伙伴名录，并被邀请提供优秀案例，由欧盟委员会完成制作；③可以参加电机挑战计划所进行的宣传活动，如评奖和目录活动等。

为了更好地推动电机系统节能技术的应用，美国能源部组织编制了电机系统节能规划，该规划称为电机挑战计划，其所需资金全部由美国能源署提供。

4. 能效分级和标识制度

IEC/TC2 2008 年发布了第一版 IEC 60034—30《单速、三相、笼型感应电动机能效分级（IE 代码）》。经过 3 年的实施，IEC/TC2 于 2011 年 4 月启动了对该标准第 2 版的修订工作，该标准是为了协调全球电机的能效分级，扩大了电机的范围，涉及各种电机，只要该电机额定为正弦波供电并且它们的效率依靠独立电压源能够被测量。电力驱动系统的效率，包括电动机由于供电电压谐波分量产生的额外损耗、电缆的损耗、滤波器和变频器等，不包括在本标准中。电动机额定运行为方波整流器也不在本标准中考虑，因为它们的效率离开了它们的变频器无法单独测量。

IEC 60034 - 30 的第 2 版扩大了产品的范围。输出功率的范围也扩大了（从 0.12kW ~ 800kW）。各种技术类型的电机也均包含（只要它们设计为正弦电压）而不像第 1 版那样仅包含三相笼型感应电动机。因此，现在本标准既适用于固定转速电机（在线起动）也适用于变速电机（变频器供电）。

IE4 等级是本标准第 2 版新增加的。先前是在 IEC 60034 - 31 资料性附录中，有些不被重视。新的 IE5 等级还没有具体的定义但计划在本版标准以后的版本中。在 2011 年 4 月德国法兰克福 WG31 的工作组会议上讨论决定，如果不同的电机结构，不同的运行条件都要求给出各自的限制曲线，还不如就用一组曲线来满足所有的电机。讨论决定对每一种电机都增加一个新的表，将基于该表建立一个程序来确定其他各种电机及其运行条件时的效率。

显然，不是所有的电机设计都能达到各类效率等级。在标准文本中将增加一个表格给出大多数常用电机节能潜力的指导。

各国政府（立法者）在制定最低能效标准时要依据电机的技术。

只用一组表的最大好处是损耗和效率对用户是透明的。一台“IE3”的电机不论是那种类型的电机都是节能的。显然，功率驱动系统的节能潜力和整个驱动系统（包括应用）还必须进行更深的技术比较评估，但至少在电机方面已经很透明了。

能效标识制度的建立能够帮助消费者作出合理购买电动机的决定，并激励电动机制造商设计出比最低能效标准规定的指标更高的产品，使市场上高效产品型号的分布增加。

CEMEP 要求各成员电机制造商在投入市场的所有电机上均须标注分级标识，包括 Eff1、Eff2、Eff3，如图 10-1 和图 10-2 所示。

图 10-1　欧盟高效电机标识

图 10-2　美国高效电机标识

美国积极推行电动机能效标识行动，即在所销售的电动机上要有明确的能效标识。这样可以使用户更加明确地了解到所购买的电动机属于哪一类效率等级。

5. 中国电机系统节能工程

我国于2012年完成了三相异步电动机能效限定值和节能评价值国家标准（GB 18613—2012）的修订工作并通过审定。这意味着在新标准颁布实施几年后，中国将把相当于欧盟Efl效率水平作为最低能效标准。与此同时，加强节能产品的市场监督机制，鼓励与推动节能市场的政府财税优惠政策都将促使我国不断提高能源利用水平。在推动节能工作中，不仅要借鉴国外的先进经验，也要根据我国经济发展的实际要求，做到技术节能与结构节能为基础，经济发展与节能、环保相互平衡，从而推动社会的可持续发展。

10.3 改造电动机提高能效

对运行中电动机的状态测试后，经数据处理并计算电动机综合效率 η_c，从而判定电动机实际运行状态（若不属于现行系列，还应计算出与之相同或相近规格现行系列电动机的额定综合效率 η_{cN}和允许综合效率 η'_c）。经济运行状态 $\eta_c \geqslant \eta_{cN}$，允许运行状态 $\eta_{cN} > \eta_c \geqslant \eta'_c$，非经济运行状态 $\eta_c < \eta'_c$。

若对运行中的电动机通过测试和计算的结果证实，被测电动机工作在“非经济运行区（状态）”，即不符合经济运行的要求，应结合电动机及其传动系统的具体情况，分析查找处于非经济运行状态的原因，提出有针对性的节能改造和更换措施。

本节所述的节电改造，是针对目前各工矿企业使用中相当数量的各种不同类型，处于非经济运行状态的老式电动机，除了采用更新为高效率电动机外，有的可采用降低电动机的铁损、杂散损、机械风摩损、定子转子铜损等措施，使之处于经济运行区或允许运行状态达到节电目的。

1. 电动机更换或改造的基本原则

1）电动机处于非经济运行状态，当采用更换或改造电动机措施时，必须满足机械负载拖动要求，使新电动机进入经济运行状态或允许运行状态。

2）电动机的更换应根据工作环境、拖动负载，在国家现行系列产品中合理选择防护等级、电压等级、工作额定，以及考虑是否选用变速高效电动机等。

2. 采用槽泥或磁性槽楔改造低压电动机

应用磁性槽泥（低压中小功率电动机）和磁性槽楔（高压大功率电动机）对异步电动机节能改造，主要机理是消灭由电机定子、转子槽齿效应产生的高频涡流损耗和磁滞损耗，减少气隙中磁场脉动的幅值，使电机的杂散损耗减小。

3. 采用节能风扇技术改造

1）降低电动机的机械损耗（风摩损耗）。机械损耗是轴承摩擦损耗和冷却风扇连同转子一起旋转时（有的电极包含电刷和集电环、换向器）的风摩损耗之和，约占总损耗的5%～8%。

在开启式低速电动机中，这些损耗是微小的，但是在大型高速电动机或全封闭风扇冷却型电动机中，这些机械损耗就比较明显。

全封闭性电机靠机械座外表面散热（80%热量靠机座及散热筋表面带走，只有小部分通过端盖等表面散走)，要求风量较其他结构型式为大，外风扇的功耗就大。另外，若容量相同，电机的转速越高，电机体积越小，散热要求的风量也越大。风扇的功耗与转速接近三次方关系。加之外风扇大都采用低效率的盆式风扇，通风系统设计又不太合理，因此采用高效节能风扇十分必要。

2）电动机采用高效节能风扇。高效节能电机冷却风扇除了采用单方向旋转的电机风扇之外，对于封闭外扇冷却的电机应推广使用轴流风扇。这是因为封闭电机外风路的风阻较小，机座散热筋风沟内气流主要沿轴向，宜采用压头低、风量大的轴流式风扇，其效率高、噪声低，尤其是机翼型的叶片。另外，按比转速特性参数的大小来选择，轴流式风扇或后倾叶片离心式风扇。

4. 电动机绕组改接

通过改进电动机的绕组形式，可减少电动机的杂散损耗与铜损，提高电动机的效率。合适的绕组形式及槽配合，能够削弱电动机的高次谐波，提高基波分布系数，提高绕组利用率，改善电动机的电磁性能，从而达到减少部分附加损耗、有功损耗的目的。

5. 定子绕组重绕

1）老电机定子绕组的重绕。对于老电机产品，定子绕圈重绕时，如按导线总截面积不变的原则去选择代用导线时，由于槽内绝缘变薄，会使槽满率大大降低，虽然嵌线容易，但会带来不良后果。因此，老电机定子重绕时，应加粗导线线径，电阻越小，会使铜损降低，经计算加粗导线后，电动机效率可提高 1.5% ~4%。因此，节电的收益已很可观，潜力不小。

当裸铜线线径增粗时，会使电机提高出力。如果电机输出功率不变时，则由于电流密度降低，电机效率提高，温升降低。

2）以铜线代替铝导线的重绕。过去极少数电动机曾采用铝导线，现在都应改为铜导线重绕，一般可遵循保持定子铜损不变原则，由于铜线电阻低，定子线圈铜耗 I^2R 也下降了，假定电流相同，铜损降低，大约铜损下降 40% 左右，效率提高 2% ~4%。说明过去的铝线电机改绕铜线，节电效益显著。

3）提高电机绝缘等级。老电机为 A 级绝缘，目前中小电机基本上为 E 级绝缘，随着电机制造水平进步，有必要把 E 级绝缘改为 B 级绝缘，电机寿命延长了，电机安全可靠运行有了保障。

另外，提高电机绕组绝缘等级可以显著降低通风损耗，例如由 E 级绝缘提高到 B 级，允许提高温升 5℃，可减少外冷却风量 20% 左右，通风损耗将减半。而由 E 级提高到 F 级，允许提高温升 25℃，风量几乎可以减半，通风损耗低更为显著，仅是原来风耗的 12.5%。

10.4　三相复合绕组异步电动机

针对传统三相异步电动机的结构及工艺，我们总结了以上提高电动机效率，节能降耗的具体措施，这些将为改造传统异步电动机以及生产高效电动机时提供参考。为了满足进一步更大幅度提高电动机效率的要求，电机行业除了积极研究降低损耗更有效的措施以外，还需积极研发新型的高效率电机。

1. 传统笼型异步电动机存在的问题

笼型电动机虽制造容易和可靠性较高，但存在下列三个严重缺点。

1）起动转矩不大，难以满足带负载起动的需要。当前社会上解决该问题的多数办法是提高电动机的功率容量（即增容）来提高其起动转矩，这就造成严重的“大马拉小车”现象，既增加购买设备的投资，又在长期的应用中因处于低负荷运转而浪费大量电能，很不经济。第二种办法是增购液力耦合器，先让电动机空载起动，再由液力耦合器驱动负载。这一办法同样要增加添购设备的投资，并因液力耦合器的效率低于97%，因此至少多浪费3%的电能，因而整个驱动装置的效率很低，同样浪费很多电能，更何况添加液力耦合器之后，机组的运行可靠性大大下降，显著增加维护困难，因此不是一个好办法。

2）最大转矩不大，用于驱动经常出现短时过负荷的负载如矿山所用破碎机等时，往往因停转而烧坏电动机，以致只能在轻载状况下运行，既降低产量又浪费电能。

3）起动电流很大，增加了所需供电变压器的容量，从而增加大量投资。另一办法是采用减压起动来降低起动电流，同样要增加添购降压装置的投资，并且使本来就不好的起动特性进一步恶化。

2. 传统绕线型异步电动机存在的问题

绕线型电动机虽起动特性和运行性能兼优，但仍存在下列缺点。

1）由于转子上有集电环和电刷，不仅增加制造成本，并且降低了起动和运行的可靠性，集电环和电刷之间的滑动接触，是这种电动机发生故障的主要根源。特别是集电环与电刷之间会产生火花，使传统绕线转子电动机不适用于矿山、井下、石油、化工等有防爆要求的场所，对于灰土、粉尘浓度很高的地方，也不敢使用，这就限制了其运用范围。

2）当前的传统绕线转子电动机为了提高可靠性，多数不提刷，因此运行时存在下列电能浪费：集电环与电刷间的摩擦损耗和接触电阻上的电损耗，电刷至控制柜短路开关间三根电缆上的电损耗，若电动机与控制柜之间的距离很长，则该损耗将非常严重。并且由于集电环与电刷产生碳粉、火花和噪声，长期污染周围环境，损害管理人员和周围居民健康。

3）传统绕线转子电动机的起动转矩虽比笼型电动机有所提高，但仍往往不能满足满载起动的需要，以致仍然需要增容而形成“大马拉小车”。

上述传统异步电动机存在严重缺点的根本原因在于“起动”、“运行”和“可靠性”三者之间存在难以调和的矛盾，因此势必顾此失彼，不可兼优。

国内外电工界普遍认为，绕线转子电动机优于笼型电动机，而前者存在的种种问题，都是由于转子上存在集电环和电刷所引起。因此长期以来，国内外电工界曾提出过各种各样的取消集电环和电刷的办法，但都顾此失彼，未能全面解决问题。

我国在20世纪70年代曾提出和试制过一种无集电环和电刷的绕线型异步电动机。但由于这种电动机需要在转子上安装开关，转子电路上存在触点，因此结构复杂，可靠性问题并未彻底解决。其次是，虽然起动电流小了，但起动转矩也相应降低，难以满足生产需要。这两个缺点，使得这种电动机后来没有推广和应用。

在国外，企图改进笼型电动机来取代绕线转子电动机，现有两个已在工业上应用的例子。第一个例子是苏联首先制造的复合转子笼型电动机，这种电动机在笼型转子硅钢片的外面再增加一层铜铁合金来提高其起动特性。第二个例子是英国制造的管型转子笼型电动机，这种电动机转子上的每根铜条都伸出槽外一段长度，各自穿过一根钢管后再用断环短路。

3. 新型三相复合绕组异步电动机

上述两种笼型电动机的起动电流较小，而起动转矩较大，但其运行效率较低。因此这两种电动机都是用牺牲运行性能来提高起动特性，虽然其起动特性有所提高，但运行性能却比绕线转子电动机差得多。显然，这样的电动机从起动和运行性能看，未能取代有集电环和电刷的绕线转子电动机。

从上述可见，如何做到既取消传统绕线转子异步电动机的集电环和电刷，又能保持传统绕线转子异步电动机同时兼有高起动特性和高运行效率的优越性，是长期以来电机工作者所企图解决而又未能解决的一个难题。正因为如此，带集电环和电刷的传统绕线转子异步电动机，尽管从诞生到现在已有一百多年的历史，至今仍在国内外广泛应用。此外，由于当前国内外生产的传统绕线转子异步电动机的起动转矩也并不是很大，在许多场合下也往往不能满足生产和应用的需要。因此，从实际需要出发，尚且要求做到既取消传统绕线转子异步电动机的集电环和电刷，又能进一步提高其起动转矩。显然，这是一个难上加难的课题。针对上述情况，襄阳大力工业控制股份有限公司依托华中科技大学国家级电机专业实验室的强大科研力量，发明了新型无集电环、电刷装置的绕线转子高效节能三相复合绕组异步电动机。

这种新型的电动机在结构上具有笼型电动机的特点，能做到转子上无集电环、无电刷、无触点，而性能上具有绕线转子电动机高起动特性等优点，从而有效地解决了起动、运行、可靠性三者之间的矛盾，为异步电动机的制造开辟了一条新途径。

4. 新型三相复合绕组异步电动机特点

该新型高效节能电动机复合绕组设计技术是国家发明专利，获中国专利金奖，在国际电机设计领域内具有独创性、技术领先性。该技术把定子绕组结构和转子绕组结构看成一个有机整体，综合起来研究，转子绕组结构的变革与定子绕组结构的变革紧密配合，互相呼应，不仅解决了传统绕线转子电机由于存在集电环、电刷装置而引起的能效水平低、故障率高，以及传统笼型电机普遍存在的笼条断裂等问题，还具有良好的起动性能和较高的运行性能，通过调整设计参数可以满足不同负载的起动要求。该设计方案通过探求新的电机起动原理及方式从电动机本体出发成功实现了电动机的高起动特性、高运行性能和高可靠性，同时电机结构简单，做到无集电环、无电刷、无电触点，取消了目前大多数电动机起动、经济运行所必需的辅助设备，节省一大笔投资，并将电动机的运行性能提高，具有明显的节能效果。

该电动机的主要特点有：

1）该系列电动机采用了定子绕组变极起动技术和转子复合绕组技术，取消了绕线转子的电刷、集电环，电机起动控制简便，无需其他附加起动设备；

2）与传统绕线转子电动机的起动性能相比，该系列电动机独特的转子复合绕组设计技术保证了电机起动时在较小的起动电流下提供较大的起动转矩。

3）该系列电动机在结构上取消了传统绕线电机的电刷、集电环装置，很大程度地降低了电机的故障率及维修费用，电机的可靠性、效率及系统的综合节电率都大大提高，节能显著；

4）该系列电动机转子采用了复合绕组技术，使得在起动过程中起动电流大大降低，并且转子绕组发热均匀，代替传统的笼型电动机后，可彻底解决笼型电动机转子断条及转子瑞环断裂等类似故障的发生。

5. 新型三相复合绕组异步电动机原理简述

根据交流电机绕组理论，利用“对称轴线法”将定子绕组设计成具有可通过开关转换的两种不同联结方式，即“起动方式”和“运行方式”。定子绕组按“运行方式”连结而接入电网时，定子产生一个很强的基波磁场，其他谐波磁场含量少、幅值小。当定子绕组按“起动方式”连结而接入电网时，定子产生一个较强的起动磁场波，其极数与基波的不同。起动时定子绕组按“起动方式”连接投入电网，依靠定子产生的起动谐波及其转子感应电流所经回路电阻较大来降低起动电流、提高起动转矩，从而提高电动机的起动特性。把定子绕组改为按“运行方式”连结接入电网，则起动谐波被消除，电动机在基波作用下进入正常运行。这时转子电流所经回路的电阻很小，因而运行效率很高。

针对定子产生的基波磁场极对数和所选的起动谐波磁场极对数将转子绕组设计成：配合定子绕组的变极起动及运行方式，转子绕组自动改变极数，其转子参数自动调节。由起动谐波磁场感应于转子中的电流，与由基波磁场感应于转子中的电流，自动分流，各走各的电路。起动谐波磁场产生的电流所经电路具有较大电阻，而基波磁场产生的电流所经电路的电阻则很小，因此，只凭改变定子磁场的极对数，便能控制转子电流所经电路是高电阻还是低电阻，从而实现了转子电路上无集电环、无电刷、无触点。

6. 新型三相复合绕组异步电动机节能性分析

三相复合绕组异步电动机具有明显的节能效果，从理论上作如下分析：

1）三相复合绕组异步电动机取消了传统电机由于集电环、电刷所引起的一切故障，使电机的可靠性显著提高，电机的能耗相应降低，其消除的能耗有：电刷与集电环的摩擦损耗，电刷与集电环间接触电阻的电损耗，以及从电刷到控制柜的电缆中的电损耗。

2）三相复合绕组异步电动机起动品质因数高，取消了传统绕线电机必须外接的起动装置，使电机及控制系统成本显著降低，系统节电率提高。

3）通过优化设计，三相复合绕组异步电动机运行性能优于国内同类电机的先进水平，具有显著的节能效果。首先，三相复合绕组异步电动机的高功率因数保证了三相复合绕组异步电动机运行时无需外接经济运行补偿装置，这样降低控制系统成本的同时，相应提高了系统的节电率；其次，三相复合绕组异步电动机的设计效率值高于国内同型号电动机，如果能借鉴国外高效电机先进的加工工艺，控制电机制造过程，那么三相复合绕组异步电动机的效率能更上一个台阶，赶超国外领先水平。

4）三相复合绕组异步电动机的异步转速高于同类电机的异步转速，由此可提高磨机的产量，降低电机的耗电量。

7. 新型三相复合绕组异步电动机节能案例

电动机负载为空压机：

将生产的 JM127－8、130kW 新型三相复合绕组异步电动机用于十堰锻造公司空压站的一台空压机，原空压机电机型号为 JR127－8－130kW，采用频敏电阻起动。对两种电动机运行状况作对比试验，数据如下：

8 月 2 日在原控制柜上安装了三相电能表 380V/3（6）A，到 8 月 30 日，电动机共运行 71.5h，电能表记录：231（电流互感器变比 300/5）。气压为 6.5kg 时，电动机电流为 195～200A，平均电耗为 116.30kWh/h。

使用三相复合绕组异步电动机后，空载起动电流为：900A，空载运行电流为 55A。带 7kg 气压负载时，电动机运行电流为 180～195A，电动机三相端电压为：390V、395V、395V，电动机从 9 月 2 日 24 时至 9 月 15 日 24 时运行时间共 25h，平均电耗为 100.8kWh/h，平均每小时节约 15.5kWh。

新旧电机转速不一样，旧电机转速为 730r/min，新电机转速为 745r/min。空压机的产气效率提高 2%。

新电机实际运行的功率因数为 0.90 以上。

根据以上对比数据，计算的综合节电率为 13.32%。按本地区电价 0.50 元计算，每小时节约电费 7.75 元左右，电动机运行 5 807h 就可收回投资。

10.5　变频调速异步电动机

近年来，变频调速技术一直是交流传动领域的研究热点。变频调速技术实现了异步电动机的软起动及无级平滑调速，并且具有高功率因数、高效率、节能等优点。变频调速技术一直是国内外学者公认的发展最为迅速的技术之一。变频调速技术与电力电子技术、变流控制技术、计算机控制技术及大规模集成电路等是密切相关的。它将电机、电子、自动控制及微电子等技术紧密地联系在了一起。现今，变频调速技术已广泛地应用于冶金、化工、纺织、机械等领域。

1. 变频器供电对异步电动机的影响

异步电动机在变频器驱动下其运行性能发生了很大变化。变频调速异步电动机与传统异步电动机的几点不同之处：在标准正弦供电情况下，异步电动机的机械特性可以认为是一条固定的曲线，但是对于变频器驱动下的异步电动机，由于变频调压的作用，E_1、f_1 都将发生变化，因此，变频调速异步电动机的机械特性是一个与 E_1、f_1 有关的曲线簇。通过调节变频器的输出电压和频率，可以得到不同的转矩。标准正弦供电情况下，由于电压与频率是恒定的，所以电动机处于恒磁通运行状态，而在变频器驱动下的异步电动机，由于电压和频率可以改变，所以主磁通也随之改变。这样，电动机的性能也会随之改变，影响到电动机的效率、功率因数、铁耗、铜耗、热负荷等性能参数。在标准正弦驱动下，可以忽略电源的高次谐波影响。然而变频电动机在设计及分析中就要充分考虑电源高次谐波的影响。因为变频器输出中含有大量的高次谐波，这些谐波分量造成电动机的损耗增加，效率降低。此外，变频器的使用也给电动机的绝缘结构提出了更高的要求。

总之，在变频器驱动下的异步电动机设计及性能分析中，要充分考虑高次谐波的影响，这也是变频调速异步电动机的设计与分析的难点所在。

2. 变频调速异步电动机在国内外研究现状

早在 20 世纪 20 年代，人们就认识到变频调速是一种很好的调速方式，但是由于当时受到电力电子器件及控制理论知识的限制，无法得到理想的变频电源，因此，变频调速技术一直无法在实际中得到应用。直到 20 世纪 50 年代，随着电力半导体、集成电路和微型计算机的出现，电气传动领域开始了一场重要的技术革命——异步电动机通过变频器实现了速度控制，从而取代价格昂贵、维护麻烦的直流电动机。

由于变频器供电与普通电源供电相比含有大量谐波，导致异步电动机的运行可靠性差。因此，各国都在积极研制新一代的高可靠性变频调速专用电动机：例如德国西门子公司生产的变频调速三相异步电动机为加强绝缘型式的 1LA8 系列，功率从 250 ~ 1 000kW，电压为 400V 或 690V，其中 800 ~ 1 000kW 的为 690V，其余为 400V。有些国家把普通标准电动机用于变频调速使用，但把容量相对降低了，实际上是相应把电动机发热降低了，也就是用提高绝缘的办法来弥补变频电源中高次谐波对绝缘的破坏。

为了使变频电机免受由长线路电缆传输所产生浪涌电压的影响，西门子公司研制了一体化变频调速电动机1UA7，中心高为H56～132，功率为0.12～7.5kW。德国伦茨公司也研制了一体化变频调速电动机MDXMAXX0.71～100系列。

我国对变频电动机的开发虽然起步较晚，但近几年也相继推出了多种系列变频电动机，来适应不同的使用场合，如YPT80～450，功率为0.37～630kW的普通低压变频电动机，主要适用于风机及水泵类负载；YZP100～400，功率为1.1～1 250kW的起重机、冶金用变频电动机等需要频繁起动、制动的场所；YGP112～450辊道用变频电动机，功率为1.1～200kW，冷却方式为IC410，主要用于冶金行业的工业传输辊道上。另外结合变频器特性及负载特性也相继开发了一些低压大功率变频调速专用电动机，主要应用于钢铁冶金行业。

但是，在目前的变频调速系统中，还是有很多变频电动机是按照恒频、恒压的传统异步电动机设计方法设计的，而这些电动机在变频器驱动下运行时必将产生转矩脉动增加、损耗增大、高频噪声加剧等一系列问题。普通异步电动机在变频运行下存在诸多问题的关键原因是其与变频调速系统难以达到良好的匹配关系。

3. 变频调速的主要工作原理

由电机学知，异步电机的转速为

$$n=\frac{60f_1}{p}(1-s) \tag{10-1}$$

式中 p——极对数；

s——转差率；

f_1——定子供电频率（Hz）。

如忽略s的变化，则电机转速n随定子供电频率成正比变化，从而可实现对电机的变频调速。根据异步电机的工作原理，要想使电机获得良好的运行性能和负载能力，就必须保证其磁路工作点稳定不变，即保证每极磁通Φ_m额定不变。这是因为如果若Φ_m太强，电机磁路饱和，励磁电流和励磁损耗及发热增大；若Φ_m太弱，电机出力不够，铁心也未充分利用。根据异步电动机定子每相电动势有效值公式：

$$E_1=4.44f_1W_1K_{w1}\Phi_m \tag{10-2}$$

式中 W_1——定子每相串联匝数；

K_{w1}——基波绕组系数；

Φ_m——每极气隙磁通（Wb）；

当电机参数一旦选定，结构参数确定，就有

$$\Phi_m\propto\frac{E_1}{f_1}$$

所以只要合理的控制E_1和f_1，即可达到控制磁通Φ_m的目的。而改变电源频率f_1又可实现对电机转速的调节，且在很大的调速范围内获得很好的调速平滑性和足够硬的机械特性。

在基频以下，要保持磁通Φ_m额定不变，可近似采用U_1/f_1等于常数的办法，使电机作恒转矩运行，功率因数$\cos\varphi$基本保持不变。当运行频率超出基频时，受电机额定电压的限制，随着运行频率的升高，额定电压保持不变，则U_1/f_1下降，气隙磁通随之减小，此时电机进入弱磁状态，转矩与频率近似成反比，电机作近似恒功率运行。

根据以上原理，只要合理地对电机的供电电压和频率加以协调控制，就可以达到异步电机变频调速的目的。

4. 异步电动机的等效电路分析

异步电动机在变频器驱动下，定子绕组电流不仅含有基波还含有大量时间谐波。因为变频电机一般是在恒磁通或削弱磁场的状态下运行，所以磁路饱和的影响可以忽略，可以根据叠加原理，将一系列高次谐波看成独立的电源，分别加在电机绕组上，逐个进行计算，然后将结果叠加起来。要完成整个计算过程首先就要得到变频电机的谐波等值电路。

图 10-3 为传统三相异步电动机的基波等效 T 形图，它适用于在标准正弦电源驱动下的异步电动机。如果在非正弦电源下，这种等效电路图就不能准确描述电动机的运行状态。因为在电动机正常运行时，基波转差率 s 很小，转化成机械功率的那一部分电磁功率是用一个大电阻表示的。因此，定子电流中的谐波成分被大大地抑制了。

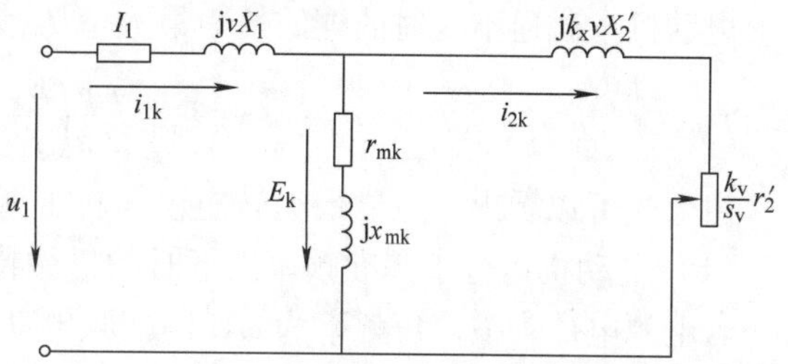

图 10-3　变频电动机基波等效电路

变频调速异步电动机的谐波等效电路如图 10-4 所示。其中 v 为谐波次数，s_v 为定子 v 次谐波电流所产生的旋转磁场相对转子的转差率，k_v 为集肤效应影响转子电阻的系数，k_x 为集肤效应影响转子电抗的系数。对于小容量的异步电动机，通常采用散嵌绕组的形式，集肤效应对定子电阻电抗的影响可以忽略。

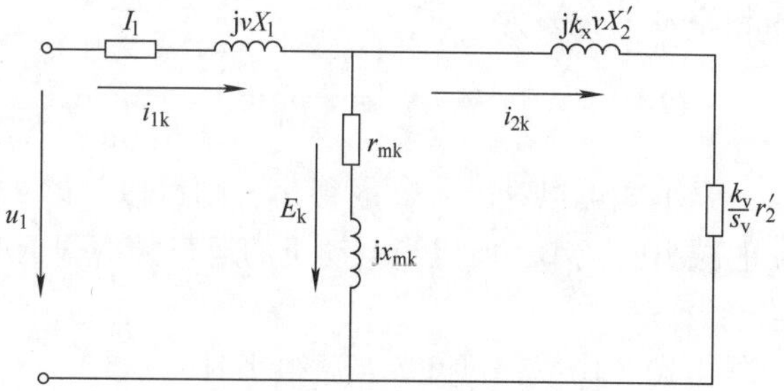

图 10-4　变频调速异步电动机谐波等效电路

基波旋转磁场的转差率计算公式为：

$$s_1 = \frac{n_1 - n}{n_1} \tag{10-3}$$

式中　n_1——基波同步转速；

n——转子速度。

但是，v 次时间谐波产生的谐波旋转磁场转速为 vn_1，所以它的转差率为

$$s_k = \frac{vn_1 \pm n}{vn_1} \tag{10-4}$$

式中，“ - ”号适用于正序谐波，“ + ”号适用于负序谐波。

谐波等效电路虽然在电路结构上与普通异步电动机的基波等效电路完全一样，但是其电路参数的计算却由于谐波的影响发生了很大的变化。

5. 变频电动机的转矩特性

变频电动机运行于基准频率以下时，为获得良好的输出特性，磁通处于恒定状态。运用电动机等效电路图分析电动机电磁转矩特性如下：

在恒磁通状态电动机的电磁转矩 T_e 为

$$T_e=\frac{pm}{2\pi}\left(\frac{E_1}{f_1}\right)^2\left[\frac{r_2'f_2}{(r_2')^2+(2\pi f_2L_{2\sigma}')^2}\right] \tag{10-5}$$

式中 p——极对数；

E_1——电动机反电动势；

f_1——定子频率；

f_2——转差频率；

$L_{2\sigma}'$——转子绕组漏抗。

电动机主磁通不变时的电磁转矩最大值 T_m 为

$$T_m=\frac{pm}{2\pi}\left(\frac{E_1}{f_1}\right)^2\frac{1}{4\pi L_{2\sigma}'} \tag{10-6}$$

由上式可以看出，电磁最大转矩仅与转子漏电感有关。

（1）电动机运行于基准频率以下时的机械特性：

若电源电压为 U，角频率为 ω，则变频电动机的机械特性方程为

$$T_e=3p\left(\frac{U}{\omega}\right)^2\frac{s\omega R_2'}{(sR_1+R_2')^2+s^2\omega^2(L_1+L_2')^2} \tag{10-7}$$

由于电动机运行与基准频率以下，所以 U/f 恒定，即 U/ω 恒定，此时最大转矩 T_{max} 与角频率 ω 的关系为：

$$T_{max}=\frac{3}{2}p\left(\frac{U}{\omega}\right)^2\frac{1}{R_1/\omega+\sqrt{(R_1+\omega)^2+(L_1+L_2')^2}} \tag{10-8}$$

从上式可以看出，若 ω 很小，则可以忽略 L_1+L_2'，T_{max} 就与 ω 成正比关系，即 T_{max} 随 ω 的减小而减小，所以当电动机的运行频率很低时需要采用定子电压补偿来提高电动机的负载能力。

由式（10-7）可知，当 s 很小时，

$$T_e\approx 3p\left(\frac{U}{\omega}\right)^2\frac{s\omega}{R_2} \tag{10-9}$$

即转矩与 s 近似成正比，并且 U/f 恒定时，对于不同的频率，机械特性基本是平行移动的。

当 s 接近 1 时

$$T_e\approx 3p\left(\frac{U}{\omega}\right)^2\frac{\omega R_2'}{s[R_1^2+\omega^2(L_1+L_2')^2]} \tag{10-10}$$

可以看出转矩与 s 成反比。

所以变频电动机在基准频率之前运行时的机械特性曲线如图 10-5 所示：

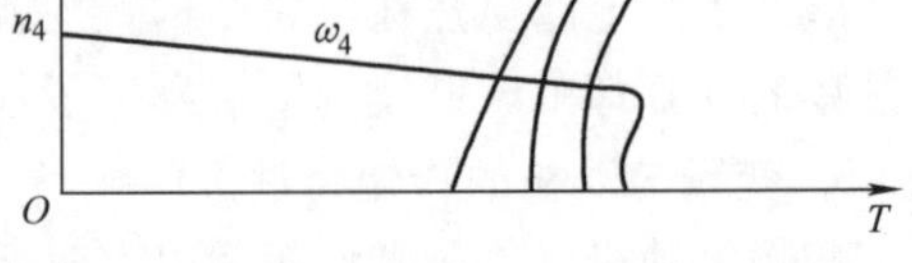

图 10-5 基频以下变频电动机的机械特性

（2）电动机运行于基准频率以上时的机械特性：

变频电动机运行于基准频率以上时处于恒功率状态，电压 $U=U_1$ 恒定，机械特性方程为：

$$T_{e}=3pU_{1}^{2}\frac{sR'_{2}}{\omega[sR_{1}+R'_{2}+s^{2}\omega^{2}(L_{1}+L'_{2})^{2}]} \tag{10-11}$$

最大转矩为：

$$T_{max}=\frac{3}{2}pU_{1}^{2}\frac{1}{\omega[R_{1}+\sqrt{R_{1}^{2}+\omega^{2}(L_{1}+L'_{2})^{2}}]} \tag{10-12}$$

从而$\frac{U}{U_1}\approx\frac{f}{f_1}\sqrt{\frac{T}{T_N}}$

恒功率负载特性为：$\frac{T}{T_N}=\frac{f_1}{f}$

所以端电压随频率的变化关系为：$\frac{U}{U_1}=\sqrt{\frac{f}{f_1}}$

可得电动机磁通与频率的变化关系为：$\frac{\Phi}{\Phi_m}=\frac{U/f}{U_1/f_1}=\sqrt{\frac{f_1}{f}}$

电源频率越高，最大转矩越小，曲线上机械特性上移，如图 10-6 所示。

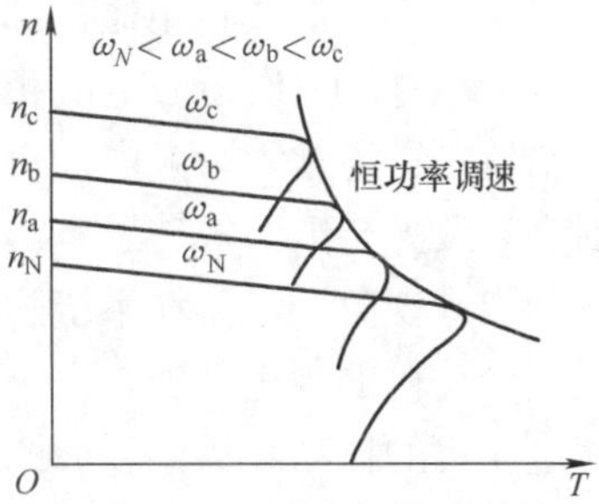

图 10-6　基频以上变频电动机的机械特性

6. 变频电动机的谐波

变频调速异步电动机气隙磁场的分布受多种因素的影响，从谐波产生的原因来看，可分为空间谐波和时间谐波。空间谐波是由电动机的本身结构决定的，电动机定子绕组的分布、定转子开槽、铁心饱和等原因都会导致空间谐波的产生。另外，由于电力电子技术的迅速发展，电力半导体器件广泛应用于变频器装置中。当采用变频器供电时，变频器内的半导体处于重复的开关状态，导致输出并不是理想的正弦波，还含有大量的高次谐波，这就是时间谐波的来源。可以看出，变频器的使用使异步电动机的谐波分析更加复杂。空间谐波是普通电动机有的，而时间谐波却是变频电动机专有的。所以变频电源下运行的异步电动机，除了基波产生的正常损耗外，还将出现许多附加损耗，主要表现在定子铜损、转子铜损和铁损的增加，从而影响电动机的效率。

无论何种变频装置，在工作中均会产生不同程度的谐波电压和谐波电流，使异步电动机在非正弦电源下工作。谐波损耗的大小决定于外加电压的谐波含量。谐波分量大，电动机损耗就增加，效率降低。就目前使用比较广泛的电压型 SPWM 变频器而言，其低次谐波电压基本为零，但含有丰富的可能比载波频率更高的高次谐波，分布为 $N\omega\pm k$（ω 为调制波频率，N 为载波比，k 为自然数）。高次谐波会引起定子铜耗、转子铝耗、铁损耗及附加损耗的增加，其中最为显著的是转子损耗。因为异步电动机是以接近于基波频率所对应的同步转速旋转的，因而高次谐波磁通以较大的转差切割转子导条后便产生很大的转子损耗。除此之外，还必须考虑到集肤效应所产生的附加铜损耗。这些损耗都会使电动机额外发热、效率降低、输出下降，如将普通异步电动机运行于变频器输出的非正弦电源条件下，其温升一般约增加 10% ~12%。

当异步电动机在变频器驱动下时，谐波电压的频率很高，谐波转差率 $s_v\approx1$。谐波磁场在定转子中的交变频率几乎一致；因此，谐波磁场与基波磁场不同，它既在定子铁心中产生损耗也在转子铁心中产生损耗，使电动机的铁耗增加。由于定子铁心开槽的影响使气隙磁导不规则，槽中导体磁势发生跃变和相带的磁势分布，导致气隙中出现一系列的空间谐波磁通。这些谐波磁势与转子之间有相对运动，所以会在转子铁心表面产生部分铁耗。由于笼型转子绕组中感应电流的去磁效应，只有少量谐波磁场能深入转子齿部，所以通常忽略这些次谐波产生的脉振损耗。此外，转子磁势谐波在定子铁心中产生的附加损耗也比较小，通常忽略不计。因此一般只考虑定子齿谐波磁势和相带谐波磁势产生的谐波磁场在转子铁心表面产生的损耗。通常在电动机设计中增加定转子每极每相槽数，使绕组分布磁势增大，减少谐波含量，从而减少谐波带来的一系列负面影响。

气隙磁通和与该磁通波次数不同的转子谐波电流相互作用产生脉动谐波转矩。由于谐波次数和转子谐波电流次数不同，所以转矩的方向半周为正半周为负，但一周内的平均值为零，转矩是脉动的。每一气隙谐波磁通可以和与它次数不同的任一次谐波电流产生脉动转矩，例如5次谐波不仅可以和7次谐波电流产生脉动谐波转矩还可以和11次谐波电流产生脉动转矩。高次谐波转矩通常都很小，在工程上可以忽略。但是主要的脉动转矩是基波磁通和5次、7次、11次谐波电流相互作用产生的，基波磁通比各次谐波磁通要大得多。

谐波转矩通常不影响电动机的正常运行，但是在基波频率很低的情况下，当换流频率过低时会导致异步电动机转子电流过分衰减而产生剧烈脉动。这种脉动会使电动机转速反生一连串的步进现象。当传动系统的机械惯性较小时，这种现象更加明显。因此，低频下的转矩脉动使电动机的调速范围有一个下限，缩小了电动机的运行区间。此外，谐波转矩还加剧了异步电动机的振动和噪声。因此在设计电动机时需要采取措施减小谐波转矩带来的问题。

当采用变频器供电时，普通异步电动机上由电磁、机械和通风等原因所引起的振动和噪声，将变得更加复杂。变频器电源中含有的高次时间谐波与电动机电磁部分的固有空间谐波相互干扰形成各种电磁振动力。当电磁力波的频率和结构件固有振动频率一致或接近时，将产生共振现象因而噪声增大。由于电动机工作的频率范围宽，转速变化范围大，各种电磁波的频率很难避开电动机各种结构件的固有频率。普通异步电动机用变频器供电时的噪声，比用工频电网供电时一般约增加10~15dB。

变频调速系统中，由于电源的重复性开关过程具有高频特性，所以变频器与电动机之间的连接电缆需要特殊考虑。在线路中传输电压将产生反射、振荡和衰减，它与传输线的长度及其阻抗特性有关。

波反射所产生的尖峰过电压，如果均匀分配在电动机定子绕组各匝上，就不会对电动机的绝缘结构造成危害。但是该尖峰过电压脉冲的上升沿时间极短，在电动机定子绕组造成电压的分布极不均匀。在电动机定子绕组的首端几匝上承担了约80%过电压幅值，这样绕组首匝部分承担的电压就较大，再加上电动机端子上约两倍的尖峰过电压，绕组首匝处承受的匝间电压大大超过常规匝间电压。所以变频调速异步电动机经常出现绕组首匝附近匝间短路现象。

另外，在脉宽调制变频器驱动下，变频器输出电压为通断迅速的方波，即不断重复的开关过程，开关频率大都在几千Hz以上。变频器几个小时产生的脉冲冲击数相当于传统正弦电源下约30年的冲击数。此时电机机端的输入电压将会出现较稳定的尖峰过电压和高频衰减振荡。绕组内部的高频过电压和端部电压会产生放电，如果长期性的局部放电，会加剧电动机的绝缘老化，最后导致电动机烧毁。通常情况下，脉冲频率越高，幅值越大，电动机绝缘寿命越短。

10.6　塔机专用变极调速电动机

为了提高塔机起升机构的运行效率，60 ~ 120t. m 的塔机起升机构越来越多地采用绕线转子变极调速的三相异步电动机。这种电动机的主要特点是可以在转子回路中串入外接电阻来有效地限制起动或变极切换时的冲击电流，同时也能保证足够大的起动或变极切换转矩。但是，绕线型变极转子绕组与笼型转子绕组不同，它有确定的极数，变极时其转子极数不能随定子极数自动改变。近几年来，国内的电机制造厂家均进行了大量的研制工作，目前这种电动机的转子绕组有两种结构型式，一种是采用多集电环（6 个或 5 个），转子绕组为单绕组倍极比调速绕组，或两套独立绕组，这种转子绕组结构虽然有效地控制起动或变极切换时的冲击电流，但转子绕组至少需要 6 根引出线经集电环接至控制设备，必须要加装 3 个（或 2 个）集电环，这样不仅改变了原有的转子结构，而过多的引出线也会使变极换接装置过于复杂。另一种是采用 3 个集电环转子结构，这种结构型式通常设计成：一种极数下为绕线转子特性，绕组处于自动短路状态，外串电阻不起作用。这种转子结构虽然简单，但当转子为笼型转子特性时，变极切换冲击达 5 ~6 倍的额定电流，而起动转矩或变极切换转矩却很小，不能满足塔机对电动机的性能要求。

塔机专用异步电动机定子接线控制按星/三角变极，转子绕组采用复合绕组技术，只需 3 个集电环，其中一种极数下和普通绕线转子电动机一样，转子可串入外接电阻，另外的极数下则能自动呈现较高阻抗，因此，无论在高速极直接起动还是在低速级直接起动，或是低速极向高速级切换运行等工况下，冲击电流均较小。其运行特点为：

1）变极切换冲击电流小，即使频繁作业，按常规选配控制回路的主接触器仍能长期安全可靠地运行；

2）该种变极电动机的变极切换装置简单，定子接线控制按星/三角变极；转子控制同单速绕线转子完全一样，无需任何变极切换装置；

3）变极切换时机械冲击小，调速过程平稳；

4）塔机的运行效率提高。

10.7　无刷双馈调速电机

1. 概述

无刷双馈电机是一种新型的，同时具有同步电机和异步电机特点的交流调速电机，其结构和运行原理与传统的交流电机有较大的差别。无刷双馈电机是一种结构简单、坚固可靠、异同步通用的电机，可在无刷情况下实现双馈。无刷双馈电机的定子上具有两套极数不同的对称三组绕组，分别称为功率绕组和控制绕组，转子采用笼型或磁阻型的结构，取消了电刷和集电环。通过电机转子的磁动势谐波或磁导谐波对定子不同极数的旋转磁场进行调制来实现电机的机电能量转换。如果改变控制绕组的连接方式及其外加电源的频率、幅值和相位可以实现无刷双馈电机的多种运行方式。

无刷双馈电机拥有一些非常显著的优势：相比有刷双馈电机而言，它去除了电刷使得系统更加可靠；当电机变速运行时可提供较高的功率因数，并且控制用变频器所需提供的容量远小于全功率逆变所需的容量，这就显著降低了变速驱动系统的成本。而且无刷双馈电机作电动机运行时，它的转速只由通电频率以及两套绕组的极对数决定而与负载无关，这一点类似于同步电动机，所以它的机械特性很硬。无刷双馈电机作发电机运行时，随着转速或负载的变化，只要调节控制绕组的电压或电流就能维持功率绕组端频率和发电电压恒定。无刷双馈发电机的这一特点可使其应用在船用轴带发电领域，同样的，控制所需的变频器容量要小于电机本身的容量。由于发电机和船用的主发动机是同轴相连，而轮船在行进过程中不仅发动机转速在随时变化，而且与发电机功率端相连的负载也会经常改变，故为了维持电机恒频恒压发电，要求该发电系统拥有快速的动态响应性能。

另外，风力发电也是一个在将来极有可能对该电机进行大规模应用的领域。目前，有刷双馈电机因为其较低的变频器容量以及较高的功率因数等优势，已经在风力发电领域有着广泛的应用。而无刷双馈电机不仅拥有有刷双馈电机的优势，并且还实现了无刷化运行，大大增加了整套发电系统的可靠性，特别适用于远离海岸的风力发电场，它可以显著减少系统维护的次数，节约了大量维护费用。

无刷双馈电机还可应用于大功率水泵的驱动，作电动机运行时拥有较宽的调速范围并且可实现精确的速度控制，同时还降低了变频器的容量。而且对流体负载而言需要一个较低的起动转矩，这恰巧是无刷双馈电动机的起动特点。

然而，相对于传统的异步电机而言，在同容量的条件下，无刷双馈电机的成本会高于常规电机。主要是因为无刷双馈电机的转子结构比较复杂，生产和制造工艺较常规电机繁琐，故其成本会略高于常规电机。而且在输出同样大小转矩的条件下，无刷双馈电机的体积也会略大于常规电机。尽管如此，对于这些缺点，只要能够将无刷双馈电机应用在一些恰当的领域，充分发挥它的优势，其产生的经济效益会远大于电机本身多出来的生产成本。

2. 无刷双馈电机的发展及研究现状

无刷双馈电机在国内外都有研究，华中科技大学的王雪帆提出了一种不同于其他研究方向的绕线转子绕组，该绕组利用其中两种不同极对数 p 和 q 对应感应电势在理论上可以有不同电回路的特点，对转子导体进行“重复利用”，从而具有较高的利用率和低的谐波含量。该技术已经在船舶轴带发电机、水泵调速电动机等取得较多的应用成果，并显示了较强的优越性能。本书以绕线转子无刷双馈变频调速电机为模型。

3. 绕线转子无刷双馈电机基本工作原理

绕线转子无刷双馈电机定子槽里放有两套不同极对数的三相绕组，其中一套称为功率绕组，设其极对数为 p_1，另一套称为控制绕组，设其极对数为 p_2。这两套定子绕组的设计与常规电机的基本相同，均采用三相正规 60°相带，只不过由于定子槽里要同时安放两套绕组，所以其定子开槽较常规电机的要深，这样就会增大槽漏感。从工艺上考虑，通常将极对数较小的那套绕组安放在槽的底部，因为其节距较大；另一套则放在槽口，这两套绕组采用单层双层均可。对于定子两套绕组极对数之间的关系，通常要求 $p_1 \neq p_2$，且 $|p_1 - p_2| \geqslant 2$，采用较广泛的极对数组合有 3/1 对极、4/2 对极以及 6/2 对极。至于究竟采用哪种极对数组合以及哪种极对数绕组作功率绕组、哪种极对数绕组作控制绕组，这都要视具体情况和电机的应用场合而定。需要指出的是，这两套绕组由于极对数不同，它们之间无法直接进行能量

的传递和交换。举个例子，如果将转子绕组开路，对其中一套定子绕组通入三相对称电流，另一套三相短路，则在短路绕组中不会感应出电流，即无法进行能量的传递。

所以不同极对数的三相绕组想要进行能量的传递，必须经过转子绕组的耦合作用，这就对转子绕组的设计提出了较高的要求。对转子绕组而言，当它通电时，既要能够产生 p_1 对极磁场，又要能够产生 p_2 对极磁场，而且这两套磁场的大小要相当，至于转子绕组所产生的其他极对数磁场都当做谐波来处理，这就与常规电机的转子绕组设计有着很大的不同。对常规电机而言，其转子绕组通常只有一个基波，其他次谐波相对于基波而言幅值都非常小，而绕线转子无刷双馈电机的转子绕组可看做有两个主波，为了达到这个目的，需要以牺牲转子槽的利用率为代价，即转子上有一部分槽为空槽，没有安放线圈。其实从本质上来讲，绕线转子无刷双馈电机的转子绕组可看做是将常规电机转子绕组的某一次谐波放大到同基波相当，而仍将其他次谐波控制得很小。

这样一来，考虑到转子绕组设计的可行性，可能对于某些极对数组合的无刷双馈电机，很难设计出一套转子绕组能够同时产生电机所需要的两种极对数磁场。但通常对倍极比组合的无刷双馈电机来说，如 3/1 对极、4/2 对极以及 6/2 对极，其转子绕组较易设计，因为极对数较多的磁场可看做是极对数较少磁场的整数次谐波。正因为如此，以上三种极对数组合的无刷双馈电机在实际应用中最为广泛。

绕线转子无刷双馈电机在稳态运行时的工作示意图如图 10-7 所示，无论是作发电机还是电动机运行，稳态时电机的转速和两套定子绕组的通电频率需要满足以下关系式：

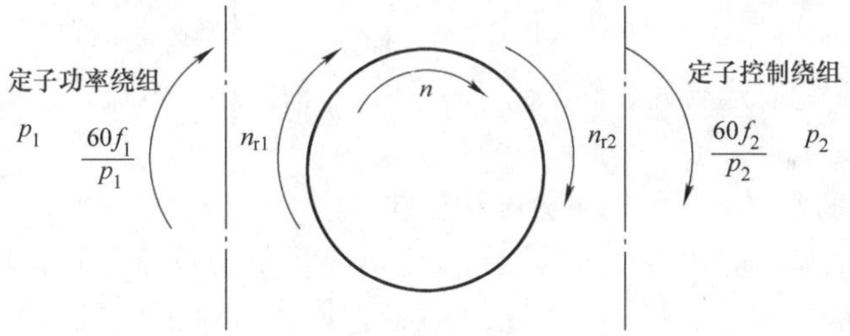

图 10-7　无刷双馈电机工作示意图

$$n=\frac{60(f_1+f_2)}{p_1+p_2} \tag{10-13}$$

式（10-13）中 f_1 和 f_2 分别表示功率绕组和控制绕组的供电频率，通常情况下功率绕组的供电频率为正值且保持恒定（50Hz），所以图 10-7 中 p_1 对极磁场的转速和转向是固定不变的。对于控制绕组，由于它通常是由变频器供电，所以其供电频率可正可负，当 f_2 为正值时，表示控制绕组和功率绕组同相序，两套磁场转向相同，此时电机的运行状态称作超同步速运行；当 f_2 为负值时，表示控制绕组和功率绕组反相序，两套磁场转向相反，此时的运行状态称作亚同步速运行；还有一种特殊情况就是控制绕组通直流电，p_2 对极磁场相对于定子静止，这就相当于 $f_2=0$，此时电机运行的转速称作无刷双馈电机的自然同步速。而且一般情况下有：

$$\frac{60f_1}{p_1}\neq\frac{60f_2}{p_2} \tag{10-14}$$

即两种不同极对数磁场的转速不能相同，否则按照公式（10-13），电机转子将同这两套磁场保持相对静止，作为感应式的无刷双馈电机，从原理上讲，这是无法运行的，因为此时转子绕组已无法感应出电流，也就无法产生 p_1 对极和 p_2 对极磁场同定子磁场发生相互作用。因此，若假设 $60f_1/p_1>60f_2/p_2$，则有

$$\frac{60f_1}{p_1}>n>\frac{60f_2}{p_2} \tag{10-15}$$

即电机转子的转速总是介于定子两套磁场的转速之间。在图 10-7 中，n_{r1} 表示 p_1 对极磁场相对于转子的转速，n_{r2} 表示 p_2 对极磁场相对于转子的转速，则

$$\frac{n_{r1}}{n_{r2}}=\frac{60f_1/p_1-n}{60f_2/p_2-n}=-\frac{p_2}{p_1} \tag{10-16}$$

从式（10-16）我们可以看出，p_1 对极和 p_2 对极磁场相对于转子的转速大小与其极对数成反比，且相对于转子转向相反。这种数学关系类似于对称多相绕组中磁势谐波的转速与其谐波次数成反比，绕线转子无刷双馈电机的转子绕组设计就是基于这种思想。而且当无刷双馈电机稳定运行时，p_1 对极磁场在转子绕组中感应电流的频率：

$$f_{r1}=\frac{p_1n_{r1}}{60}=\frac{p_2f_1-p_1f_2}{p_1+p_2} \tag{10-17}$$

p_2 对极磁场在转子绕组中感应电流的频率：

$$f_{r2}=\frac{p_2n_{r2}}{60}=\frac{p_1f_2-p_2f_1}{p_1+p_2}=-f_{r1} \tag{10-18}$$

所以当电机处于稳态运行时，转子绕组中只有一种频率的电流，这也是无刷双馈电机能够实现稳定运行的必要条件。

4. 绕线转子无刷双馈电机的功率分配和流向

无刷双馈电机最显著的优势在于其控制绕组需要提供的只是“转差功率”，只占电机总功率的一小部分，这样就可通过小容量的变频器控制大容量的电机，大大降低了系统的成本。所以，研究功率在定子两套绕组中的分配关系十分必要，它是无刷双馈电机的一项重要性能指标。

为了分析绕线转子无刷双馈电机的功率在两套绕组之间的分配关系，先设功率端的输入功率为 P_1，控制端的输入功率为 P_2；功率端输入功率在扣除功率端绕组铜耗和对应于功率端极对数的铁耗后，由功率绕组传递给转子的电磁功率为 P_{em1}，控制端输入功率在扣除控制端绕组铜耗和对应于控制端极对数磁场的铁耗后由控制绕组传递给转子的电磁功率为 P_{em2}；消耗在转子绕组电阻上的功率是由控制绕组和功率绕组同时提供的，所以有以下关系：

$$s_1P_{em1}+s_2P_{em2}=P_{Cur} \tag{10-19}$$

其中 $s_1=(n_1-n)/n_1$ 为转子同 p_1 对极磁场的转差率，$s_2=(n_2-n)/n_2$ 为转子同 p_2 对极磁场的转差率，即转子铜耗由两套磁场的转差功率组成，为了研究 P_{em1} 和 P_{em2} 之间的关系，我们假设转子绕组无铜耗，则

$$\frac{P_{em2}}{P_{em1}}=-\frac{s_1}{s_2} \tag{10-20}$$

由于 p_1 对极磁场在转子中感应的电流的频率 $f_{r1}=s_1f_1$，p_2 对极磁场在转子中感应的电流

的频率$f_{r1}=s_1f_1$，所以

$$\frac{P_{em2}}{P_{em1}}=\frac{f_2}{f_1}\approx\frac{P_2}{P_1} \tag{10-21}$$

式（10-21）的结论非常重要，可以看出，电机功率在两套绕组之间的分配近似与绕组供电频率成正比，在工业应用中，一般都有$f_1=50\text{Hz}$，所以电机运行的转速越接近自然同步速点，它所需的控制电流的频率就越低，即控制端所需提供的功率也就越低。对于控制绕组和功率绕组的功率性质（输入或输出）可利用式（10-20）加以分析。

如果电机运行在高于自然同步速的状态，即$f_2>0$，由于$s_1=(n_1-n)/n_1$，$s_2=(n_2-n)/n_2$，所以$s_1>0$，$s_2<0$，此时有$P_{em2}/P_{em1}>0$，即两套定子绕组要么同时输入功率，要么同时输出功率，作发电机运行时，就是同时输出功率，作电动机运行，就是同时输入功率。

如果电机运行在低于自然同步速的状态，即$f_2<0$，此时控制绕组反相序，则$s_1>0$，$s_2>0$，所以$P_{em2}/P_{em1}<0$，所以作发电机运行时，由于功率绕组输出功率，故控制绕组就要输入功率；作电动机运行时，由于功率绕组输入功率，故控制绕组就要输出功率。

以上分析得出的结论可以通过表 10-11 更加直观地看出。

需要特别说明的是，以上的分析结论都是在忽略无刷双馈电机定转子铜耗和铁耗的前提下得出的，分析的是一种理想化的电机模型。尽管如此，绕线转子无刷双馈电机在实际运行过程中所遵循的功率分配和流向的基本规律是不会改变的。

表 10-11　绕线转子无刷双馈电机功率流向

不同运行模式和转速下的定子绕组功率流向	无刷双馈电机转速			
	低于自然同步速 $n=60f_1/(p_1+p_2)$		高于自然同步速 $n=60f_1/(p_2+p_2)$	
	功率绕组	控制绕组	功率绕组	控制绕组
发电机运行	输出功率	输入功率	输出功率	输出功率
电动机运行	输入功率	输出功率	输入功率	输入功率

5. 绕线转子无刷双馈电机运行方式和运行范围

绕线转子无刷双馈电机既可以作发电机运行，也可以作为电动机运行，图 10-8 所示的无刷双馈电机运行系统的图，对这两种运行状态均适用。当无刷双馈电机作电动机运行时，功率绕组侧通常接电网（380V，50Hz）；当无刷双馈电机作发电机运行时，功率绕组侧既可以接电网，也可以接独立的负载。下面对这两种运行方式分别予以讨论。

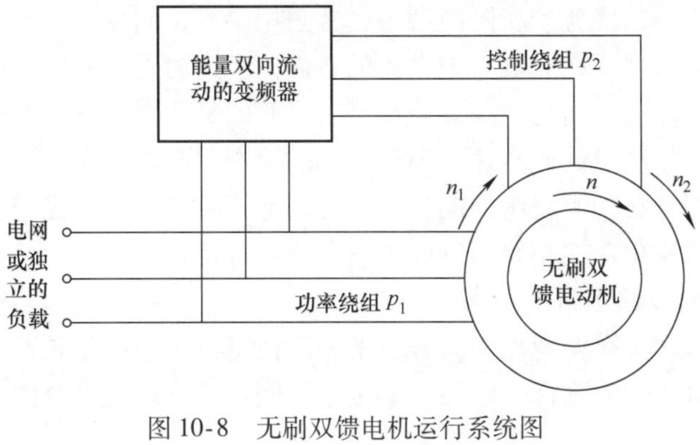

图 10-8　无刷双馈电机运行系统图

1）当无刷双馈电机作电动机运行时，首先必须将电机起动到自然同步速附近，就是先将控制绕组三相短路，利用无刷双馈电机的异步转矩使其快速运行至自然同步速附近，待电动机运行稳定后，再将控制绕组侧切换至变频器供电。此时，通过改变变频器的频率、电压或电流以及相位就可以对无刷双馈电机在自然同步速点上下进行速度调节。对于无刷双馈电动机的速度运行范围，它与无刷双馈电机的极对数组合有关，下面以4/2对极组合为例进行具体分析。

对于4/2对极无刷双馈电机，其自然同步速 $n=500\text{r/min}$，如果 $p_1=4$，$p_2=2$，那么控制绕组频率的取值范围 $-50\text{Hz}\leqslant f_2<25\text{Hz}$，对应的电机转速范围 $0\leqslant n<750\text{r/min}$，因为750r/min是功率绕组的同步速点，也是绕线转子无刷双馈电机的零转矩点，所以一般说来无刷双馈电机是无法越过功率绕组的同步速点运行的；如果 $p_1=2$，$p_2=4$，那么控制绕组频率的取值范围 $-50\text{Hz}\leqslant f_2<100\text{Hz}$，对应的电机转速范围 $0\leqslant n<1\ 500\text{r/min}$，因为此时功率绕组的同步速已变成1 500r/min。从上面的分析可看出，选用较少的极对数作为功率绕组可以提高电动机的运行范围。

但以上分析仅仅是理论上的，实际运行中电动机的速度范围要比理论范围小很多，主要原因有两点：一是受变频器容量的限制，一般说来变频器容量要小于电机容量，根据第3章中功率分配与频率成正比的结论，控制绕组频率的绝对值一般不超过50Hz，甚至更小，如果想要扩大电机的运行范围，可采用更小的极对数配合，如3/1对极；二是无刷双馈电动机在偏离自然同步速点超过一定范围就会出现运行不稳定现象，进而导致失步。

2）当无刷双馈电机作发电机运行时，如果功率绕组侧接电网，由于此时无刷双馈电机是由原动机拖动，其转子的转速由原动机决定，所以随着转子转速的改变，控制绕组的频率也必须做相应的改变，以时刻维持功率绕组的频率和电网频率相等。此时通过改变控制绕组的电压或电流的相角，可以控制功率绕组的功率因数。

如果功率绕组侧接独立的负载，那么功率绕组的功率因数由负载决定，随着转子转速的改变，控制绕组的频率和电压都必须做相应的变化，以使得负载的频率和端电压均保持恒定。和上述并网运行不同，无刷双馈发电机带独立负载时还有一个起励的问题，通常的做法是先采用一套备用电源（交直流均可）对变频器供电，此时控制绕组会产生一个励磁磁场，再通过转子绕组的耦合作用，在电机功率绕组端建立起端电压，待功率绕组电压和频率稳定后再将变频器三相切换到功率绕组三相并切除备用电源。

对于无刷双馈发电机的运行范围，由于其转子转速是由原动机决定的，所以理论上只要变频器的容量足够大、电压和频率足够高，那么电机可以在任意转速下运行，但是这样就失去了无刷双馈电机本身的优势。实际应用中通常是用小容量的变频器控制大容量的电机，这就将发电机的运行范围限制在无刷双馈电机的自然同步速附近，变频器容量越大，其运行范围就越宽，这个视实际需要而定。在此需要特别说明的是，无刷双馈发电机可以通过原动机拖动使其转速达到功率绕组的同步速，但感应式的无刷双馈电机在这一点运行时其功率绕组是无法发出电的，即使在功率绕组的同步速附近，电机的负载能力也很低，所以无刷双馈电机作发电机运行时要避免在功率绕组的同步速及其附近运行。

6. 绕线转子无刷双馈电机的特点

无刷双馈电机采用变频调速系统具有以下突出优点：①通过变频器的功率仅占电动机总功率的一小部分，可以大大降低变频器的容量，从而降低了调速系统的成本；②功率因数可调，可以提高调速系统的力能指标；③与有刷双馈和串调系统相比，取消了电刷和集电环，提高了系统运行的可靠性；④即使在变频器发生故障的情况下，电动机仍然可以运行于异步电动机状态下，⑤电机的运行转速仅与功率绕组和控制绕组的频率及其相序有关，而与负载转矩无关，因此电机具有硬的机械特性。无刷双馈调速电机从根本上解决了无刷化问题，除了无刷可靠外，该类电机的另一个特点是兼有笼型、绕线转子异步电机和电励磁同步电机的共同优点。通过简单的改变控制绕组的连接与馈电方式，可以方便地实现自起动、异步同步和双馈等多种运行方式，使其既具有良好的起动特性，又具有优良的运行性能。无刷双馈电机作为变速恒频交流发电机，应用于水力或风力发电系统时，可以大大提高发电系统的可靠性。无刷双馈电机作为交流励磁发电机，可以实现变速恒频恒压运行，特别适合于多极低速水力或风力发电系统。在对无刷双馈电机的研究取得重大进展和突破之后，将其用于抽水蓄能电站机组以取代绕线转子异步电机，从而提高电机的运行可靠性，也是无刷双馈电机一个很有发展前景的应用领域。对该种电机的研究和开发可望有效解决制约传统交流电机及其调速系统发展的某些关键技术问题，以及水力、风力发电系统的恒频变速问题。

10.8　永磁同步电动机

永磁同步电动机可分为调速永磁同步电动机和异步起动永磁同步电动机。

调速永磁同步电机采用变频电源供电，电动机转速在稳定运行时与电源频率保持恒定的关系，可直接用于开环的变频调速系统。这类电机无需电刷和换向器，结构简单、维护方便，高效率和高功率因数的优点可降低配套变频电源的容量要求。调速永磁同步电动机一般由变频器频率的逐步升高来起动，转子上无需设置起动绕组。调速永磁同步电动机又包含矩形波电流驱动和正弦波电流驱动的两种类型。前者的供电电流波形为矩形波，反电势波形近似为矩形波或梯形波，称为矩形波调速永磁同步电动机；后者的供电电流波形和反电势波形都为正弦波，称为正弦波调速永磁同步电动机。在结构上二者是基本相同的，定子电枢一般采用三相对称的绕组，转子上安装永磁体。常见永磁转子结构主要有表面式和内置式两大类，如图10-9所示。

表面式结构又分为插入式和凸出式，前者属于隐极转子结构，后者为凸极转子结构。内置式结构一般都是隐极转子，根据永磁体磁化方向与转子旋转方向的关系，分为径向式、切向式和混合式。调速永磁同步电动机加上转子位置闭环控制系统构成自同步永磁电动机，既具有电励磁直流电动机的优异调速性能，又实现了无刷化，非常适用于要求高控制精度和高可靠性的场合。目前研制的钕铁硼永磁同步电动机及其驱动系统具有调速范围宽、恒功率调速比高的优点，是数控机床、精密机械、航空航天、机器人、家用电器和计算机外围设备等领域的理想之选。近年来随着新能源电动汽车产业的快速发展，具有体积小、效率高、调速性能优异等特点的调速永磁同步电动机成为车用电机系统的首选方案。

1. 异步起动永磁同步电动机

异步起动永磁同步电动机，也称为自起动永磁同步电动机。其结构相当于是在异步电动机的转子上放置了永磁体，依靠笼型转子绕组产生的异步转矩实现自起动。起动完成后，转子绕组不再起作用，由转子永磁磁极和定子绕组共同作用产生恒定的驱动转矩，电动机以同步转速正常运行。异步起动永磁同步电动机转子上需要安放鼠笼导条，因此通常采用内置式

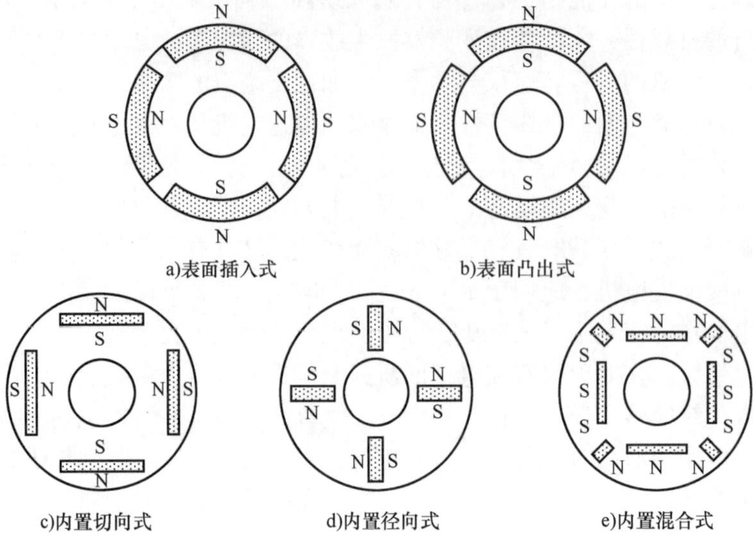

图 10-9 调速永磁同步电动机的转子结构类型

永磁转子，如图 10-10 所示。磁路结构形式与调速永磁同步电动机的内置式结构相似，也可分为径向式、切向式和混合式。自起动永磁同步电动机和异步电动机一样具有在某一频率和电压下直接起动的能力，并且体积更小、重量更轻，效率和功率因数高，经济运行范围宽。

自起动永磁同步电动机一般比同规格异步电动机效率高 2% ~8%，在 25% ~120% 额定负载范围内均可保持较高的效率和功率因数，使轻载运行时节能效果更为显著，特别适用于对节能要求高或者多台电动机同步运行的场合，如油田机械、纺织化纤工业、大型电站、矿山以及各类风机、水泵、压缩机等。目前在国内最成功的应用场合是油田抽油机，采用自起动钕铁硼永磁同步电动机可比异步电动机小 1 ~2 个机座号，效率提高 2% ~4%，达到 IE3 国际电动机能效标准，在油田运行情况良好，取得了明显的技术经济效益。沈阳工业大学的唐任远院士主持研制了 1 120kW 异步起动永磁同步电动机，采用钕铁硼 N38SH，效率高于 96.5%，是世界上容量最大的异步起动永磁同步电动机。

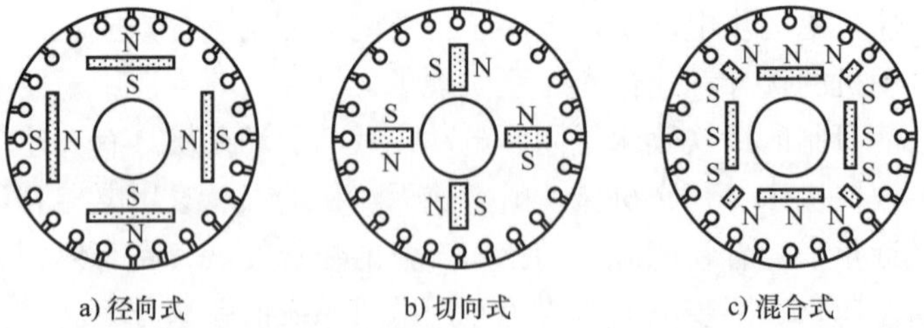

图 10-10 异步起动永磁同步电动机转子结构类型

2. 异步起动永磁同步电动机的起动性能

异步起动永磁同步电动机依靠定子旋转磁场与转子导条相互作用产生的异步转矩起动，

由于转子上存在永磁体，且转子交直轴磁路不对称，其起动过程比异步电动机更为复杂。

起动过程中，假设定子三相绕组通以对称三相交流电流，频率为 f，则在任意转差率 s 下，定、转子都将产生三种不同转速的磁场，并相互作用产生不同的转矩，见表 10-12。

定子绕组在频率为 f 的交流电流作用下，产生以同步速 n_1 旋转的气隙磁场。转子转速为（$1-s$）n_1，定子旋转磁场与转子导条存在相对运动，在转子导条内产生频率为 sf 的电流，由于转子磁路不对称，转子电流产生的磁场可分解为相对于转子的转向相反、转速都为 sn_1 的两个旋转磁场，它们相对于定子的转速分别为 n_1 和（$1-2s$）n_1，在定子绕组中产生频率为 f 和（$1-2s$）f 的电流，定子绕组中频率为（$1-2s$）f 的电流产生的磁场在转子中产生频率为 sf 的电流。转子永磁体产生的磁场相对于定子绕组的转速为（$1-s$）n_1，在定子绕组中产生频率为（$1-s$）f 的电流，该电流产生的磁场与转子转速相同，因而不在转子中感应电流。

由于极数相同，当定、转子磁场相对静止时，两个磁场相互作用产生恒定的转矩；当两个磁场存在相对运动时，则产生脉动转矩。

表 10-12　各旋转磁场转速及其相互作用产生的转矩

定子侧 \ 转子侧	n_1	$(1-s)\ n_1$	$(1-2s)\ n_1$
n_1	恒定转矩	脉动转矩（频率 sf）	脉动转矩（频率 $2sf$）
$(1-s)\ n_1$	脉动转矩（频率 sf）	恒定转矩	脉动转矩（频率 sf）
$(1-2s)\ n_1$	脉动转矩（频率 $2sf$）	脉动转矩（频率 sf）	恒定转矩

转速都为 n_1 的定、转子磁场相互作用产生的恒定转矩，记作 T_a，称为异步转矩。转速都为（$1-2s$）n_1 的定、转子磁场相互作用产生的恒定转矩，记作 T_b。计算起动性能时，将 T_a 和 T_b 合并为一项，记作 T_c，可采用三相异步电动机的转矩计算公式表示为

$$T_c = \frac{mpU^2 R'_2/s}{2\pi f[(R_1 + c_1 R'_2/s)^2 + (X_1 + c_1 X'_2)^2]} \tag{10-22}$$

式中　R'_2 和 X'_2——转子电阻和漏抗折算值；

c_1——修正系数，近似由下式计算：

$$c_1 = 1 + \frac{X_{ad} + X_{aq}}{2X_{ad}X_{aq}} X_1 \tag{10-23}$$

转速都为（$1-s$）n_1 的定、转子磁场相互作用产生的恒定转矩，记作 T_g，是永磁体相对于定子绕组运动而产生的。该转矩相当于是同步发电机产生的作用在定子上的转矩，对转子起制动作用，称为发电制动转矩，可表示为

$$T_g = \frac{mpR_1 E_0^2 [R_1^2 + X_q^2 (1-s)^2](1-s)}{2\pi f[R_1^2 + X_d X_q (1-s)^2]^2} \tag{10-24}$$

异步起动永磁同步电动机在起动过程中的平均转矩 T_{av} 为上述三项转矩之和，即

$$T_{av} = T_a + T_b + T_g \tag{10-25}$$

电动机的平均转矩与转差率之间的关系曲线如图 10-11 所示。起动过程中平均转矩曲线出现两次下凹，分别位于低速区和稍高于半同步速处。

电动机能否顺利完成起动，除了要保证足够的起动转矩和最小转矩外，牵入同步能力也非常重要。牵入同步能力与永磁脉动转矩和开始牵入同步时的临界转速有关，一般来说，永磁脉动转矩的幅值越大，临界转速越高，牵入同步能力越强。临界转速取决于转矩—转速曲线（机械特性曲线）的斜率，曲线斜率越大，则临界转速越高。由于影响电动机平均转矩的主要是异步转矩，可考察影响异步转矩曲线斜率的因素。异步转矩曲线斜率为

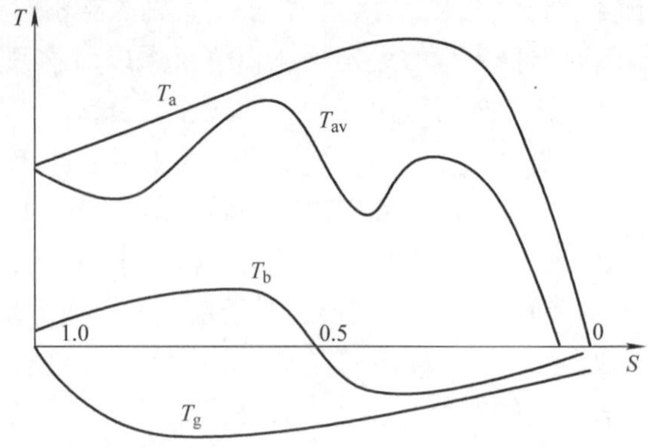

图 10-11

$$\frac{\mathrm{d}T_c}{\mathrm{d}s}=\frac{mpU^2R'_2\{c_1^2R'^2_2-s^2[R_1^2+(X_1+c_1X'_2)^2]\}}{2\pi fs^4[(R_1+c_1R'_2/s)^2+(X_1+c_1X'_2)^2]^2} \tag{10-26}$$

3. 转子磁路结构的合理设计

转子磁路很大程度上决定了电动机性能，是本体设计方面的重点。磁路设计主要是对永磁体安装尺寸的设计，并结合隔磁桥、转子笼型槽、通风孔等结构的合理选型，旨在提高电动机的效率、功率密度和过载能力，获得良好的起动及运行性能。设计时通常要从永磁体的用量、漏磁系数、电抗/电感参数等方面综合考虑。

永磁体用量决定了其所能提供的磁动势大小，从而决定了一定体积下电动机的容量。理论上讲，电动机外形尺寸确定后，永磁体用量越大，功率密度越高。然而，转子上放置永磁体的空间是有限的。特别的，对于内置式结构，需要考虑转子冲片各部分机械强度要求；对于转子上安装笼型绕组的异步起动永磁同步电动机，还要与转子槽竞争安装空间；对于转子铁心开有通风孔或通风道的电动机，永磁体的放置无疑更加困难。与此同时，由于永磁材料价格较贵，出于经济性的考虑，永磁体的用量应在满足电动机性能要求的前提下尽可能地减少。

对于一定容量的电动机，漏磁系数越大，需要的永磁体体积越多，所以应尽可能减少漏磁，以减少永磁体用量。漏磁系数小，永磁体利用率较高，但对电枢反应分流作用小，对永磁体的抗去磁性能不利。可见，漏磁系数的选取需要综合考虑，能否得到合适的漏磁系数就取决于磁路结构是否合理。

电抗/电感参数受磁路结构的影响较大，而其本身又影响电动机运行性能。譬如，减小直轴同步电抗 X_d，可增大失步转矩，提高电动机的过载能力；减小交轴同步电抗和直轴同步电抗的比值 X_q/X_d，可提高起动过程中的最小转矩，但对失步转矩不利；减小异步起动永磁同步电动机的转子漏抗，可增大电动机起动转矩，增大转矩—转差率曲线的斜率，提高牵入同步能力；对调速运行的永磁同步电动机，直轴同步电感 L_d 越大，越利于恒功率运行速度范围的拓展。

各个参数对电动机性能都具有一定的影响，而为了提高不同性能，多个参数之间往往相互矛盾。因此，转子磁路结构设计必须综合考虑多方面的因素，针对电动机的具体应用需求进行性能的权衡，以获得较为理想的方案。

4. 电动机参数和运行性能的准确计算分析

电动机参数包含磁路参数和电路参数，其计算的准确性直接关系到电机性能计算的准确性，从而影响设计方案的选取。磁路参数主要是各种与气隙磁通有关的系数，各部分的磁密、磁动势、磁导，以及永磁体工作点等；电路参数主要是与绕组结构有关的系数，绕组的电阻、电抗以及绕组每相感应电动势等。永磁同步电动机的磁路参数和电路参数在计算时彼此牵连、相互影响，而且多数参数值受使用条件的影响较大，随电动机运行工况的不同会发生变化。因此，仅仅依靠等效磁路法、图解法等对经验系数依赖性较大的近似解析计算方法，无法获得比较精准的计算结果。

永磁同步电动机的运行性能计算通常是在设定电机外加电压、频率和一定功角的情况下，获取电动机交直轴电流、功率因数、定子电流、电磁功率、输入功率、损耗功率、输出功率、效率、输出转矩、电负荷等参数，根据不同功角下的相关性能参数值还可得到电动机的工作特性曲线。

运行性能的计算比基本电动机参数的计算更为复杂，不仅需要恰当地利用电动机参数计算的结果，还要充分考虑工作条件对电动机工作特性的影响。如电动机的损耗功率计算，需要分别得到铁耗、铜耗、杂散损耗和机械损耗值，其中，铁耗与磁密、频率、电流密切相关，受负载大小、外加电压等的影响；铜耗与绕组电阻、电流密切相关，受温度影响较大；杂散损耗和机械损耗的计算比较困难，除了类比已有电动机的测试值，借助经验公式来求解，尚无更为准确的计算方法。转矩特性也是非常关键的性能参数，主要包含起动转矩、最小转矩、牵入转矩和失步转矩，直接关系到电动机能否顺利起动、牵入同步和正常运行。电动机转矩的计算与电动机电阻、电抗、空载反电势等参数有关，因此与这些参数相关的各种因素同样也影响着电动机的转矩性能。

5. 运行性能改善与优化设计技术

电动机在工程应用中的运行性能包括效率、功率密度、起动能力和过载能力等，调速运行时还要求较宽的转速范围。运行性能提升可通过结构尺寸优化设计来实现，而不同性能对结构尺寸调整的要求往往存在矛盾。比如，要提高过载能力，可以增加永磁体磁化方向长度 h_{M}；但 h_{M} 的增大，会减小直轴同步电感 L_{d}，对电动机的恒功率运行调速范围不利。若要同时提高过载能力和拓展恒功率运行调速范围，就需要对其他的结构尺寸再作调整，但也常常会造成“牵一发而动全身”，影响更多的性能。因此，为了有效提高电动机的运行性能，需要对各项性能与相关参数之间的关系进行定性乃至定量的分析。根据应用需求对不同性能进行权衡，避免优化设计盲目性。

电机优化设计技术属于电磁场工程技术领域研究中的逆问题，是相对于电磁场正问题而言的。电磁场的正问题，是在给定电动机结构、尺寸和励磁参数的情况下，计算电机的参数值和运行特性；电磁场的逆问题，则是根据所需特性来求解电机的几何尺寸、结构和励磁参数等。电机优化设计的基本思路是将逆问题分解成一系列正问题，然后利用适当的优化方法进行迭代运算，因此求解计算量较大。最优设计的判断，一方面可以依靠设计经验，这种方式往往对设计人员的研究能力有较高的要求；另一方面，随着优化理论和计算数学等学科发展，可借助于将逆问题的解与特定优化算法相结合的方法，直接获得最优设计。

电机设计的优化目标可以是单一的也可以是多种组合式的，在保证各项运行性能指标的前提下，还包含体积、重量最小或者成本最低等要求，由于永磁材料的用量往往是决定电动机造价的主要因素，也常常把永磁体体积作为优化目标。选取不同的目标函数，得到的优化结果可能存在较大的差异，特别是选取多目标函数的优化时，电动机尺寸的微小变化可能对电动机性能参数带来较大的影响。因此，需合理选择优化目标。

6. 工程应用中的电动机系统匹配合理性设计

在大多数传统驱动场合，电动机工作在某一特定运行状态下，针对该工况来设计额定工作点，可获得额定最佳性能。随着节能工程的大力推进和控制技术的快速发展，越来越多的驱动场合开始采用变频调速来提高系统整体效率，电动机的运行不再局限于某一特定工作点，而是处于变化的转速和变化的负载状态下。此时，如果电动机后备容量过大，设备可能处于长期低负荷运行状态，“大马拉小车”，造成能效利用率低；如果电动机设计裕量不足，无法承受短时过载运行，可能造成设备损坏。电动机性能的考量从过去对额定点的关注，逐渐转变为对某一段较宽的运行区域的关注。

大部分的永磁同步电动机都应用在各种节能驱动场合，因而电动机系统匹配的合理性非常重要。相应地，对永磁同步电动机的设计也不再仅仅着眼于额定工作点，而要根据使用对象和应用场合，对多个工作点或一段工作区域内的电动机参数和性能进行计算和分析。传统的设计思路显然难以体现出电动机的区域性运行特性以及随工况的变化性特点，所以寻求合适的设计路线是解决系统匹配合理性问题的关键，对节能驱动专用电动机的研发具有重要意义。

7. 永磁同步电动机的变频软起动

这是一个新课题。

很多学者花大量的功夫研究电压源型 PWM 波变频器实现永磁电动机的变频调速和变频软起动，然后又花大量的时间研究如何使得变频器与电动机相匹配。其实从一开始选择电压源型 PWM 波变频器与永磁电动机相匹配就是错误的。永磁电动机转子主磁场是强磁场且不可调，在额定转速和额定负荷下，电动机的功率因数是超前 0.9，在起动过程或调速运行中，功率因数会超前更多，相当于一个容性负荷，PWM 波逆变器是万万不能在输出端接电容性负荷的。

永磁同步电动机的变频软起动最佳方案是匹配电流源型变频器，如图 10-2 所示。

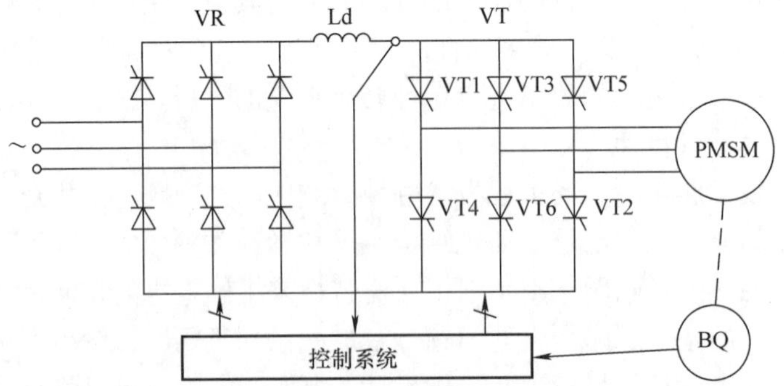

图 10-12 电流源型变频调速和变频软起动原理图

变流器主电路由整流桥、逆变桥和直流平波电抗器组成的电流源型交—直—交变频器。用在负载换相同步电动机调速系统中时，它与一般意义的晶闸管交—直—交逆变器不同，无需强迫换相电容和串联二极管，靠同步电动机的反电势换相。同步电机的转矩和转速分别受直流电流和逆变器频率控制。

静止和低速时，对于交—直—交变流器供电的电动机调速系统，同步电动机产生的电枢感应反电动势很小，甚至没有反电动势，不足以使换相的晶闸管（SCR）自然关断，这时必须采用电流断续换相法来实现逆变桥换相控制。电流断续换流法是解决电动机起动及低速状态下晶闸管换流问题最经济、简单的方法，是同步电动机负载换相方法的有效补充。

电流断续换流法的原理：每当逆变桥晶闸管需要换相时，设法使逆变器的输入电流下降到零，让逆变器的所有晶闸管均暂时关断，然后再给换相后应该导通的晶闸管加上触发脉冲使其导通，同时使整流桥回到整流状态，从而实现逆变桥从一相到另一相的换相。通常采用的方法是封锁整流桥触发脉冲或者控制供电的晶闸管逆变桥处于逆变状态，来实现电流迅速衰减。

同步变频起动过程中，只要同步电动机转子有一定转速，就会在电枢绕组上感应出三相反电动势。对于自控式同步电动机，根据电动机转子位置确定晶闸管导通时刻，使电动机定子电流超前反电动势一定相位，这样在电流换相时，加在原导通晶闸管上的反电动势要大于加在新晶闸管上的，所以晶闸管可以可靠换相，原导通晶闸管自然关断。逆变器直接利用同步电动机负载产生的反电势进行换流，通常称这种方法为反电势换流法或自然换流。

并网对于永磁同步电动机来说，电流源型变频器与电压源型变频器有天然的优势，电流型变频器输出电流是非正弦波电流，但是输出电压（永磁异步电动机的端电压）接近于完美正弦波，当调节变频器的输出电流和频率时，可以使输出电压与电网电压波形完全重合，也就是电压幅值、频率、相位三者与电网电压完全一致，这样非常适于直接并网且不产生任何冲击。

参考文献

[1] 曹莉敏．中小电机行业经济运行分析及未来展望［J］．工业展望，2013（8）．

[2] 王爱华．世界主要国家的高效电机及标准［J］．电机技术，2013（4）．

[3] 王爱华．世界主要国家的高效电机及标准（续）［J］．电机技术，2013（5）．

[4] 任仁良．GB 12497—1995 与 GB/T 12497—2006 三相异步电动机经济运行判别方法比较［J］．标准科学，2011（6）．

[5] 国家质量监督检验检疫总局，国家标准化管理委员会．GB/T 12497—2006 三相异步电动机经济行[S]．北京：中国标准出版社，2006.

[6] 王智．基于 FPGA 的同步电动机励磁系统设计［D］．武汉：武汉科技大学，2014.

[7] 尹静涛．基于矢量控制的交—交变频技术在煤矿提升机系统中的应用［D］．北京：华北电力大学，2012.

[8] 王继忠．大型同步电机交交变频调速系统对电网的谐波影响分析［J］．电子学报，2014（5）．

[9] 王毅．大型变极双速同步电动机在泵站更新改造中的节能效果分析［J］．中国农村水利水电，2013（4）．

[10] 冯垚径．永磁同步电动机设计关键技术与方法研究［D］．武汉：华中科技大学，2012.

[11] 王雪帆．大型电动机软起动技术分类方法及发展综述［J］．电气应用，2012（16）．

[12] 张臻．基于分级变频的高转矩软起动器［J］．电机与控制应用，2015（3）．

[13] 王茜茜．大型同步电机静止变频器软起动控制系统研究［D］．武汉：华中科技大学，2013.

[14] 余龙海．高压模块式固态软起动器：湖北省科技厅．成果鉴定登记．登记号：EK2016A010299000960. 2016-06-27.

[15] 张利民．高效率电动机的进展［J］．上海大中型电机，2012（1）．

[16] 李光耀 陈伟华．高效节能电机的研究与产品开发［J］．电机与控制应用，2015，42（2）．

[17] 吴展．小功率电机能源效率要求研究分析［J］．日用电器，2012（1）．

[18] 余龙海．电动机能效与节电技术［M］．北京：机械工业出版社，2008.

[19] 李秀英．关于 GB 18613—2012 的 3 级能效与 YX3 系列高效率三相异步电动机效率的对比分析［J］．电机与控制应用，2012，39（7）．

[20] 李秀英．l EC60034-30 能效分级（I E 代码)．2011 年第十届中国电机及系统发展论坛论文集［C］．

[21] 黄坚．新国标 GBl8613 颁布后对中小型电机行业的影响［J］．电机与控制应用，2012，39（7）．

[22] 程源．绕线转子无刷双馈电机特性研究［D］．武汉：华中科技大学，2012.

[23] 刘万太．变频调速异步电机的设计与分析［D］．长沙：湖南工业大学，2011.

[24] 李月棠．变频调速异步电机系统的动态分析与研究［D］．武汉：武汉科技大学，2011.

[25] 任俊杰．基于滑模观测器的船舶永磁同步电机无位置传感器控制研究［D］．大连：大连海事大学，2015.

[26] 李琼．高压绕线转子无刷双馈电动机变频调速系统研究［D］．武汉：华中科技大学，2013.

[27] 斯洛博丹．N．乌克塞维克．电机［M］．余龙海，刘光军，廖育武，译．北京：机械工业出版社，2015.

[28] 王雪帆．复合线圈在绕线型变极感应电动机中应用研究［J］．华中理工大学学报．1995，23（11）．

[29] 孙晓明．动力用空气压缩机能源效率探讨［J］．流体机械，2013，41（11）．

[30] 孟庆龙．600MW 机组轴流式引风机的选型研究与改造分析［D］．南京：东南大学，2014.

[31] 杨柳．电站锅炉轴流通风机增压实用技术方法［J］．风机技术，2013.

[32] 朱卫平．大型电站锅炉引风机型式比较［J］．上海节能，2014.

[33] 徐岩．中印 600MW 燃煤发电机组引风机选型的比较分析［J］．应用能源技术，2013（9）．

[34] 胡晓峰．我国泵行业节能产品的发展状况及趋势［J］．通用机械，2015（8）．